# 制药技术人员从业实战案例

U0175614

**主 编** 邱智东 王 沛
**副主编** 甘春丽 杨春娟 祁永华 别松涛 周志旭 郑 琳

**编 者**（按姓氏笔画排序）

王 沛 长春中医药大学
王永斌 吉林敖东延边药业股份有限公司
王宝华 北京中医药大学
王俊淞 长春市食品药品安全监测中心
王艳艳 江苏联合职业技术学院
王 蒙 黑龙江中医药大学
甘春丽 哈尔滨医科大学
叶 松 天津医学高等专科学校
礼 彤 沈阳药科大学
朱周静 陕西国际商贸学院
刘 艳 怀化学院
刘 琦 大连医科大学
刘永忠 江西中医药大学
祁永华 黑龙江中医药大学佳木斯学院
孙晓峰 湖南中医药大学
苏 瑾 佳木斯大学药学院
杨岩涛 湖南中医药大学
杨春娟 哈尔滨医科大学
吴 迪 黑龙江中医药大学佳木斯学院
别松涛 天津中医药大学
邱智东 长春中医药大学

张 烨 内蒙古医科大学
张兴德 南京中医药大学
张建斌 大连医科大学
罗正红 怀化学院
周 瑞 北京中医药大学
周生学 吉林农业科技学院
周志旭 贵州大学
庞 红 湖北中医药大学
郑 琳 天津中医药大学
赵 鹏 陕西中医药大学
侯 爽 天津凯莱英生命科学技术有限公司
洪巧瑜 北京卫生职业学院
贺 敏 湘潭大学
夏春年 浙江工业大学
徐国锋 辽宁医药职业学院
郭 强 牡丹江医学院
董爱国 山西中医药大学
慈志敏 成都中医药大学
蔺聪聪 哈尔滨医科大学
谭萍芬 江西中医药大学
熊 阳 浙江中医药大学

**学术秘书**

国 坤 长春中医药大学
赵 杨 长春中医药大学

人民卫生出版社
·北 京·

**图书在版编目（CIP）数据**

制药技术人员从业实战案例 / 邱智东，王沛主编
. — 北京：人民卫生出版社，2023.4
ISBN 978-7-117-34293-3

Ⅰ.①制… Ⅱ.①邱… ②王… Ⅲ.①药物－生产工艺 Ⅳ.①TQ460.6

中国版本图书馆 CIP 数据核字（2022）第 250796 号

| 人卫智网 | www.ipmph.com | 医学教育、学术、考试、健康，购书智慧智能综合服务平台 |
| --- | --- | --- |
| 人卫官网 | www.pmph.com | 人卫官方资讯发布平台 |

**制药技术人员从业实战案例**
Zhiyao Jishu Renyuan Congye Shizhan Anli

主　　编：邱智东　王　沛
出版发行：人民卫生出版社（中继线 010-59780011）
地　　址：北京市朝阳区潘家园南里 19 号
邮　　编：100021
E - mail：pmph @ pmph.com
购书热线：010-59787592　010-59787584　010-65264830
印　　刷：三河市国英印务有限公司
经　　销：新华书店
开　　本：710×1000　1/16　印张：25
字　　数：396 千字
版　　次：2023 年 4 月第 1 版
印　　次：2023 年 4 月第 1 次印刷
标准书号：ISBN 978-7-117-34293-3
定　　价：88.00 元

打击盗版举报电话：010-59787491　E-mail：WQ @ pmph.com
质量问题联系电话：010-59787234　E-mail：zhiliang @ pmph.com
数字融合服务电话：4001118166　E-mail：zengzhi @ pmph.com

# 前言

为了帮助刚毕业的大学生或者刚进入制药企业就业的新员工选择岗位，我们邀请了从业多年的专家学者及各医药院校执教多年的专业课教授撰写了本书。旨在明确进入制药企业都需要具备哪些制药基本技能和知识储备，通过制药企业发生的实际案例，将制药企业各部门的设置、功能职责、行业规范要求等在教科书中未曾接触提及的技术操作、企业管理、各个生产管理监控点（岗位操作法）等工艺过程中易出现的问题进行逐一解读，给出规范化的答案，使就业者及时找准自己的位置，确定奋斗方向，把握好机会，早日将所学知识运用到实践中，更好地发挥应有的作用。

制药企业与其他企业不同，所生产的产品属于特殊产品，具有很强的时效性和极高的质量标准、安全性要求、临床药效学指标等。为了达到此目的，本书从现行制药企业的生产流程入手，以新员工入职培训为起点，以制药工艺为主线，结合以往的案例，剖析解读如何成为一名称职的制药人。

本书着重阐述了新员工入职需建立的安全意识、无菌观念；技术人员应遵守的制药法律法规和生产岗位应严格执行的系统化、规范化操作；作为质量监控人员如何运用科学的方法和手段完善和执行全面质量管理体系、质量保证体系和质量控制体系；如何管控制药企业中的量产，是每一个企业都必须面对的问题，如果处理不当，是要负法律责任的；作为企业，要想生存，图发展，就必须及时地引进新产品，做到生产一代，贮备一代，研发一代，达到人无我有、人有我优；优质的产品如何能为社会所用，就存在社会认可的问题。如何成为一名成功的营销人员，这一部分主要是围绕营销策划新人如何快速在职场中找准自己的位置，能够迅速上手来执行营销策划案例而展开的。案例一是撰写药品营销策划书，列举了具体的书写方案供新入职人员进行参考借鉴；案例二讲述了调查问卷设计题型及调查内容等；案例三至案例六讲述了具体的营销方案，包括营销的定性预测、定量预测效果；销售渠道的基本模式、中间商；促销组合战略、广告战略、人员推销战略、营业推广策略、公共关系战略；营销组织的设计、营销人员配备、市场营销计划内容。人无头不走，鸟无头不飞，成为企业的高管是大多数从业新人的梦想和追求，那么怎样才能成为一名合格的企业高级管理人员呢，作为企业的高级管理人员又需要具备哪些条件和水平，需要负起哪些责任呢？这些问题都可在本书中找到答案。

本书在撰写的过程中得到了编者所在单位（院校）及人民卫生出版社的大力支持，在此一并表示感谢，由于水平所限，不足之处在所难免，恳请读者给予批评指正。

编者

2022 年 5 月

# 目录

## 第六章　企业生产中量产的管控

## 第七章　制药企业中的新药研发人员具备的能力

## 第八章　成功的营销人员具备的能力

## 第九章　合格的企业管理人员具备的能力

## 附录

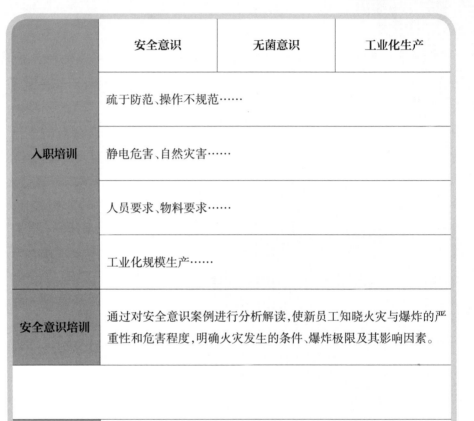

| | 安全意识 | 无菌意识 | 工业化生产 |
|---|---|---|---|
| **入职培训** | 疏于防范、操作不规范…… | | |
| | 静电危害、自然灾害…… | | |
| | 人员要求、物料要求…… | | |
| | 工业化规模生产…… | | |
| **安全意识培训** | 通过对安全意识案例进行分析解读，使新员工知晓火灾与爆炸的严重性和危害程度，明确火灾发生的条件、爆炸极限及其影响因素。 | | |
| **防控知识培训** | 通过对客观安全意识案例(静电、雷击)进行分析解读，使新员工了解在生产(储运)过程中由于大气环境等自然因素也会造成巨大的安全隐患，学会生产中产生粉尘及爆炸的防控知识。 | | |
| **生产要求培训** | 增强无菌意识(药品对染菌程度是有要求的)，明确人员、物料进入生产车间的要求，同时建立工业化规模生产概念。 | | |

# 第一章 入职教育

制药企业与其他企业一样，员工在入职前均需要经过入职教育（即岗前培训）。岗前培训通常包括职业道德培训、专业独有行业职业培训，包括安全意识的强化、增强无菌意识（药品对染菌程度是有要求的），明确人员、物料进入生产车间的要求，同时建立工业化规模生产概念等。安全意识分为主观安全生产和客观安全意识。

## 一、主观安全意识

主观安全意识，通常是指操作者在制药过程的安全防护意识与制药工艺、所使用的设备、设施以及操控等因素有关，因涉及化学试剂如易燃易爆的无机物、有毒有害的有机物和粉体（尘），且多数工序要在密闭车间内进行，所以对于操作者的防火防爆的主观安全意识有着非常高的要求。

### 1.1 案例一：疏于防范引发甲醇储罐爆炸事故

2008 年 8 月 2 日，贵州省某制药有限责任公司甲醇储罐发生爆炸燃烧事故，事故造成现场施工人员 3 人死亡、2 人受伤（其中 1 人严重烧伤）、6 个储罐被摧毁。事故发生后，省安监局分管负责人立即率有关处室人员和专家组成的工作组赶赴事故现场，指导事故救援和调查处理。初步调查分析，此次事故是一起因严重违规违章施工作业引发的责任事故。

【事故经过】2008 年 8 月 2 日上午 10 时 02 分，贵州省某制药有限责任公司甲醇储罐区 1 个精甲醇储罐发生爆炸燃烧，引发该罐区内其他 5 个储罐相继发生爆炸燃烧。该储罐区共有 8 个储罐，其中粗甲醇储罐 2 个（均为 1 000m³）、精甲醇储罐 5 个（3 个为 1 000m³、2 个为 250m³）、杂醇油储罐 1 个（250m³），事故造成 5 个精甲醇储罐和杂醇油储罐爆炸燃烧（爆炸燃烧的精甲醇约 240 吨、杂醇油约 30 吨）。2 个粗甲醇储罐未发生爆炸、泄漏。

事故发生后，黔西南州、兴义市政府及相关部门立即展开事故应急救援工作，控制事故的进一步蔓延。据当地环保部门监测，事故虽未对环境造成影响，但财产损失严重，教训十分惨痛。

【事故原因分析】贵州省某制药有限责任公司因需进行甲醇罐惰性气体保护设施建设，委托湖北省某设备安装有限公司进行储罐的二氧化碳管道安装工作（据调查该施工单位施工资质已过期）。2008 年 7 月 30 日，该安装公司在处于生产状况下的甲醇罐区违规将精甲醇 C 储罐顶部备用短接打开，与二氧化碳管道进行连接配管，管道另一端则延伸至罐外下部，造成罐体内部通过管道与大气直接连通，空气进入罐内，与甲醇蒸气形成爆炸性混合气体。8 月 2 日上午，因气温较高，罐内爆炸性混合气体通过配管外泄，使罐内、管道及管口区域充斥爆炸性混合气体，由于精甲醇 C 储罐旁边同时在违规进行电焊等动火作业（据初步调查，动火作业未办理动火作业证），引起管口区域爆炸性混合气体燃烧，并通过连通管道引发罐内爆炸性混合气体爆炸，罐底部被冲开，大量甲醇外泄、燃烧，使附近地势较底处储罐先后被烈火加热，罐内甲醇剧烈气化，又使 5 个储罐（4 个精甲醇储罐、1 个杂醇油储罐）相继发生爆炸燃烧。

【事故责任】此次事故是一起严重违规违章施工作业引发的责任事故，暴露出某些危险化学品生产企业在安全管理和安全监管方面存在的一些突出问题。

（1）施工单位缺乏化工安全的基本知识，施工中严重违规违章作业。施工人员在未对储罐进行必要的安全处置的情况下，违规将精甲醇 C 储罐顶部备用短接打开，与二氧化碳管道进行连接配管，造成罐体内部通过管道与大气直接连通。同时又严重违规违章在罐旁进行电焊等动火作业，没有严格履行安全操作规程和动火作业审批程序，最终引发事故。

（2）企业安全生产主体责任不落实。对施工作业管理不到位，在施工单位资质已过期的情况下，企业仍委托其进行施工作业；对外来施工单位的管理、监督不到位，现场管理混乱，生产、施工交叉作业没有统一的指挥、协调，危险区域内的施工作业现场无任何安全措施，管理人员和操作人员对施工单位的违规违章行为熟视无睹，未及时制止、纠正；对外来施工单位的培训教育不到位，施工人员不清楚作业场所危害的基本安全知识。

（3）地方安全生产监管部门的监管工作有待加强。虽然经过百日安全督查，安全生产监管部门对企业存在的管理混乱、严重违规违章等行为未能及时发现、处理。地方安监部门应加强监管，将各项监管措施落实到位。

【整改措施】事故发生后有关部门会同行业主管部门对该企业提出如下整改处理意见。

（1）切实加强对危险化学品生产、储存场所施工作业的安全监管，对资质不符合要求的施工单位、安全措施不到位的作业现场、不清楚作业现场危险的作业人员以及存在严重违规违章行为的施工作业要立即责令停工整顿并进行处罚。

（2）督促、监督企业加强对外来施工单位的管理，确保企业对外来施工单位的教育培训到位；危险区域施工现场的管理、监督到位；交叉作业的统一管理到位；动火、入罐、进入受限空间作业等危险作业的票证管理制度落实到位；危险区域施工作业的各项安全措施落实到位。对管理措施不到位的企业，要责令停止建设，并给予处罚。

（3）各地要立即将本通报转发辖区内危险化学品从业单位和各级监管部门，督促企业认真吸取事故教训，组织企业立即开展全面的自查自纠，对自查自纠工作不落实、走过场的企业，要加大处罚力度，切实消除安全隐患。

（4）各级安监部门要切实加强对危险化学品企业的监管，确保安全生产隐患排查治理专项行动和百日督查专项行动的各项要求落实到位，确保安全监管主体责任落实到位。

（5）企业应加强对从业人员的安全培训工作，增强员工安全意识、安全知识以及应急能力。

（6）加强对外来施工人员的培训教育工作，选择有资质的施工单位进行施工工作，对外来施工单位资质严格审查。

## 1.2 案例二：出料阀未开引发酒精蒸馏罐爆炸

1988 年 10 月 22 日，江苏省某制药公司二苯甲氧基苯车间发生化学爆炸。事故造成 4 人死亡、重伤 3 人，直接经济损失 10 余万元。

【事故经过】1988 年 10 月 22 日夜班，江苏省某制药公司二苯甲氧基苯车间，10 名工人约提前 15 分钟分别到岗位与前班工人交接。酒精蒸馏工接班后开始将锅内料渣清出，投入生产，当班班长去各岗位巡检，5 分钟后酒精蒸馏罐发生物理爆炸，大量酒精蒸气冲出与空气混合，瞬时发生化学爆炸。随即当班工人拨打了 119 电话，10 分钟后救援灭火人员赶到现场，展开现场灭火、救援工作。

【事故原因分析】酒精蒸馏罐上出料阀未打开，开启蒸气加热后，酒精大量气化并使锅内压力急剧上升，使常压蒸馏罐炉处于受压状态，造成蒸馏罐承受不住意外的压力而爆开；厂房不符合防爆要求，利用旧库房改装的厂房不是框架结构，没有足够的泄压面积；加之企业没有对操作人员进行工艺、安全考核；操作工人没有受过安全教育，安全生产意识水平较低。

【事故责任】此次事故是一起典型的企业管理不到位的责任事故，警示企业各级管理人员从不同层次、各自所负责的范围落实责任，加强管理，认真将工作落到实处。

【整改措施】新建或改装旧厂房，重建框架结构，使其符合防爆要求；对车间所有电气线路、线缆、电气原件进行一次彻底改造，使其符合安全要求；加强对员工工艺教育培训，使员工清楚所操作的工艺设备状况；加强员工安全生产意识教育培训，使员工掌握安全应急救援的能力，提高员工安全操作与突发事件应急处理能力。

## 1.3 案例三：反应罐冲料引发起火事故

2005 年 8 月 28 日，四川某制药公司生产车间反应罐因生产过程中发生冲料引发起火事故，所幸代班班长带领工友迅速灭火，及时将火扑灭，避免了事故的扩大。

【事故经过】2005 年 8 月 28 日 7 时 30 分，四川某制药公司生产车间，操作工准备向 R116 反应罐中投入乙醇、硫化钠、活性炭制备产品中间体，由于缺少回收乙醇，经请示后，安排使用新乙醇代替回收乙醇。之后，操作工按照操作步骤计量，开始向反应罐内投放新乙醇、硫化钠和活性炭。投完料后，操作人员张某将反应罐罐盖盖好，8 时 53 分，离开操作岗位到暂存室清理、存放工具，代班班长接手工作，马上给反应罐进行加热（蒸气）升温。2 分钟后，罐内温度由 27℃上升到 33℃，关闭蒸气，随后便去进行其他工作。在此期间反应罐内料液通过加料口的法兰处向外溢出，致使 R116 反应罐周边 1.5m² 处洒满乙醇与罐内物料的混合液。这时，R116 反应罐操作人员查看温度，发现 R116 反应罐冲料，操作工立即关闭搅拌。随即到值班室通知代班班长，然后返回操作岗位，准备接自来水冲洗地面时，看见 R116 反应罐旁防爆灯下部位起火。一团燃烧物掉在防爆灯架上后流到地面，地面上溢出的乙醇与罐内物料迅速着火。代班班长带领工友迅速灭火，及时将火扑灭，避免了事故的扩大。

此次火灾造成 R116 反应罐上尾气管道与风管连接段 2m 长烧毁，风筒塌陷，风筒下方电缆桥架上电线烧毁，R116 反应罐控制按钮过火、损坏。

【事故原因分析】R116 反应罐尾气管道与风筒接口处下方电气打火，致使反应过程中冲料产生的乙醇蒸气、乙醇液体燃烧是造成火灾事故发生的直接原因；反应过程中冲料造成 R116 反应罐周边 1.5m² 处洒满乙醇与罐内物料为造成火灾事故扩大的主要原因；加完物料后未将加料口的法兰紧固到位是此次料渗出的主要原因；在投完硫化钠后，代班班长立即给反应罐升温是导致冲料事故发生的主要原因。

【事故责任】此次事故是一起员工未按照操作规程操作的责任事故。即当班、代班班长在生产操作过程中未严格按照操作规程进行升温操作，对温度控制不当致使反应过程中冲料，冲料产生的乙醇蒸气、乙醇液体燃烧起火，因此，当班、代班班长对此次火灾事故负直接责任；除此以外，公司对员工工艺纪律执行及生产过程控制监督管理不到位也是导致冲料事故发生的原因。

【整改措施】对公司所有电气线路、线缆、电气原件进行一次彻底检查，对不符合安全要求的设备进行全面更换；加强对员工生产工艺的教育培训，使员工清楚所操作的工艺设备状况；增配 35kg 灭火器，便于发生火灾事故后使用；改进药物中间体产品工艺中硫化钠与活性炭投料方式，防止粉尘集聚，消除产生自燃的因素，在投料前后必须进行氮气置换，确保安全；对药物中间体产品还原反应罐单独接风筒与尾气管道，并采取防静电措施，消除产生静电的因素；加强员工安全生产意识教育培训，使员工掌握安全应急救援的能力，提高员工安全操作与突发事件应急处理能力。

## 1.4 关键知识梳理：火灾与爆炸

制药企业生产的产品（药品）是关系人类健康与生命的特殊产品，由于生产产品的特殊性，在生产的过程中会直接或间接接触到易燃易爆的化学试剂（溶媒），故而操作者一定要对所生产过程中直接或间接接触到的物料及操作过程了如指掌，这样才能保证操作者的安全，做到安全为了生产、生产必须安全。

火灾是指在时间或空间上失去控制的燃烧所造成的灾害。燃烧多数属于链式反应，通常会剧烈放热同时出现火焰或可见光。表 1-1 列出了生产中可能接触到的物料的火灾危险性分类情况。

表 1-1　生产的火灾危险性分类

| 生产类别 | 火灾危险性特征 |
| --- | --- |
| 甲 | 使用或产生下列物质的生产:丙酮、丁酮、环己酮、甲醇、乙醇等闪点 ≤ 28℃ 的液体;爆炸下限 ≤ 10% 的气体;常温下能自行分解或在空气中氧化即能导致迅速自燃或爆炸的物质;常温下受到水或空气中水蒸气的作用,能产生可燃气体并引起燃烧或爆炸的物质;遇酸、受热、撞击、摩擦、催化以及遇有机物或硫黄等易燃的无机物,极易引起燃烧或爆炸的强氧化剂;受撞击、摩擦或与氧化剂、有机物接触时能引起燃烧或爆炸的物质;在密闭设备内操作温度等于或超过物质本身自燃点的生产 |
| 乙 | 使用或产生下列物质的生产:28℃≤闪点 ≤ 60℃的液体;爆炸下限 ≥ 10% 的气体;不属于甲类的氧化剂;不属于甲类的易燃固体;助燃气体;能与空气形成爆炸性混合物的浮游状态的粉尘、纤维、闪点 ≥ 60℃的液体雾滴 |
| 丙 | 使用或产生下列物质的生产:闪点 ≥ 60℃的液体;可燃固体 |
| 丁 | 具有下列情况的生产:①对非燃烧物质进行加工,并在高热或熔化状态下经常产生强辐射热、火花或火焰的生产;②利用气体、液体、固体作为燃料或将气体、液体进行燃烧作其他用处的各种生产;③常温下使用或加工难燃烧物质的生产 |
| 戊 | 常温下使用或加工不燃烧物质的生产 |

注：闪点是指可燃性液体表面上的蒸气和空气的混合物与火接触而初次发生闪光时的温度。

爆炸是物质系统的一种极为迅速的物理或化学的能量释放或转化过程，是系统蕴藏的或瞬间形成的大量能量在有限的体积和极短的时间内，骤然释放或转化的现象。在这种释放和转化的过程中，系统的能量将转化为机械能及光和热的辐射等。

爆炸可以由不同的原因引起,但不管是何种原因引起的爆炸,必须具备一定的能量,按能量来源可分为物理爆炸、化学爆炸和核爆炸。其中,常见的是化学爆炸。化学爆炸是由物质在瞬间的化学变化引起的爆炸,爆炸性物质或混合物发生爆炸,有链式反应和热反应两种不同的历程。

(1)链式反应:链式反应历程大致分为链引发、链传递、链终止三个阶段。在链引发阶段,游离基生成;链传递阶段,游离基作用于其他参与反应的化合物,产生新的游离基;链终止阶段,游离基逐渐消耗,反应终止。

爆炸性混合物(如可燃气体和氧气)与火源接触后,活化分子吸收能量离解为游离基,并与其他分子相互作用形成一系列链式反应,释放热量,链式反应有直链式反应和支链式反应两种,直链式反应是指每一个游离基都进行自己的连锁反应,如氯和氢的反应;支链式反应是指在反应中一个游离基能生成一个以上的新游离基,如氢和氧的反应。

(2)热反应:热反应历程是指危险物品受热发生化学反应。反应在某一空间内进行时,如果散热不良,会使反应温度不断提高,反应速度加快,热累积大于热散失,最终导致爆炸发生。

## 1.5 关键知识梳理:常见火灾隐患的预防

任何物质发生燃烧,都有一个由未燃烧状态转向燃烧状态的过程。燃烧过程的发生和发展,必须具备三个必要条件,即可燃物、助燃剂和点火源。这三个必要条件缺少任何一个,燃烧都不能发生和维持。

助燃剂指本身不能燃烧,但能发生燃烧所需要的氧的物质。助燃剂常见的有氧气、氯酸钾、硝酸钾、二氧化锰、氧化镁、三氧化二铝、四氧化三铁、三氧化二铁、氯化铁等。

点火源是指能够使可燃物与助燃物发生燃烧反应的能量来源,这种能量包括热能、光能、化学能和机械能。根据点火能的不同来源,制药企业存在的点火源有火焰、火星、高热物体、电火花、静电火花、机械撞击或摩擦、化学反应热等。

1. 明火(火星) 主要有生产性明火(火星)、检测或维修明火(火星)以及燃着的香烟等非生产性明火(火星)。

（1）生产性明火（火星）：钢炉、加热炉及维修车间等明火（火星）场所，与其他建构筑物的防火间距应满足相关标准规范的要求。

（2）检测或维修明火（火星）：对于电焊、气焊、切割、打磨等检测或维修动火作业必须开具动火作业证，动火前明确动火设备位置、设备内使用物料的理化性质，物料放净清洗干净，分析设备内残留气体（可燃、易爆）含量，人员进入设备内需要监测含氧量，拆除动火设备连接的易爆、有毒物质的输送管道，堵死盲板，清理动火设备周边可燃物，做好防止明火飞溅的应对措施，配备相关应急救援器材，现场监护人员到位，氧气、乙炔钢瓶分开设置，动火作业人员应持有效证件上岗操作。必要时，应将动火设备移至安全地带进行动火作业，动火作业结束后熄灭余火，关闭氧气、乙炔阀门，清理高温残渣、灰烬或切断动火电源，动火现场不遗留任何火种，然后相关人员携带相关设备撤离操作现场。

（3）非生产性明火（火星）：厂区应严禁或严格控制非生产性明火（火星），做好宣传教育工作，人性化管理设置的吸烟室在满足防火间距的前提下远离危险场所。

2. 化学点火源　化学点火源引起的火灾主要有化学自热着火和蓄热自热着火两种。

（1）化学自热着火：常温常压下，可燃物在特定情况下自身反应放出热量引起的着火特定条件包括与水作用、与空气作用、性质相抵触物质相互作用等。①与水作用：遇水反应发生自热着火的物质主要有活泼金属、金属氢化物、金属磷化物、金属碳化物、金属粉末等，反应特点是遇水反应产生反应热，放出氢气、磷化氢、甲烷、乙炔等可燃气体。可燃气体在局部高温环境里与空气混合可引起燃烧。与水作用自热物质的储存容器应密闭，条件允许时充入惰性气体保护；储存场所保持干燥，设置湿度计。②与空气作用：黄磷、烷基铝、有机过氧化物等物质与空气中的氧发生化学反应着火，与空气作用自热物质应考虑其理化特性，例如黄磷不溶于水，熔点44.1℃，在空气中34℃即可自燃，容器内可覆水隔绝空气储存在阴凉场所，需要时在水中加热至熔化液体状态与水自然分层后再使用；烷基铝应储存于充有惰性气体的密闭容器中，储存区域应在消防水覆盖区域外；有机过氧化物应单库储存，对温度是有要求的，要设置降温系统，设置温度检测报警设施，储存量较大的库房内应设置应急排放地沟，室外设应急排放池，做好相应稀释准备工作。③性质相抵触的物质相互接触：主要是强氧化剂和强还原剂混合发生强烈的氧化还原自热着火等。例如乙炔与氯气混合、甘油遇高锰酸钾、甲醇遇氧化钠、松节油遇浓硫酸等，性质相抵触物质应分离储存，若受场地限制至少应隔开储存。

（2）蓄热自热着火：煤、植物、涂油等可燃物质都有蓄热自热的特点，长期堆积在一起，在一定条件下，能与氧发生缓慢氧化反应，同时放出热量，散热条件不好，通风不良，氧化放出的热量散不出去；堆垛积热不散，促使温度上升、反应加快，当温度达到可燃物的自燃点时，可燃物就会着火。蓄热自热着火是一个缓慢过程，一般需要较长时间积蓄热量，才会引起着火，蓄热自热物质与热源应可靠隔离，储存场所保持通风顺畅。

3. 电火花　防爆场所应设置防爆电器，电器设备可靠接地并定期检测合格，严禁超负荷运转，选用适宜的耐火耐热电线并定期检查绝缘性能，电气线路规范安装，不乱接乱拉电线，电工持证上岗，严禁违章操作。

4. 静电火花　静电（含雷电）火花的起电方式有两种，一是摩擦起电，即不同的物体相互摩擦、接触、分离起电；二是感应起电，即静电带电体使附近的非带电体感应起电。静电累积到足够高的静电电位后，将周围的介质击穿放电，产生静电火花。静电火花的能量大于（或者等于）周围空间存在的可燃物或爆炸性混合物的最小点火能时，就可能发生火灾或者爆炸事故。

在中药提取或化学药物合成等生产原料药的过程中，常涉及液体流体，其在高速流动、过滤、搅拌、喷雾、喷射、冲刷、飞溅、灌注乃至沉淀等时，均可能产生危险的静电积聚。尤其是液体中夹带杂质或可燃液体蒸气和可燃气体中混有固体微粒时，它们从缝隙或阀门高速喷出或在管道内高速流动时也会产生静电积聚。

在制药过程尤其是在药物制剂过程中，涉及粉体物料过滤、筛分、气力输送、搅拌、喷射、转运以及粉碎和研磨等操作，在压力作用下固体物料表面摩擦，相互接触而后分离。同时，粉体颗粒因挤压流动而与管道壁、过滤器壁之间发生摩擦，均可能导致静电积聚。另外，在生产车间穿着合成化学纤维服装的人员进行生产等活动，也会产生静电积聚，静电能够使生产中的粉体流动性下降，阻碍管道、筛孔通顺，致使输送不畅发生系统超压，超压可使得设备损坏。静电放电有造成计算机、生产调节仪表及安全调节系统中的硅元件报废的可能，导致失误操作而酿成事故。

静电火花的防控措施主要有以下三种。①减少静电电荷的产生：静电的起电取决于带电材料和摩擦、感应等因素，防止静电火花的产生应从源头上采取措施，比如通过改善工艺条件、容器充装改进灌注方式、添加抗静电添加剂、操作人员穿戴防静电工作服、手套、鞋、帽等，控制或减少静电电荷的产生。②控制静电电荷的积聚：静电电荷的不断积聚是带电体形成放电以致达到最小点火能的过程。通过采取控制流体的输送速度、搅拌速度、静置时间、静电接地、人体静电导出以及防雷中的拦截、接地、均压、分流和屏蔽等措施，控制静电电荷的积聚。③减少或者排除现场可燃物、易燃物、爆炸性混合物。

5. 机械点火源　机械点火源是由机械撞击或摩擦等作用形成的点火源。一般来说，在撞击和摩擦过程中机械能转变成热能。生产中控制机械点火源的措施主要包括减少不必要的冲击及摩擦、采用惰性气体保护或真空操作、机械的转动部位及时添加润滑剂、避免异物进入设备、使用防爆工具、设置不发火地面以及工作人员的鞋跟不带铁钉等。

6. 高热物体　高热物体在一定的环境中，能够向可燃物传递热量导致可燃物燃烧，叫作高热物体点火源，高热物体点火源的控制措施主要有绝热保护、隔离、保持足够安全防火间距、冷却等。

## 1.6 关键知识梳理：爆炸极限及其影响因素

爆炸极限是表征可燃性气体、蒸气和可燃粉尘危险性的主要参数之一。可燃性气体，蒸气或可燃粉尘与空气（或氧气）在一定浓度范围内均匀混合，遇到火源发生爆炸的浓度范围称为爆炸浓度极限，简称爆炸极限。可燃性气体、蒸气的爆炸极限一般用可燃性气体、蒸气在混合气体中所占的体积分数来表示，可燃性粉尘的爆炸极限用混合物的质量浓度（$g/m^3$）来表示。

能够爆炸的可燃性气体最低浓度称为爆炸下限，能够爆炸的可燃性气体最高浓度称为爆炸上限。部分可燃性气体在空气和氧气中的爆炸极限见表1-2。

表 1-2　部分可燃性气体在空气和氧气中的爆炸极限对照表

| 序号 | 物质名称 | 在空气中的爆炸极限 /% | 在氧气中的爆炸极限 /% |
|---|---|---|---|
| 1 | 甲烷 | 4.9 ~ 15 | 5 ~ 61 |
| 2 | 乙烷 | 3 ~ 15 | 3 ~ 66 |
| 3 | 丙烷 | 2.1 ~ 9.5 | 2.3 ~ 55 |
| 4 | 丁烷 | 1.5 ~ 8.5 | 2.3 ~ 93 |
| 5 | 乙炔 | 2.55 ~ 80 | 4.9 ~ 15 |
| 6 | 氢 | 4 ~ 75 | 4 ~ 95 |
| 7 | 氨 | 15 ~ 28 | 13.5 ~ 79 |
| 8 | 一氧化碳 | 12 ~ 74.5 | 15.5 ~ 94 |
| 9 | 乙醚 | 1.9 ~ 36 | 2.1 ~ 82 |

用爆炸上限和爆炸下限浓度之差与爆炸下限的比值表示危险度。一般情况下，危险度值越大，表示可燃性混合物的爆炸极限越宽，其爆炸危险性越大，部分可燃气体在 $N_2O$、$Cl_2$、$O_2$ 和空气中的爆炸危险度对比情况见表 1-3。

表 1-3　部分可燃气体爆炸危险度对比表

| 序号 | 物质名称 | 空气中爆炸极限 /% | 空气中危险度 | $O_2$ 中爆炸极限 /% | $O_2$ 中危险度 | $N_2O$ 中爆炸极限 /% | $N_2O$ 中危险度 | $Cl_2$ 中爆炸极限 /% | $Cl_2$ 中危险度 |
|---|---|---|---|---|---|---|---|---|---|
| 1 | 甲烷 | 4.9 ~ 15 | 2.06 | 5 ~ 61 | 11.2 | 2.2 ~ 36 | 15.36 | 5.6 ~ 70 | 11.5 |
| 2 | 乙烷 | 3 ~ 15 | 4 | 3 ~ 66 | 21 | 2.7 ~ 29.7 | 10 | 6.1 ~ 58 | 8.51 |
| 3 | 丙烷 | 2.1 ~ 9.5 | 3.5 | 2.3 ~ 55 | 22.9 | 2.1 ~ 25 | 10.9 | 6.1 ~ 59 | 8.67 |
| 4 | 丁烷 | 1.5 ~ 8.5 | 4.67 | 2.3 ~ 93 | 26.22 | 1.8 ~ 21 | 10.67 | — | — |
| 5 | 氢 | 4 ~ 75 | 17.75 | 4 ~ 95 | 22.75 | 5.8 ~ 86 | 13.88 | 8.0 ~ 86 | 9.75 |
| 6 | 氨 | 15 ~ 28 | 0.87 | 13.5 ~ 79 | 4.85 | 2.2 ~ 72 | 31.72 | — | — |
| 7 | 一氧化碳 | 12 ~ 74.5 | 5.21 | 15.5 ~ 94 | 5.06 | 10 ~ 85 | 7.5 | — | — |

爆炸极限的影响因素通常有以下几点。

1. 温度 混合爆炸气体的初始温度越高，爆炸极限范围越宽，表现为爆炸极限下限降低、上限升高，爆炸危险性增加。例如，丙酮的爆炸极限受初始温度的影响情况见表1-4。

表1-4 丙酮的爆炸极限受初始温度的影响情况表

| 混合物温度 /℃ | 爆炸下限 /% | 爆炸上限 /% |
| --- | --- | --- |
| 0 | 4.2 | 8.0 |
| 50 | 4.0 | 9.8 |
| 100 | 3.2 | 10.0 |

2. 压力 混合气体的初始压力对爆炸极限的影响较复杂。0.1 ~ 2MPa时，爆炸下限受影响不大，爆炸上限受影响较大；当压力大于2MPa时，爆炸下限变小，爆炸上限变大，爆炸极限范围扩大，爆炸危险性增加。例如，甲烷的爆炸极限受初始压力的影响情况，见表1-5。

表1-5 甲烷的爆炸极限受初始压力的影响情况表

| 初始压力 /MPa | 爆炸下限 /% | 爆炸上限 /% |
| --- | --- | --- |
| 0.1 | 5.6 | 14.3 |
| 1 | 5.9 | 17.2 |
| 5 | 5.4 | 29.4 |
| 12.5 | 5.7 | 45.7 |

需要注意的是，当混合物的初始压力减小时，爆炸范围缩小；当压力降到某一数值时，会出现爆炸下限和爆炸上限重合，这就意味着初始压力再降低时，不会使混合气体爆炸。把爆炸极限缩小为零的压力称为爆炸的临界压力。

3. 惰性气体 若在混合气体中加入惰性气体（如氮气、氩气、氦气等），随着惰性气体含量的增加，爆炸极限范围缩小，当惰性气体的浓度达到某一数值时，爆炸上限和爆炸下限趋于一致，则混合气体不发生爆炸。

4. 爆炸容器的影响　爆炸容器的材料和尺寸对爆炸极限有影响，如容器的传热性越好、管径越细，火焰在其中越难传播。当容器直径或火焰通道小到某一数值时，火焰就不能传播，这一直径称为临界或最大灭火间距，如甲烷的临界直径为 0.4 ~ 0.5mm，氢气和乙炔的临界直径为 0.1 ~ 0.2mm。

5. 点火源的影响　点火源的活化能量越大，加热面积越大，作用时间越长，爆炸极限范围也越大。

6. 扩散空间的影响　在制药过程中，反应器或混合加工容器构成的是密闭或半封闭空间，容器内的挥发性物质多为可燃性物质，易与其中的空气混合达到临界燃爆点；类似地，处于密闭或半封闭的净化车间的安全防爆要求高于敞开式车间。

## 二、客观安全意识

本部分列举了几例由于客观安全意识不强而引发的爆炸起火事故。客观安全意识是指对操作环境的条件及由于操作而产生的环境变化的条件的安全防范意识。特殊产品（药品）的生产安全与其生产的环境有着密不可分的关系，所以加强客观安全意识才能保证安全生产达到预期目标，安全为了生产，生产必须安全。

### 2.1 案例一：静电引起离心机爆炸起火事故

2008 年 11 月 7 日零时 30 分左右，吉林某制药公司车间 6 号反应釜工位，正在进行甲苯淋洗作业的离心机突然发生爆炸起火，将整个车间大部分设备、管线烧毁，造成 1 人当场死亡，事故导致直接经济损失 70 余万元。

【事故经过】11 月 6 日晚上，该车间共有当班工人 6 人，其中李某和田某负责进行物料离心操作。正常情况下 1 个反应釜出料产物需要进行 3 ~ 4 次离心操作，凌晨零时 30 分，第一次离心操作结束，操作工李某关闭了氮气保护阀门，用水淋洗后甩干，将离心获得的出料渣倒在车间固定放置点。之后，田某开始在同一离心机上洗、铺滤布，准备开始第二次离心操作，李某上二楼操作平台查看反应釜温度，上去不到 2 分钟，时间大约为 7 日零时

32分，位于一楼的离心机突然发生了爆炸，操作工田某当场死亡，爆炸引起的火焰引燃了从反应釜底阀放出的大量含甲苯的溶液，火势迅速蔓延至整个车间，火灾发生后，车间其他人员及时进行了疏散。

事故发生后，车间员工立即拨打119报警，同时向主管领导报告，公司人员立即组织企业义务消防队成员进行先期的抢救工作，经过消防人员进场后奋力扑救，约凌晨4时火势得到控制，约16时40分，火被扑灭，大部分的厂房和设备被烧毁。

【事故原因分析】造成此次事故的直接原因是离心机操作工田某安全意识不强，未按操作规程的要求，未在充氮保护的情况下对离心机进行上料操作，此时含哌嗪的甲苯溶液进入高速旋转的离心机，产生静电火花引爆了甲苯混合气体，致使离心机发生爆炸；事故的间接原因是该公司安全责任制落实不到位，安全制度虽齐全，但安全监管和教育培训不到位；该车间违反危化品管理有关规定，在车间里超量存放危化品，是导致事故扩大的原因；该车间离心设备安全防护设施存在缺陷。

【事故责任】此次事故属于操作工未按操作规程进行操作的责任事故。

【整改措施】要求该公司深刻吸取此次事故教训，进一步健全各项规章制度、安全操作规程，落实安全生产责任制；加强职工的安全教育培训，提高职工的安全生产意识，落实各项安全措施，杜绝违章作业现象，防止类似事故的发生；对离心设备进行排查，落实安全防护措施，避免人为操作失误可能造成的安全事故；加强现场的管理，严格遵守危险化学品管理的有关规定，杜绝在生产车间违规超量存放危险化学品。

## 2.2 案例二：静电点燃苯混合气体导致起火爆炸

2009年11月23日13时17分，菏泽某制药有限公司小井乡黄庄储备库发生粗苯运输车辆燃烧事故，造成1人死亡、1人受伤。

【事故经过】菏泽某制药有限公司位于当地开发区内，2009年7月16日取得经营许可证，具有危险化学品运输经营许可证，经营产品有甲苯、粗苯、二甲苯、苯、苯乙烯、环己酮、环己烷、甲醇、煤焦油、燃料油（闪点＜60℃）、溶剂苯、三聚丙烯、洗油、乙醇、重质苯、硫黄等。该公司储存罐区设有100m³卧式储罐5台，用于储存苯、粗苯、甲苯、二甲苯、甲醇、乙醇、环己酮、苯乙烯等。

2009 年 11 月 23 日 8 时左右，菏泽某制药有限公司刘某给安全员郭某打电话说联系好了运输粗苯的车辆，约 10 时 30 分刘某、郭某、穆某三人在公司油库集合（三人均未按要求穿着劳保服装，只穿着普通的衣服，作为安全员的郭某不仅没有提醒他人，就连自己也没有意识到）后，由穆某驾驶运输粗苯的车一起去菏泽某制药有限公司小井乡黄庄储备库。11 时 30 分左右到达后，运输车辆司机把车停到了存储罐前，连接好泵开始从储存罐往罐车里充装粗苯，充装 15 分钟的时候，穆某上到罐车上查看前面的罐口（罐的前后各有一个开启口），看罐车是否装满。然后走到后面的罐口查看，随后走回前面的罐口附近，对刘某说充装速度太慢。在他们说话的同时，大约 11 时 50 分发生了爆燃，随即罐车冒出浓烟。郭某见此情况，立即拉下闸刀，然后跑到储罐前关掉储罐的阀门。郭某立即拨打 119 报警电话和 120 急救电话，消防队来后把火扑灭。此次事故造成穆某死亡、刘某受伤。

【事故原因分析】①据调查分析，驾驶员穆某违反危险化学品运输车辆的相关规定，运输危险化学品未穿戴必需的劳保用品及服装，而是穿戴不防静电的普通服装，在罐车上来回走动，衣服上的静电点燃了挥发的苯混合气体，是造成事故的直接原因。②公司的安全员在出发执行危险化学品运输任务时没有按规定穿着劳保服装，发现穆某和刘某也未穿戴劳保服装，但是未加制止；主要负责人没有担负起企业安全生产管理主要负责人的责任，在发生爆燃事故后虽及时采取有效措施，进行积极抢救，仍应负有主要责任；现场工作人员安全意识差，违章操作，安全生产管理较乱；该公司对运输车辆的从业人员培训教育不够，监管不力，是造成这次事故的间接原因。

【事故责任】此次事故属于操作者违章操作的责任事故。

【整改措施】①完善预案：根据本单位所涉及危险物品的性质和危险特性，对每一项危险物品都要制订专项应急救援预案。同时，根据有关法律、法规、标准的变动情况和应急预案演练情况，以及企业作业条件、设备状况、人员、技术、外部环境等不断变化的实际情况，及时补充修订完善预案。②加强教育培训：加强对作业人员和救援人员安全生产和应急知识的培训，使其了解作业场所危险源分布情况和可能造成人身伤亡的危险因素，提高自救、互救能力。③组织应急演练：企业应结合自身特点，开展应急演练，使作业和施救人员掌握逃生、自救、互救方法，熟悉相关应急预案内容，提高企业和应急救援队伍的应急处置能力，做到有序、有力、有效、科学、安全施救。④加强装备建设：为专兼职救援队伍配备必要、先进的救援装备，从而提高防护和施救能力及效果。

## 2.3 案例三：雷击着火事故

2004 年 8 月 26 日，济南某制药公司一台 4M20-75/320 型压缩机放空管因遭雷击发生着火事故。

【事故经过】2004 年 8 月 26 日 9 时，正值雷雨天气，济南某制药公司内设备运行正常。忽然一声雷鸣过后，公司内巡视检查工人发现生产区内 2 号氮氢气压缩机放空管着火。在通知公司领导的同时，工人立即向公司消防救援队报警。公司消防救援队在最短的时间内赶到着火现场，在消防救援队和闻讯赶来的公司领导及职工的共同努力下，扑灭了火，没有酿成重大火灾，避免了更大的损失。

【事故原因分析】①氮氢气压缩机各级放空用截止阀，在长期的使用过程中磨损严重，没能及时发现进行维修和更换，造成个别放空截止阀内漏严重，使氮氢气通过放空管进入大气遭遇雷击而发生着火事故。②氮氢气压缩机各级油水分离器在排放油水时，所排出的油水都进入到集油器内，而集油器放空管连接到放空总管上。操作工人在进行排放油水的过程中，没能按照操作规程进行操作，使氮氢气进入集油器后随放空管进入大气。在排放过程中遭遇雷击而发生着火事故。③由于放空管没有单独的避雷设施而遭受雷击也是此次着火事故的重要原因。由于该公司采取的避雷措施是在压缩机厂房上安装避雷带，而放空管的高度超过了避雷带，其他避雷针又不能覆盖放空管，因此引发此次着火事故。

【事故责任】此次事故属于技术管理部门培训不到位及操作者违规操作造成的责任事故。

【整改措施】根据上述分析，这次事故的主要原因是大量的可燃气体（氮氢气）进入大气以及防雷措施不合理。因此，针对这次着火事故提出了如下具体的防治整改措施：①对氮氢气压缩机各级放空用截止阀进行定期检查，磨损严重的应及时进行维修或者更换新的截止阀。从而避免因阀门内漏使氮氢气进入大气造成事故。②加强巡回检查，确保油水分离器的排放操作按规定进行，严格规定其排放操作时间。③按标准正确设置避雷装置。这次事故发生后，公司内技术人员按防雷的基本措施对全生产区内的避雷装置进行了全面细致的检查。对防雷的薄弱环节进行了改造，增设了高性能的避雷器，并进行了合理布置，确保同类事故不再发生。

## 2.4 关键知识梳理：环境安全与粉尘爆炸

制药安全生产离不开厂房、车间，也离不开生产环境，生产环境不仅会影响产品的质量，还有可能给生产者带来危险，诸如火灾、爆炸。

当可燃性固体呈粉体状态，粒度足够细，飞扬悬浮于空气中达到一定的浓度时，在相对密闭的空间内遇点火源，就有发生粉尘爆炸的可能。具有粉尘爆炸性的物质比较多，在《爆炸危险环境电力装置设计规范》中列举了部分粉尘，常见的有金属粉尘（如镁粉、铝粉等）、煤粉、棉麻粉尘、木粉、面粉、火（炸）药粉尘和大多数含有 C、H 元素及与空气中氧反应能放热的有机合成材料粉尘等。

1. 粉尘爆炸的原理　粉尘爆炸是一个瞬间的连锁反应，属于不定的气固两相流反应，其爆炸过程比较复杂，受许多因素的制约。有关粉尘爆炸的原理至今尚在不断研究和完善之中，日本安全工学协会编写的《爆炸》一书中阐述了粉尘爆炸的一种比较典型的原理：从最初的粉尘粒子形成到发生爆炸的过程，粉尘粒子表面通过热传导和热辐射从火源中获得能量，使表面温度急剧升高，达到粉尘粒子加速分解的温度和蒸发温度，形成粉尘蒸气或分解气体，这种气体与空气混合后就容易引起点火（气相点火）。另外，粉尘粒子本身相继发生熔化气化，迸发出微小火花，成为周围粉尘的点火源，使之着火，从而扩大爆炸范围。这一过程与气体爆炸相比就复杂得多。

2. 粉尘爆炸的特点　从粉尘爆炸的过程可以看出，粉尘爆炸有如下特点：①粉尘爆炸速度或爆炸压力上升速度比气体爆炸小，但燃烧时间长，产生的能量大，破坏程度大。②爆炸感应期较长。粉尘爆炸过程比气体爆炸过程复杂，要经过尘粒表面分解或蒸发阶段及由表面向中心燃烧的过程。③存在二次爆炸的可能。因为粉尘初次爆炸产生的冲击波会将堆积的粉尘扬起，悬浮在空气中，在新的空间形成达到爆炸极限浓度范围内的混合物，而飞散的火花和辐射热成为可点火源，引起二次爆炸，这种连续爆炸会造成严重的破坏。④存在有不完全燃烧的状况。在药物以及制剂用辅料燃烧后的气体中含有大量一氧化碳及粉尘自身分解的有毒气体、可能导致中毒死亡事故的发生。

3. 粉尘爆炸的影响因素　粉尘爆炸危险性的主要特种参数是爆炸极限、最小点火能量、最低着火温度、粉尘爆炸压力及压力上升速率。粉尘爆炸极限不是固定不变的，影响因素主要有粉尘粒度、分散度、湿度、点火源的性质、可燃气含量、氧含量、惰性粉尘和灰分温度等；一般来说，粉尘粒度越细，分散度越高，可燃气体和氧含量越大，火源强度、初始温度越高，湿度越低，惰性粉尘及灰分越少，则爆炸极限范围越大，粉尘爆炸危险性也就越大。

4. 粉尘的爆炸下限　粉尘爆炸压力及压力上升速率主要受粉尘粒度、初始压力、粉尘爆炸容器、湍流度等因素的影响。粒度对粉尘爆炸压力上升速度的影响比粉尘爆炸压力大得多，粉度越细，比表面积越大，反应速度越快，爆炸压力上升速率就越大。随初始压力的增大，密闭容器的粉尘爆炸压力和压力上升速率也增大，当初始压力低于压力极限时（如数百帕斯卡）粉尘不再可能发生爆炸。

粉尘爆炸很难达到爆炸上限，有实际参考价值的是粉尘的爆炸下限。表1-6 常见可燃性粉尘的爆炸下限表。

表1-6　常见可燃性粉尘的爆炸下限表　　　　单位 g/m³

| 序号 | 粉体 | 爆炸下限 | 序号 | 粉体 | 爆炸下限 |
|---|---|---|---|---|---|
| 1 | Zr | 40 | 8 | Zn | 500 |
| 2 | Mg | 26 | 9 | 天然树脂 | 15 |
| 3 | Al | 35 | 10 | 丙烯醛乙醇 | 35 |
| 4 | Ti | 45 | 11 | 苯酚 | 35 |
| 5 | Si | 160 | 12 | 聚乙烯 | 25 |
| 6 | Fe | 120 | 13 | 乙酸纤维 | 25 |
| 7 | Mn | 216 | 14 | 木素 | 40 |

| 序号 | 粉体 | 爆炸下限 | 序号 | 粉体 | 爆炸下限 |
|---|---|---|---|---|---|
| 15 | 尿素 | 70 | 23 | 淀粉 | 45 |
| 16 | 乙烯树脂 | 40 | 24 | 大豆 | 40 |
| 17 | 合成橡胶 | 30 | 25 | 小麦 | 60 |
| 18 | 环六亚甲基四胺 | 15 | 26 | 砂糖 | 19 |
| 19 | 无氮钛酸 | 15 | 27 | 硬质橡胶 | 25 |
| 20 | 烟草粉末 | 68 | 28 | 肥皂 | 45 |
| 21 | 木粉 | 40 | 29 | 硫黄 | 35 |
| 22 | 纸浆 | 60 | 30 | 煤粉 | 35 |

## 2.5 关键知识梳理：火灾与爆炸的防控

火灾与爆炸的防控是指在火灾孕育阶段或初期阶段及时发现，采取有效的措施进行制止的行为。现在通常采用的是火灾探测报警系统，火灾探测报警系统本身并不具有影响火灾自然发展进程功能，其主要作用是及时将火灾迹象通知有关人员准备疏散或组织灭火。在火灾的早期阶段，准确地探测到火情并迅速报警，对及时组织人员有序、快速疏散，积极有效地控制火灾的蔓延、快速灭火以及减少火灾损失具有重要的意义。

### （一）火灾探测类型

火灾在孕育阶段和初期阶段，通常会出现特殊现象或征兆，如发热、发光、发声以及散发出烟尘、可燃气体、特殊气味等。这些现象征兆可为早期发现火灾、进行火灾探测提供依据。火灾探测分为接触式和非接触式两种基本类型。

1. 接触式探测　在火灾的初期阶段，烟气是反映火灾的主要特征。接触式控制器是利用某种装置直接接触烟气实现火灾探测的。烟气的浓度、温度、特殊产物的含量等都是探测火灾的常用参数，只有当烟气到达该装置且达到相应设定危险阈值时，感烟元件才发生响应。

2. 非接触式探测　非接触式火灾探测器主要是根据火焰或烟气的光学效应进行探测的，由于探测元件不必触及烟气，可以在离起火点较远的位置进行探测，探测速度较快。非接触式探测器主要有光束对射式、感光（火焰）式和图像式。其中，光束对射式探测器是将发光元件和受光元件分成两部分，分别安装在建（构）筑物空间的两个位置，当有烟气从两者之间通过时，一旦烟气浓度致使光路之间的减光量达到报警阈值就会发出火灾报警信号。感光（火焰）式探测器是利用光电效应探测火灾，探测到火焰发出的紫外线或红外线后发出火灾信号报警。图像式探测器是利用摄像原理发现火灾，目前主要采取红外摄像与日光盲热释电预警器件配合进行。一旦发生火灾，火源及相关区域会发出一定的红外辐射，摄像机发现红外信号输入计算机进行综合分析，确定火灾信号立即报警。

**（二）火灾自动报警系统**

火灾自动报警系统是火灾探测报警与消防联动控制系统的简称，是以实现火灾早期探测和报警、向各类消防设备发出控制信号并接收设备反馈信号，进而实现预定消防功能为基本任务的一种自动设施。火灾自动报警系统一般由火灾探测报警系统、消防联动控制系统、可燃气体探测报警系统及电气火灾监控系统组成。

1. 火灾探测报警系统　由火灾报警控制器、触发器件和火灾警报装置等组成，可以探测到被保护对象的初起火灾并做出报警响应，提醒人员在火灾尚未发展蔓延到危害生命安全的程度时，及时疏散到安全地带。

2. 消防联动控制系统　由消防联动控制器、消防控制室图形显示装置、消防电气控制装置（防火卷帘控制器、气体灭火控制器等）、消防电动装置、消防联动模块、消火栓按钮、消防应急广播设施、消防电话等设备和组件组成。在火灾发生时，联动控制器按设定的控制逻辑发出控制信号给消防泵、喷淋泵、防火门、防火阀、防排烟阀和通风等消防设备，完成对灭火系统、疏散指示系统、防排烟系统及防火卷帘等其他消防有关设备的控制功能，消防设备动作后由联动控制器将动作信号反馈给消防控制室并显示，实现对消防状态的监视功能。

3. 可燃气体探测报警系统　由可燃气体报警控制器、可燃气体探测器和火灾声警报器组成，能够在保护区域内泄漏可燃气体的浓度低于爆炸下限的条件下提前报警，从而预防由于可燃气体泄漏引发的火灾和爆炸事故的发生。

4. 电气火灾监控系统 又称"电气火灾报警系统"或"漏电火灾报警系统"，能准确监测电气线路的故障和异常状态，发现电气火灾的火灾隐患，及时报警并提醒相关人员消除这些隐患，并通过远程控制切断负荷电源。

### （三）灭火技术

灭火就是破坏燃烧的必要条件，使燃烧反应终止的过程。常用的灭火方法可以归纳为四种，即冷却、窒息、隔离和化学抑制。冷却、窒息和隔离灭火作用主要是物理过程，化学抑制属于化学过程。

1. 灭火方法 ①冷却法：常见的喷水吸收大量热量，使燃烧物的温度迅速降低，令燃烧终止。②窒息法：如用二氧化碳、氮气等降低氧浓度，使燃烧不能持续。③隔离法：如用泡沫灭火剂灭火，通过产生的泡沫覆盖于燃烧体表面，在冷却作用的同时，把可燃物和空气隔离开来，使燃烧终止。④化学抑制法：如用干粉灭火剂通过化学作用，破坏燃烧的链式反应，使燃烧终止；用磷酸铵盐为基料的干粉被喷射到灼热的燃烧物表面时，会发生一系列的化学反应，在燃烧物表面生成一层玻璃状覆盖物，将燃烧物与空气隔开，使燃烧终止。

2. 灭火系统装置 灭火系统分为室内外消防给水系统、自动喷水灭火系统、水喷雾灭火系统、细水雾系统、气体灭火系统、泡沫灭火系统和干粉灭火系统等。有些火灾不适宜用水直接扑灭，如金属钾、钠等遇水燃烧的物质导致的火灾以及电器火灾等，应选用适宜的灭火剂系统进行灭火。

（1）室内外消防给水系统：室内外消防给水系统的设备和设施主要包括消防水泵、防水泵接合器、增（稳）压设备（稳压泵、气压罐）、消防水池和消防水箱等。通常可在厂区设立环状给水管网，并结合各车间条件在厂区内设立一定量的室外消火栓、屋面水箱，以提供消防水保护整个厂区。洁净厂房必须设置消防给水系统，生产层及上下技术夹层应设室内消火栓，消火栓的用水量不小于 10L/s。消防水源通常用市政管网的水源，一般情况下，火灾前 10 分钟室内消防用水由厂区屋内水箱提供，10 分钟后消防用水由市政管网水源提供。

（2）自动喷水灭火系统：自动喷水灭火系统由洒水喷头、报警阀组、水流报警装置（水流指示器或压力开关）等组件组以及供水管道和供水设施组成。自动喷水系统可分为湿式自动喷水灭火系统、干式自动喷水灭火系统、预作用自动喷水灭火系统、雨淋系统和水幕系统等。①湿式自动喷水灭火系统：由闭式喷头、湿式报警阀组、水流指示器或压力开关以及供水管道和供水设施组成，在准工作状态下，管道内充满用于启动系统的有压水，适用于温度为 4～70℃ 的环境中。②干式自动喷水灭火系统：由闭式喷头、干式报警阀组、水流指示器或压力开关、供水与配水管道、充气设备以及供水设施组成，在准工作状态下，配水管道内充满用于启动系统的有压气体，适用于温度低于 4℃ 或高于 70℃ 的环境。由于准工作状态下配水管道内没有水，有一个排气过程，会出现喷水滞后现象。③预作用自动喷水灭火系统：由闭式喷头、雨淋阀组、水流报警装置、供水与配水管道充气设备以及供水设施组成，在准工作状态时配水管道不充水，由火灾报警系统信号自动开启雨淋阀，转换为湿式自动喷水灭火系统模式。预作用自动喷水灭火系统需要配套设置火灾自动报警系统，可消除干式自动喷水灭火系统喷水滞后的问题，在低温或高温环境中可替代干式自动喷水灭火系统，特别适用于准工作状态时严禁管道漏水、系统误喷的忌水场所。④雨淋系统：由开式喷头、雨淋阀组、水流报警装置、供水与配水管道以及供水设施组成，雨淋系统的喷水范围由雨淋阀控制，系统启动大面积喷水。雨淋系统适用于需大面积喷水、快速扑灭火灾的特别危险场所。⑤水幕系统：利用喷洒形成的水墙或多层水帘封堵防火分区的孔洞，阻挡火灾和烟气的蔓延，或喷在物体表面形成水膜，控制分隔物的温度、保护分隔物，水幕系统不具备直接灭火的能力，主要用于挡烟、阻火和冷却、保护分隔物。

（3）水喷雾灭火系统：水喷雾灭火系统由水源、供水设备、过滤器、雨淋阀组、管道及水雾喷头等组成，需配套设置火灾探测报警及联动控制系统或传动管系统。通过改变水的物理状态，利用水雾喷头使水从连续的洒水状态变化成不连续的细小水雾滴喷射出来灭火，水喷雾灭火系统具有较高的电绝缘性能和良好的灭火性能。

水喷雾灭火系统按启动方式分为电动启动水喷雾灭火系统和传动管启动水喷雾灭火系统，传动管启动水喷雾灭火系统一般适用于防爆场所。

（4）细水雾灭火系统：由供水装置、过滤装置、控制阀、细水雾喷头和供水管道组成。具有节能环保（用水量小）、电气绝缘性能比较好、消除烟雾等特性。

（5）气体灭火系统：气体灭火系统主要分为卤代烷气体灭火系统、二氧化碳气体灭火系统和惰性气体灭火系统。卤代烷气体灭火的原理是通过溴和氟等卤素氢化物的化学催化作用和化学净化作用大量捕捉、消耗火焰中的自由基，抑制燃烧的链式反应灭火。二氧化碳气体灭火的原理是冷却以及通过稀释氧浓度窒息燃烧。惰性气体灭火属于物理灭火方式，混合气体释放后把氧气浓度降低到不能支持燃烧，从而扑灭火灾。卤代烷气体灭火系统和二氧化碳气体灭火系统都适用于扑救 A 类火灾、B 类火灾、C 类火灾和 E 类火灾。

（6）泡沫灭火系统：泡沫灭火系统是通过机械作用将泡沫灭火剂、水与空气充分混合实施灭火的灭火系统。泡沫灭火的原理是冷却、窒息和辐射热阻隔作用，分为高、中、低倍数泡沫灭火系统，主要适用于 B 类火灾的灭火。

（7）干粉灭火系统：干粉灭火系统是由干粉供应源通过输送管道连接到固定喷嘴上，通过喷嘴喷放干粉的灭火系统，干粉灭火剂的类型有普通型干粉灭火剂、多用途干粉灭火剂和专用干粉灭火剂。①普通型干粉灭火剂：可扑救 B 类、C 类、E 类火灾，又被称为 BC 干粉灭火剂。灭火原理是化学抑制作用，当大量普通干粉以雾状形式喷向火焰时，可以吸收火焰中的活性基团，中断燃烧的连锁反应使火焰熄灭。②多用途干粉灭火剂：可扑救 A 类、B 类、C 类、E 类火灾，又被称为 ABC 干粉灭火剂。多用途干粉喷射到灼热的燃烧物表面时，会发生一系列化学反应，在燃烧物表面生成一层玻璃状覆盖物，将燃烧物和空气隔开，使燃烧窒息灭火。③专用干粉灭火剂：可扑救 D 类火灾，又称 D 类专用灭火剂，主要有石墨类、氧化钠类和碳酸氢钠类。石墨类和氧化钠类干粉灭火剂的灭火原理是喷射到金属燃烧物表面组成严密的空气隔绝层，窒息灭火；碳酸氢钠类灭火剂的灭火原理是以碳酸氢钠为主要原料，添加某些结壳物料制作的 D 类干粉灭火剂的灭火原理为喷射到燃烧金属表面时会发生有限的化学反应，钝化金属表面灭火。

（8）灭火器：目前，常用的灭火器类型有水基型灭火器、干粉灭火器、二氧化碳灭火器和洁净气体灭火器，制药企业可能发生的火灾类型主要有 A 类、B 类、C 类、D 类。

其中，A 类火灾场所可配置水基型（水雾、泡沫）灭火器，ABC 干粉灭火器；B 类火灾场所可配置水基型（水雾、泡沫）灭火器、BC 干粉灭火器或 ABC 干粉灭火器、洁净其他灭火器；C 类火灾场所可配置干粉灭火器、水基型（水雾）灭火器、洁净气体灭火器、二氧化碳灭火器；D 类火灾场所可用 7150 灭火器（俗称液体三甲基硼氧六环）灭火，也可用干沙、土或铸铁屑粉末代替灭火。

（9）防、排烟系统：建筑中设置防、排烟系统的作用是将火灾产生的烟气和热量及时排除，减弱火势的蔓延，防止和延缓烟气扩散，保证疏散通道不受烟气侵害，确保人员顺利疏散，安全避难。

火灾烟气控制分防烟和排烟两个方面，防烟方面采取的措施有自然通风和机械加压送风；排烟方面采取的措施有自然排烟和机械排烟。

**（四）灭火防控措施**

一切防火措施都是为了防止燃烧的三个必要条件同时存在，防止火灾发生的基本措施是控制可燃物、隔绝助燃物和消除点火源。

控制可燃物就是尽量不使用或少使用可燃物，通过改进生产工艺或者改进技术，以不燃物或难燃物代替可燃物或者易燃物，使用的可燃物储存量以满足正常生产周转期为宜。

隔绝助燃物就是生产设备或系统及可燃物包装容器等尽量密闭或加入惰性气体保护，常压或正压状况要防止泄漏接触助燃物，负压设备及系统要防止泄漏进入空气以及安全泄压。

消除点火源就是利用各种措施将引发火灾的能量条件削弱或消除，避免火灾事故的发生。

建设项目在工程可行性研究阶段就需要考虑火灾的发生情况，进行安全预评价并指导初步设计，设计阶段进行细化，建设项目建设及安装阶段按照设计内容落实；对已建项目可以进行安全现状评价，确定人员和财产的火灾安全性能，针对存在的问题，积极落实整改，降低火灾发生概率。

**（五）爆炸的防控**

防控火灾爆炸的有效措施与防止燃烧的措施相同，即防止可燃物、助燃物、点火源同时存在；防止可燃物、助燃物混合形成爆炸性混合物（在爆炸极限内）和点火源同时存在。

1. 防止可燃爆系统的形成

（1）取代或控制用量：在工艺可行的情况下，在生产过程中不用或少用可燃、可爆物质，使用不燃、难燃或高闪点溶剂替代低闪点溶剂等。对于自由基反应，引发剂投放量过大、催化加氢还原反应因催化剂加入过量等都易导致反应速度增大，造成反应失控而爆炸。比如，自由基引发有机氯化反应，采用分批或连续流加方式控制反应，同时，在反应刚刚开始时，氯气不可通入过快，否则会因热效应和高浓度导致急剧反应爆炸，需要提醒的是，许多事故不是发生在反应中期，多出现在开、停车操作阶段。

（2）加强密闭：为防止易燃气体、蒸气和可燃性粉尘与空气形成爆炸性混合物，应采取包括冗杂等在内的技术措施，并设法使生产设备和容器尽可能密闭操作，以减少或避免危险物泄漏、扩散。

（3）通风排气：为保证易燃、易爆、有毒物质在厂房生产环境中的浓度不超过危险浓度，必须采取有效的通风排气措施。尤其是在净化车间，释放至室内的可燃性物质易累积而达到临界点浓度，需要增加送风量以稀释。

（4）惰性化：在可燃气体或蒸气与空气的混合物中充入惰性气体，降低氧气、可燃物的百分比，从而消除爆炸危险和阻止火焰的传播。

2. 消除、控制点火源　为预防火灾及爆炸危害，对点火源进行控制是消除燃烧三要素同时存在的一个重要措施。引起火灾，爆炸事故的能源主要有明火、高温表面、摩擦和撞击、绝热压缩、化学反应热、电气火花、静电火花、雷击和光热射线等。在有火灾、爆炸危险的生产场所，应充分注意这些点火源，并采取严格的控制措施。

3. 有效监控、及时处理　在可能泄漏可燃气体、蒸气的区域设置监测报警仪是监测空气中易燃易爆物质含量的重要措施。当可燃气体或液体发生泄漏而操作人员尚未发现时，检测报警仪可在设定的安全浓度范围内发出警报，便于及时处理泄漏点，从而避免发生重大事故。早发现、早排除、早控制，防止事故发生和蔓延扩大。

4. 粉尘爆炸的防控　控制粉尘爆炸的主要技术措施是缩小粉尘扩散范围，消除粉尘、控制火源和适当增湿等。对于产生可燃粉尘的生产装置，可以在生产装置中通入惰性气体进行防护，使实际含氧量比临界含氧量低20%，也可以采用抑爆装置等技术措施。

5. 其他防控　由于车间内机械设备的轴承或皮带摩擦过热，即可达到引爆的能量；另外，易产生静电的设备未能妥善接地或电气及其配线连接处产生火花；尤其是粉碎机的进料未经挑选，致使铁物混入，产生碰撞性火星；以上皆可引发粉尘爆破，这些事故不仅会发生在药品的生产过程，还会出现在药品的研发过程以及制药设备装置停开与检修保养过程。

## 三、无菌意识

### 3.1 案例：无菌意识不强造成损失

1999 年 7 月 16 日 9 时许，吉林省高新技术开发区的某生化制药有限公司会议室内，正在召开由公司总经理亲自主持的质量紧急分析会议，会议的议题是：连续三批产品均出现质量不合格状况，紧急查找原因，提出整改方案。公司连续出现产品质量问题，而且是成批次不合格，严重影响了正常的生产秩序，给公司带来了不小的损失。

【事故经过】1999 年 7 月 10 日，生产部门按照生产指令，按照公司排产计划进行领料、备料、排产，3 日后该批产品（药品）生产完成，入库待检；7 月 11 日、12 日按照公司的排产计划顺次投料生产接下来的批次。7 月 12 日质监部化验室的检验结果出来发现 7 月 10 日生产的批次卫生学指标不合格，随即上报公司主管副总，同时抄报生产部及生产车间相关部门。谁料 7 月 11 日、12 日两个批次化验结果却与 7 月 10 日批次化验结果一样（均为卫生学指标不合格），如此连续三批产品"大面积"不合格，给公司造成了巨大的损失，直接经济损失达几十万元，加上人工费等间接损失近百万元。

【事故原因分析】员工无菌意识培训不到位、无菌服无菌处理不彻底、身体裸露部位处理不到位，导致产品被污染，卫生学指标超标。加之生产时间是在 7 月份，正值夏季伏天，气温高、湿度较大，该段时间开发区内动力供电、供水正进行有计划的年度检修。仔细分析整个生产过程发现，由于开发区内动力供电的年度检修，不定时的停电导致生产车间空调不定时停机，造成生产无菌环境得不到保证。而且，开发区内供水系统（储存、管路等）年度检修，不定时的停水造成人员进入洁净车间无水可用，只可采用其他处理方法（例如喷洒洗手液等）来处理裸露部位，导致生产的产品不合格。此事故的处理结果是全部销毁不合格产品，造成公司巨大损失。

【事故责任】此次事故是管理部门无菌意识不强，操作人员培训不到位的责任事故；同时操作者违规进入洁净车间是导致事故的直接原因。

【整改措施】通过问题的查摆，公司高管层充分认识到职工的无菌意识培训是非常重要的，同时各级管理部门的协调性也是不可忽视的（诸如，合理安排开发区停电、停水时间表和本公司生产过程的时间点等）。通过此次事故，公司规定：①凡岗位工人不经岗前培训，不得上岗。②凡进入洁净车间人员，一定要按照规定达到无菌要求，强化员工的无菌意识，不定期对员工进行不同形式的考核，不合格者不得上岗。③质控部门（尤其是化验室）应加强主动服务意识，跟踪产品，及时发现问题，及早解决，把生产风险降到最低。④公司应与生产、质量、辅助监控部门通力协调以确保生产环境达标，谁出现问题，谁来负责。

## 3.2 关键知识梳理：人员进入生产车间的要求

制药人员进入生产车间，尤其是进入洁净车间（室），必须按规定走人流通道，生产区域的布局要顺应工艺流程，减少生产流程的迂回、往返；操作区内只允许放置与操作有关的器具，设置必要的工艺装备。人员净化用室包括门厅（雨具存放）、换鞋室、存外衣室、盥洗室、洁净工作服室、气闸室或空气吹淋室，厕所、淋浴室、休息室等生活用室可根据需要设置，但不得对洁净区产生不良影响。

（1）门厅：是厂房内人员的入口，门厅外要设刮泥格栅。进门后，应设立更鞋柜，将外出鞋换掉。

（2）存外衣室：即普更室，在此将穿来的外衣换下，穿一般区的普通工作服。此处需根据车间定员设计，每人一柜。

（3）洁净工作服室：进入洁净区必须在洁净区入口设更换洁净工作服的地方，进入C级洁净区脱衣和穿洁净工作服要分房间，进入无菌室不仅脱与穿要分房间，而且穿无菌内衣和无菌外衣之间也要进行手消毒。

（4）淋浴室与厕所：由于淋浴室的温湿度易对洁净室易造成污染。所以，洁净厂房内不主张设淋浴室，如生产特殊产品必须设置时，应将淋浴室放到车间存外衣室附近，而且要解决淋浴室排风问题，并使其维持一定的负压。

（5）气闸与风淋：在早期的设计中，洁净区入口处一般设风淋室，而后大多采用气闸室。风淋会将衣物和身体的尘粒吹散无确定去处；在气闸室停滞足够的时间，达到足够的换气次数，就可以达到净化效果。但是，气闸室内没有送风和洁净等级要求。因此，风淋室和气闸室已经逐渐被缓冲间所替代。人员进出药品洁净车间的流程如图 1-1。

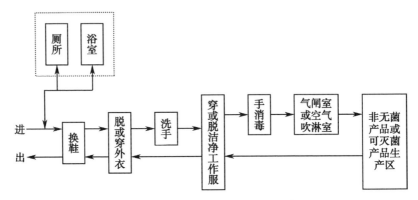

图 1-1　人员进入洁净车间程序示意图

分体式洁净工作服的穿戴注意事项：①打开洗水池水龙头洗手，注意双手搓洗时间不少于 10 秒，搓洗至双手腕上 5cm，须清洁指间及甲缝。清洗完毕后，用自动烘手器烘到手部不潮湿为止。②穿洁净工作服时，最大限度地用工作服将身体包裹严实，同时保持衣着整齐。

### 3.3 关键知识梳理：物料进入生产车间的要求

制药用物料经外包装清洁室脱去外包装后，经气闸室或传递窗（洞）进入预定程序，如图 1-2，进入洁净车间（室）。

图 1-2　物料进入洁净车间程序示意图

物料进入洁净区的注意事项：①搬运工将物料送至车间物料外清间。②除去外包装，如内包装上沾有尘粒物质则先用抹布擦去尘粒，再消毒。③搬运工送入缓冲间，装入洁净容器，在容器上贴上标签，标签上需写明品名、批号、规格、数量、日期等。关上缓冲间外门。④操作人员打开缓冲间内门将净化后的物料转入物料暂存间指定位置存放。⑤填写物料暂存记录。

## 3.4 关键知识梳理：洁净车间形式

制药企业洁净车间（室）是指各种制剂、原料药、药用辅料和药用包装材料生产中有空气洁净度要求的车间（室）。有洁净度要求的不是车间的全部，主要是指药液配制、灌装、粉碎过筛、称量、分装等药品生产过程中的暴露工序和直接接触药品的包装材料清洗等岗位。

洁净室按气流形式分为层流洁净室和乱流洁净室。层流气流流线平行，流向单一，按其气流方向又可分为垂直层流和水平层流。垂直层流多用于灌封点的局部保护和层流工作台；水平层流多用于洁净室的全面洁净控制。乱流也称紊流，按气流组织形式可有顶送和侧送等。

1. 垂直层流室　这种洁净室天棚上满布高效过滤器。回风可通过侧墙下部回风口或通过整个格栅地板，空气经过操作人员和工作台时，可将污染物带走。由于气流系单一方向垂直平行流，故因操作时产生的污染物不会落到工作台上去。这样，就可以在全部操作位置上保持无菌无尘，达到 A 级的洁净级别（见表 1-7）。

2. 水平层流室　室内一面墙上满布高效过滤器，作为送风墙，对面墙上满布回风格栅，作为回风墙。洁净空气沿水平方向均匀地从送风墙流向回风墙。工作位置离高效过滤器越近，越能接受到最洁净的空气，可达到 A 级洁净室，依次下去的便可能是 B 级、C 级。室内不同地方可得到不同等级的洁净度。

3. 局部层流　即在局部区域内提供层流空气。局部层流装置供一些只需在局部洁净环境下操作的工序使用，如洁净工作台、层流罩及带有层流装置的设备，局部层流装置可放在无菌万级环境下使用，使之达到稳定的洁净效果，并能延长高效过滤器的使用寿命。

4. 乱流洁净室　这种洁净室的气流组织方式和一般空调区别不大，即在部分天棚或侧墙上装高效过滤器，作为送风口，气流方向是变动的，存在涡流区，故较层流洁净度低，它可以达到的洁净度是 B 级、C 级。室内换气次数越多，所得的洁净度也越高。工业上采用的洁净室绝大多数是乱流式的，因为其具有初投资和运行费用低、改建扩建容易等优点，在医药行业得到普遍应用。

表 1-7　洁净度等级内容表

| 洁净度等级 | 尘粒最大允许数 /（个 /m³） | | 微生物最大允许数 | |
|---|---|---|---|---|
| | 0.5µm | 5µm | 浮游菌 /（个 /m³） | 沉降菌 /（个 / 皿） |
| A 级 | 3 500 | 0 | 5 | 1 |
| B 级 | 350 000 | 2 000 | 100 | 3 |
| C 级 | 3 500 000 | 20 000 | 500 | 10 |
| D 级 | 10 500 000 | 60 000 | — | 15 |

## 3.5 关键知识梳理：工业化规模生产概念

制药工业属于工业制造类别，产品面向社会，其生产规模就一定是工业化规模生产的。药品属于特殊商品，其质量标准要求相当严格，不能有丝毫的偏差，否则就会酿成不可想象的后果。为了达到安全有效、治病救人的目的，在生产的全过程就要进行安全监控和全面质量管理。

制药过程的全方位监控和质量管理靠的是完善的质量保证体系和质量监控体系的通力协作。为了实现这一目标，操作者就必须严格地按照制药规范化文件和标准化的岗位操作法进行规范化操作，同时按部就班地做好记录。

（一）工艺规程

按照《中华人民共和国药品管理法》（简称《药品管理法》）及《药品生产质量管理规范》（good manufacturing practice，GMP）的要求，每一种药品的生产都必须有专属的工艺规程，该规程包含了经正式批准的生产处方和生产工艺的操作要求，该药品的每种规格和每种包装类型的包装操作要求；该工艺规程一经批准，就不得任意更改，如需更改，应按制定的书面规程修订、审核、重新上报批准。

1. 生产处方　生产处方即指所用原辅料清单（包括生产过程中可能消失、不在成品中出现的物料），阐明每一种物料的指定名称、唯一的代码和用量；如原辅料的用量需要折算，还应说明计算方法，最终产品的剂型、规格和批量。

2. 生产操作要求　生产操作要求主要是指对操作者、生产场地环境及所使用设备等的要求。包括①所用主要设备的说明（如操作间的位置和编号、洁净度级别、必要的温湿度要求、设备型号和编号等）；②关键设备的准备所采用的方法（如清洗、组装、校准、灭菌等）或相应操作规程编号；③详细的生产步骤说明（如物料的核对、预处理、加入物料的顺序、混合时间、温度等）；④所有中间控制方法及评判标准；⑤预期的最终产量限度，必要时，还应说明中间产品的产量限度，以及物料平衡的计算方法和限度；⑥待包装产品的储存要求，包括容器、标签及特殊储存条件；⑦需要说明的特别注意事项（只专注于制药行业专属设备）。

（二）标准操作规程

标准操作规程（standard operating procedure，SOP）是指经批准用来指导设备操作、维护与清洁、验证、环境控制、取样和检验等药品生产活动的通用性文件，是对某一项具体操作所做的书面指令。

（三）包装操作

包装操作是制药产品的最后一道工序，也是最为关键的环节，作为商品，靓丽的外观有促销的积极作用，但是作为特殊商品的药品，则要求操作者完成如下操作环节。

1. 包装操作者须填写所需全部包装材料的完整清单，包括包装材料的名称、数量、规格、类型以及与质量标准有关的事项。

2. 需要印刷包装材料的实样或复制品，以及标明产品批号、有效期打印位置的样张。

3. 需要说明的特别注意事项，包括对生产区和设备进行的检查，在包装操作开始前，确认包装生产线的清场已经完成等。

4. 包装操作步骤的说明，包括重要的辅助性操作条件和所用设备的注意事项、包装材料使用前的核对。

5. 中间控制的详细操作，包括取样方法及合格标准。

6. 待包装产品、印刷包装材料的物料平衡计算方法和限度等。

（四）清洁规程

清洁是制药企业药品生产和质量管理不可缺少的重要环节。残留杂质会影响药效和带来毒副作用，因此在更换品种、多批连续生产、产品出现质量问题、设备维修后以及设备和容器空置一段时间再使用前都要清洁设备。企业制定的清洁标准操作规程（SOP）应尽可能详细，并且重现性好，便于执行。

1. 采用的清洁方式　清洁方式有两种，即人工清洁和自动化清洁。两者相比，自动化清洁重现性较好，但某些区域必须人工清洁。如果批生产间的清洁方法和更换产品时的方法不同，应在规程中将两者分开阐述，必要时制定两个规程分别予以描述。同理，如果用一种方式来清洁水溶性残留物，而用另一种方式来清洁水不溶性残留物，也应对两者分开阐述，并明确界定各方式的适用范围。

2. 使用的清洁剂　物料的化学性质不同，所使用的清洁剂的类型也会不同。规程中要规定所有清洁剂的配制方法、有效期、适用范围等。与产品直接接触的清洁剂必须符合药用要求。

3. 清洁程序　规程要详细描述清洁步骤以及每一步骤、每一部分的清洁次数、清洁水平。最好是对设备或系统的每一部分都进行清洁。

4. 清洁周期　规程中应规定和验证两次清洁之间的最长周期。

5. 清洁人员　清洁人员的操作能力、对设备和工艺的熟悉程度以及工作态度等对清洁效果至关重要，因此，清洁人员必须经过培训，要对每一个清洁操作都进行培训并做好培训记录。规程还应包括清洁执行人和清洁后验收检查人的签名。

6. 专用设备和专用区域　一般规定可产生难以从设备上清除的焦油或胶状残留物的设备（例如流化床）为专用设备。专用设备应在规程中特别列出，并在设备上清楚地标识。如果涉及清洁硅酮管，还应注意，硅酮材料中成分易被溶出，清洁时应评估其溶出物是否进入产品，以及产品是否吸入硅酮管等。硅酮管一般定为专用设备。对于细胞毒素类和抗生素等高生物活性产品，应规定专用生产区域，要在规程中清楚规定这类区域的清洁周期和每一个清洁步骤。

7. 其他　对经验证后的清洁规程，验证的关键参数必须清楚明确地反映在规程中。在复杂系统中，如果使用长输送管线，最好标明管道流程图，在管道和阀门处贴上标签方便清洁人员清洁，以免造成清洁疏漏和错误。

**（五）岗位记录**

由于记录和凭证能记载所生产的每一批产品的全部情况，或者说反映了所生产的每一批产品与标准的偏离情况，也就是一致性程度；因此，记录是质量追溯和纠偏的基础，是质量风险分析的基础，是质量持续改进的源泉。可以说，记录类文件也是保证药品质量十分重要的文件，甚至是最重要的文件。因此，操作者要认真完成记录任务，记录类文件大致有以下几类。

1. 生产管理类文件　如批生产记录、批包装记录、生产过程偏差及处理记录、洁净厂房湿度记录、物料结料单等。

2. 质量管理类记录文件　如收料报告、留检报告、取样记录、取样单、检验记录、分析证书、稳定性试验记录、批中间控制记录等。

3. 物料管理类记录文件　如物料验收记录、仓库温湿度控制记录、物料领取台账、物料养护记录、货位卡与物料标识等。

4. 工程维护类记录文件　如设备仪器和器具的维护记录、设备仪器的运行和事故记录；设备仪器和器具校验记录、设备仪器和器具卫生（清洗和消毒）记录等。

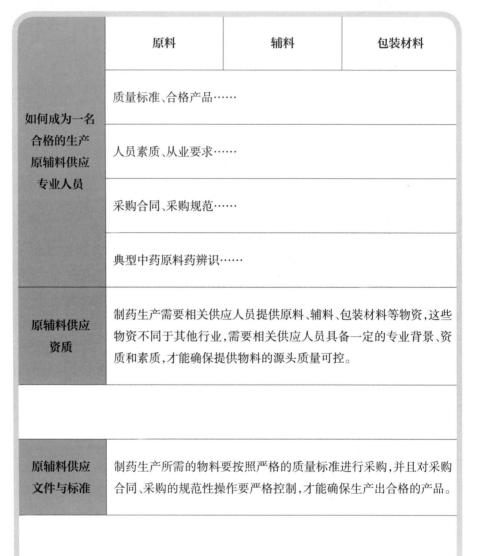

|  | 原料 | 辅料 | 包装材料 |
|---|---|---|---|
| **如何成为一名合格的生产原辅料供应专业人员** | 质量标准、合格产品…… | | |
| | 人员素质、从业要求…… | | |
| | 采购合同、采购规范…… | | |
| | 典型中药原料药辨识…… | | |
| **原辅料供应资质** | 制药生产需要相关供应人员提供原料、辅料、包装材料等物资，这些物资不同于其他行业，需要相关供应人员具备一定的专业背景、资质和素质，才能确保提供物料的源头质量可控。 | | |
| **原辅料供应文件与标准** | 制药生产所需的物料要按照严格的质量标准进行采购，并且对采购合同、采购的规范性操作要严格控制，才能确保生产出合格的产品。 | | |
| **典型中药供应注意要点** | 通过对若干贵细中药、毒性中药等典型原料药的供应市场情况进行分析，为从业者正确的就业方法和路径提供指导。 | | |

# 第二章 合格的生产原辅料供应专业人员具备的能力

无论是合成药品企业还是药品制剂企业都离不开原料、辅料等制药材料的购进，那么制药材料的购进准备就是此环节中的关键一环。只有购进合格的原辅料，才可能生产出合格的药品，才能确保人民的用药安全和临床疗效。

## 一、供应人员的素质要求

原辅料采购通常是由企业技术部门会同药品质量监督稽查大队、物资供应、生产车间等相关部门按照产品工艺要求和供应商共同完成的。

凡购进的原料药品（包括化学原料药、中药材）必须具备完善的质量监控标准，力求做到定点供应；对于中药材，必要时还要建立中药材实物标本，作为鉴别药材真伪和优劣的依据；对有毒、有害原料药品建立限量控制指标。

制药企业的负责人应具有所生产、经营产品的专业知识和现代科学管理知识，要有实践经验，并对生产和经营的产品质量负全面责任；所设立的质量管理机构的负责人应由有实践经验、坚持原则、具有相应专业技术职称并能独立解决生产和经营过程中质量问题的人员担任，负责对产品质量及其管理、检验业务进行判断、指导、监督和裁决；在制药企业中，从事质量管理、化验、检测、验收、养护及计量等工作的专职人员的数量应不低于企业职工总数的4%；制药企业中从事直接接触药品的质量管理检验、验收、养护、保管、分装及质量查询等工作的人员，每年需进行一次健康检查，体格检查表和化验单应存入健康档案，保存五年，如发现患有传染病、隐性传染病、皮肤病及精神病等，应及时调离现任岗位。

## 1.1 关键知识梳理：采购原则

坚持"按需进货，择优采购"的原则，在企业总体决策计划指导下，注重商品采购的时效性与合理性，力求品种全、费用省、质量优，做到供应及时、结构合理。

1. 采购医药商品必须遵循的原则　①所采购的医药原辅料必须是经医药、卫生、计量、化工、轻工等行政管理部门和工商行政部门批准的工厂所生产的产品。②所采购的医药原辅料必须是具有法定的产品质量标准。③所采购的药品必须有注册商标批准文号和生产批号。④凡实行生产许可证管理的企业产品和计量产品，必须取得相应的许可证。⑤采购的医疗器械必须有鉴定批准号〔样机（样品）鉴定批准号或投产鉴定批准号〕或在产产品登记号。⑥所采购的产品质量必须稳定、性能安全可靠，符合标准规定。⑦所采购的包装和标志必须符合储运要求。⑧所采购的进口药品应有口岸药检所检验报告。⑨所采购商品应注意选择具有法定资格（包括企业的许可证、合格证、营业执照等）并有履行合同能力的供货单位。必要时，应对其产品和企业质量保证体系进行调查、评价，签订质量保证协议。

2. 采购特殊药品　采购麻醉药品、医疗用毒性药品及精神药品应按国务院《麻醉药品管理办法》《医疗用毒性药品管理办法》中的规定，由指定的供应点经营。

3. 采购新产品　应按卫生行政管理部门医药管理部门或有关主管部门的规定进行。

4. 首次经营品种的试销　增加规格、改型、改变主要结构和原料、包装材料、容器或包装方式的产品及其发展新的产销关系等业务，必须由业务部门征求本企业的质量、物价、储运等部门的意见，报相关部门同意后，方可采购，必要时应进行实地考察。对首次购买的原料、试剂等需经由质量和业务部门分别对质量情况和市场情况做出评价，报相关部门审批同意后，方可采购。

## 1.2 关键知识梳理：采购合同

认真贯彻执行《中华人民共和国合同法》（简称《合同法》），签订商品购销合同必须明确质量条款。①供应商应提供相应的产品质量标准。②产品出厂时应附质检部门签发的符合规定的产品合格证或化验（检测）报告。③产品除注明效期和使用期外，一般产品应写明供应商负责期。④商品包装要符合承运部门及有关主管部门规定的要求。⑤药品应由供应商提供卫生行政部门批准的产品批准文号复印件；医疗器械应由供应商提供医药主管部门核发的在产产品登记号或鉴定批准号复印件。⑥实行生产、计量许可证管理的产品应提供有关单位核发的复印件。⑦产品出厂，一般不超过生产期三个月。

签订医药商品购销合同应明确以下质量条款。①商品质量符合规定的质量标准和有关质量要求。②有效期医药商品的发运按《医药商品购销合同管理及调运责任划分办法》第十二条规定办理。③没有效期的医药商品，质量责任的划分按《医药商品购销合同管理及调运责任划分办法》第十三条规定办理。④医药商品包装牢固、标志清楚，达到交通运输部门货物运输规定的要求。

签订医药商品进口合同应明确质量条款。进口药品、医疗器械、化学试剂等，订货合同应订明质量标准，并根据需要由外方提供质量标准、检验方法、检验报告或必要的标准品。进口药品的质量标准根据《中国药典》（2020年版）、国家药品监督管理局颁布的药品标准或国际上通用的药典中的规定。上述药典或标准未收载的应采用国家药品监督管理部门核发"进口药品注册证"时核准的质量标准。

## 二、贵细中药辨识

"贵细"一词源于《元典章·户部八·课程》："如有进呈希罕贵细之物，亦仰经由市舶司见数，泉府司具呈行省。"，意思为"珍贵精巧"。因此，从字面意思理解，贵细中药即是"珍贵精巧的中药"。然而，贵细中药具体包括哪些，并没有定论。1981年，国务院国发3号文件《关于加强市场管理打击投机倒把和走私活动的指示》中，将非法倒卖贵重药材列为投机倒把活动。目前贵细中药的品种有麝香、牛黄、人参、三七、黄连、贝母、鹿茸、虫草、天麻、珍珠、虎骨、豹骨、熊胆、杜仲、厚朴、全蝎、肉桂、沉香、山萸肉、蟾酥、金银花、巴戟、阿胶、犀角、广角、羚羊角、乳香、没药、血竭、砂仁、檀香、公丁香、西红花等。

随着时代进步及科学发展，贵细中药目录也需要进行调整。首先，多个国家保护动植物资源，早已退出中药流通市场，比如虎骨、豹骨、羚羊角、麝香（天然）等。其次，种植加工技术日臻成熟，供给量加大，价格下降，不再适合列为贵细品种，如杜仲、厚朴等。第三，因为某些自然资源加速枯竭，价格大幅上涨，新增为贵细品种，例如降香、水蛭和多种蛇类药材。最后，被开发的新资源，因为市场需求旺盛，也可以被列为贵细中药，例如铁皮石斛等。

那么，贵细中药的判断标准是什么呢？我们认为有三个标准，缺一不可。首先是疗效显著；其次是价格昂贵；再次是资源相对稀缺。除了这三个标准，贵细中药还有几个特点，生长周期长、需要精细管理、部分需要进口等。

限于篇幅，编者选择性地收录几种市场中被造假的概率较高的贵细中药品种举例如下。

## 2.1 关键知识梳理：麝香

【来源】本品为鹿科动物林麝 *Moschus berezovskii* Flerov、马麝 *Moschus sifanicus* Przewalski 或原麝 *Moschus moschiferus* Linnaeus 成熟雄体香囊中的干燥分泌物。野麝被猎获后，割取香囊，阴干，习称"毛壳麝香"；剖开香囊，除去囊壳，习称"麝香仁"，家麝直接从其香囊中取出麝香仁，阴干或用干燥器密闭干燥。

【功效】具有开窍醒神、活血通经、消肿止痛的功效。用于热病神昏、中风痰厥、气郁暴厥、中恶昏迷、经闭、癥瘕、难产死胎、胸痹心痛、心腹暴痛、跌扑伤痛、痹痛麻木、痈肿瘰疬、咽喉肿痛等症。

【造假】由于麝香价高货少，掺假现象时有发现。一般掺入的有肝脏、血块、沙土、淀粉、铁末、朽木粉，甚至羊粪等。

【识别】为了帮助辨别其真伪，将几个简单的鉴别方法予以介绍。

1. 嗅　以鼻闻之，麝香有浓郁的香气，经久不散，在 3～5m 远处也可闻及香气。所以《本草纲目》称"麝之香气远射"。若气味不浓香、久嗅香气散失甚至夹有腥气及异臭气者，或前后气味不同者为可疑品，要辨伪。

2. 尝　口尝时刺激性很强，辛辣味较重，味苦凉，有浓郁香气，凉直达舌根（即有钻舌感），其味纯，无异味。若尝时不刺舌、不爽口、香气不正者，要辨伪。

3. 捏　以手捏麝香囊微软，有回力感觉，放手后皮部凹陷可自行弹起恢复原状。放手后不能恢复原状者，要辨伪。取香仁少许捏之，用一点水或油调和搓揉应不脱色、不粘手、不染手、不顶手、不结块，否则要辨伪。

4. 水试　置于无色透明玻璃杯内，用开水冲泡或煮沸后倒进杯中，搅拌，静置，真麝香微溶于水，大部分沉淀在水下，水溶液呈淡黄色，香气浓而持久。假麝香的水溶液色黄黑、棕褐或红棕，常混浊，上浮者多为木质纤维、毛茸、粉面，下沉者多为动物内脏等。或用易吸水的洁净纸一张，取麝香少许置纸上，将纸折合，稍用力压，如系真麝香，则纸上不留水迹或油迹，纸亦不染色；如纸上现水迹，则为发水香或没有干的麝香；出现油迹，则为浸油之麝香；如纸染色，则为掺假的麝香。

5. 火试　将麝香仁少许置锡箔纸上隔火烧热，有蠕动状，会跳走；猛火烧，真品初则迸裂，有爆鸣声，随即溶化起油点似珠，膨胀冒泡，不起火焰，不冒火星，香气四溢，无任何臭味，灰烬呈白色。如掺有动物性伪品，火烧即起油泡、冒烟，最后有火星出现；如掺有血块，虽也迸裂，但有焦臭味，灰烬紫红色至黑色；掺有矿物和土，烧时无油点，灰烬呈赭红色。

6. 针试　用槽针插入整麝香囊内，向不同方向和部位插动，原香不挡针，无异物抵触感；抽出槽针，立即检视，上槽之香仁应有冒槽现象。否则要辨伪。

7. 理化鉴别　麝香和五氧化锑共研，则香气消失；如再加氨水少许共研，则香气恢复。

## 2.2 关键知识梳理：牛黄

【来源】本品为牛科动物牛 *Bos taurus domesticus* Gmelin 的干燥胆结石。宰牛时，如发现有牛黄，即滤去胆汁，将牛黄取出，除去外部薄膜，阴干。习称"天然牛黄"，胆囊结石俗名"蛋黄"。杀牛时注意检查胆囊，发现硬块时，滤去胆汁，取出即为毛牛黄，去净附着物，干燥即成，切忌风吹日晒，以免破裂。

【功效】具有清心、豁痰、开窍、凉肝、息风、解毒的功效。用于治疗热病神昏、中风痰迷、惊痫抽搐、癫痫发狂、咽喉肿痛、口舌生疮、痈肿疔疮等症。

【造假】牛黄药用广泛，药源匮乏，其价格不断上涨，国产牛黄供不应求，我国还需进口牛黄。牛黄在国际上被视为"无价之宝"，价格远远高于黄金，可代替外汇在国际市场上流通使用。为满足需要，1972年后我国制定了法定的"人工牛黄"配方，按照"天然牛黄"已知成分配制，但实际效用不如天然牛黄好。近年采用"植入培育法"人工培育牛黄，即用植入牛黄晶核或塑料框等方法在各种牛（包括水牛和奶牛）胆内人工培育牛黄，其培育速度较快，但有效成分较少，药效较差，故加强鉴别是必要的。

【识别】目前市场上进口和国产牛黄都不乏伪品，且其炮制手段高明，使牛黄的真伪辨别发生困难。已知的就有伪制、假代、掺伪等多种形式。以下介绍性状识别和鉴别方法。

1. 伪制品　模仿天然牛黄的味甘、色黄，有层纹和有小白点等性状特征，以味苦色黄的植物类中药大黄、黄芩、黄连、黄柏和姜黄粉等为主料，辅以蛋黄、淀粉等，以牛胆汁、鸡蛋清调合，用皮胶和树脂等黏合成不定形伪品。有的则以上述粉末、胶水等逐层黏合滚制，精心雕琢而成，并使之具有层纹和小白点，外观性状颇能以假乱真。

2. 假代牛黄　则以其他动物的结石代替牛黄，如骆驼胆石、猪胆石、鸵鸟胆石等。我国常见以猪胆石"猪黄"代替牛黄，而南亚和西非地区国家以"猪黄"为名贵药材。人体胆结石来源较广，可用于制备"胆红素"（人工合成牛黄主要成分）和其他生物制品，部分可代替牛黄，但药效远不如天然牛黄。

3. 掺伪品　将完整的牛黄置于浓葡萄糖溶液中浸渍若干昼夜，取出晾干，再用白线缠绕。以此掺伪，既不破坏牛黄的个体完整性，又基本保持其性状特征，但能使牛黄重量大增而牟取暴利，但药效明显下降。

## 2.3 关键知识梳理：人参

【来源】本品为五加科植物人参 *Panax ginseng* C.A.Mey. 的干燥根和根茎。

【功效】具有大补元气、复脉固脱、补脾益肺、生津养血、安神益智的功效。用于治疗体虚欲脱、肢冷脉微、脾虚食少、肺虚喘咳、津伤口渴、内热消渴、气血亏虚、久病虚羸、惊悸失眠、阳痿宫冷等症。

【造假】由于野山参的价格昂贵，假冒野山参、地下参主要有将移山参或园参冒充野山参；有的用商路冒充野山参；有的用幼小的林下山参用刀刻出横纹以冒充林下参；还有将芦头、腿、体、须用胶水拼接、制作的方式冒充名贵野山参等。

【识别】

1. 野山参 民间俗称最为形象：细纹紧皮疙瘩体，圆芦圆膀枣核艼。点点珍珠坠须下，须似皮条清又长。芦碗紧密互相应，具此特征野山参。

2. 林下山参 芦碗较少，大多排列稀疏，具"长脖""长芦"特征，芦头有"线芦""竹节芦"或"草芦"形态。艼少而细，均下垂。表面灰黄色，环纹较少，有的基本无纹，有疣状突起。被称为"白胖子"。

3. 移山参 不长不短的芦头，形态比较简单。其"腿"分叉较少，但须根很多，且须脆易断，相对于野山参，移山参的须根上的疣状突起不明显。艼多而长，通常朝上。主根呈圆柱形，上部或全体有断续疏浅的粗横纹及明显纵皱纹。

4. 园参 园参粗短，通常侧面生有芦碗，下面无圆芦。艼较少。主根大多顺长且直，主根上有疏浅断续的粗横纹且皮嫩纹浅。几乎不分叉。

**附：西洋参**

【来源】本品为五加科植物西洋参 *Panax quinquefolium* L. 的干燥根。均系栽培品，秋季采挖，洗净，干或低温干燥。

【功效】具有补气养阴、清热生津的功效。用于气虚阴亏、虚热烦倦、咳喘痰血、内热消渴、口燥咽干。

【造假】凡西洋参片，多掺有切片的白条参。西洋参个子货，分进口西洋参和国产种植西洋参，两者价格差别很大（进口质量好的西洋参价钱为1 000元/kg左右，国产种植西洋参价钱为150元/kg左右）。有药商将已经浸泡萃取之后的西洋参，烘烤晒干后再售卖。

【识别】本品呈圆柱形或长纺锤形，直径为0.5～1.1cm，表面密布细横纹，淡黄棕色或类白色，质地坚实，断面平坦、淡黄色、有明显层环纹、有黄褐色小点，气味特异，味微苦而甜。

## 2.4 关键知识梳理：三七

【来源】本品为五加科植物三七 *Panax notoginseng*（Burk.）F.H.Chen 的干燥根和根茎。秋季花开前采挖，洗净，分开主根、支根及根茎，干燥。支根习称"筋条"，根茎习称"剪口"。

【功效】具有散瘀止血、消肿定痛的功效。用于治疗咯血、吐血、衄血、便血、崩漏、外伤出血、胸腹刺痛、跌扑肿痛等症。

【造假】三七属于贵细中药，临床疗效确切，市场广阔，销量巨大，故而诸多不法商贩用各种办法从诸多方面、多角度进行造假，以假乱真，获得更大的效益。

1. 人工造帽拼接大个三七　三七一般种植三年后采挖，极少数多年后采挖。很多人听说三七越大越好，于是一再地追求三七的大小，市场上就出现用碎三七、小三七，利用工业胶粘连成大个三七，以蒙蔽消费者，骗取高额利润；新鲜三七将大根、须根，用橡皮筋进行包裹成大头数三七，看上去外观大、重量足、头数足，以廉价三七充抵高价格三七，药用价值不易判断，迷惑视觉、混淆市场。

2. 带土三七　很多商家为体现三七的绿色经营、天然特色，自挖采后不清洗，将带土三七晒干后即推向市场，致使一些烂三七、坏三七掺杂在里面；同时未经洗过的三七，其灰尘含量、重金属含量、农残含量均易超标，长期服用会对人体造成损害。

3. 三七水分过高　三七采收时的水分一般为74%，需要经过晾晒加工。根据《中国药典》（2020 年版）标准，三七含水不能超过 14.0%，足干的三七很硬，相互敲打的声音都是非常清脆的。而非正规市场上，通常三七的水分会超过 25.0%，这样的三七买的时候重量重，时间长了还会发霉，得不偿失。且用不干的三七磨粉磨不细，还很容易黏在粉碎机上，待晒干了再行磨粉，却发现重量少了很多，损失很大。

4. 打蜡三七　部分商家为了能够快速出货，把从地里挖出来的带有泥巴的三七用滑石粉在机器里互搓，省去了清洗的成本和工时，这种三七被称为打蜡三七。打蜡三七表层被破坏、很难看出好坏。虽然食用蜡本身对人体没有太大的伤害，但是有部分不法商家为了节约成本，会使用工业蜡代替食用蜡，工业蜡中含汞、铅。滑石粉的主要成分为氧化镁和硅酸镁，其中硅酸镁有较强的致癌作用。

【识别】

1. 三七的含水量　三七一般采取晾晒的方式来除去水分，全干的三七磨出的三七粉质量最好，干度差的三七磨成的三七粉容易发霉变质，干度越好的三七硬度越高，一般不容易用牙齿咬开。

2. 三七的土色　三七表皮颜色各有不同，大致可分为红色、黑色、黄色、灰色这四种颜色。一般情况下，三七表皮颜色与种植三七的土壤颜色有关，不同颜色的土壤种出来的三七表层颜色不一样。市场上有很多人迷信红土三七，但目前为止并没有科学的依据证明红土三七优于其他三七。

3. 水洗三七　消费者一定要选择水洗三七，一是因为水洗三七相对来说比较干净，不会连泥带土磨粉。二是水洗三七一般比较容易分辨臭三七和烂三七，容易挑出。

4. 三七头的鉴别　市面上常见的三七头，可用一句话概括鉴别要领——"铜皮铁骨狮子头菊花心"。"铜皮"是指灰黄色或灰褐色的外皮（其实这并不是三七表皮的本色，因传统的三七加工不用水洗，直接干燥，三七外表带有泥土，晒干后呈泥土的土色）。"铁骨"是指质地坚硬难折断，可以将晒干的三七头砸在地上，不仅不会断，还会有清脆的声音。"狮子头"是指顶端及周围的瘤状突起物。"菊花心"是形容断面的放射纹理，颜色呈灰绿色灰白色或黄绿色。

## 2.5 关键知识梳理：鹿茸

【来源】本品为鹿科动物梅花鹿 *Cervus Nippon* Temminck 或马鹿 *Cervus elaphus* Linnaeus 的雄鹿未骨化密生茸毛的幼角。前者习称"花鹿茸"，后者习称"马鹿茸"。夏、秋二季锯取鹿茸，经加工后，阴干或烘干。

【功效】具有壮肾阳、益精血、强筋骨、调冲任、托疮毒的功效。用于肾阳不足、精血亏虚、阳痿滑精、宫冷不孕、羸瘦、神疲、畏寒、眩晕、耳鸣、耳聋、腰脊冷痛、筋骨痿软、崩漏带下、阴疽不敛等症。

【造假】目前市场上的假冒鹿茸片主要有三种形式。一是以鹿角片代替；二是以猪皮包裹面粉、猪血等的混合物再切片；三是外皮为真品鹿茸片，里面填充其他物质。

【识别】

1. 肉眼鉴别

（1）鹿角片有圆形和半月牙形两种，而真品鹿茸则只有圆形。

（2）鹿角片边缘角质化程度高，甚至会有齿状突起，而真品鹿茸的角质化程度低，均无突起。

（3）鹿角片内心骨片外围是白色，中部焦黄色，而真品鹿茸不会有白色外围。

（4）鹿角片内心骨片的孔大而且多破裂，有些孔有黑褐色填塞。

2. 水试法鉴别　正品鹿茸片入水不变形，加热搅拌不破碎，煮沸不软不糊。而伪品的鹿茸片入水则会软化变形，加热搅拌有破碎现象，煮沸即成糊状。

## 2.6 关键知识梳理：冬虫夏草

【来源】本品为麦角菌科真菌冬虫夏草菌 *Cordyceps sinensis*（Berk.）Sacc. 寄生在蝙蝠蛾科昆虫幼虫上的子座及幼虫尸体的复合体。夏初子座出土、孢子未发散时挖取，晒至六七成干，除去似纤维状的附着物及杂质，晒干或低温干燥。

【功效】具有补肾益肺、止血化痰的功效。用于肾虚精亏、阳痿遗精、腰膝酸痛、久咳虚喘、劳嗽咯血等症。

【造假】有些冬虫夏草都会用一些小竹签、小树枝或铁钢丝接起来，卖家解释为挖虫草的时候不小心挖断，为美观用上述材料接起来。这种说法是不成立的，是造假者故意掰断插上小竹签等杂物来增加重量。冬虫夏草贵比黄金，因此藏民在挖的时候都是小心翼翼地用小铁铲挖采，通常不会将其破坏。增加重量的方法还有：用日本产的红水泥蘸冬虫夏草的草头（因红水泥的外观跟生长冬虫夏草的土壤很相似，但重量比冬虫夏草土重好多倍）；用重粉（硫酸镁）水浸泡冬虫夏草加重，经重粉水浸泡过的冬虫夏草整条质硬且沉重，一般很容易被发觉，因此很少用此办法；另外，用鸡蛋清来蘸虫体加重，这样整条虫体看起来很光亮，但是经煮后会有白色絮状的东西离析出来；用人工做成冬虫夏草的模，然后用淀粉灌注，最后染上颜色，拿来蒙骗去当地旅游的游客；再有就是将一些与冬虫夏草外形相似的植物掺杂其中，纵使买家专业，有时也防不胜防；最难以辨别的是，一些生产冬虫夏草口服液的厂家将冬虫夏草先用水煮过，晾干后再用冬虫夏草土混合之后重新流入市场。除此以外，还有僵蚕加上地瓜秧苗伪制成冬虫夏草；土豆泥压模制成冬虫夏草等。

【识别】

1. 看颜色　正品冬虫夏草分成"虫"和"草"两部分，"虫"体表面呈深黄到浅黄棕色，在"虫"和"草"的结合部位，大多数虫体的颜色会发生一定程度的变化。"草"的部分即子座，则呈现枯树枝的颜色，色泽较深。

2. 看外形　正品冬虫夏草腹面有足 8 对，位于虫体中部的 4 对非常明显。子座自虫体头部生出，上部稍膨大。长可达 4～7cm，径约 0.3cm。

3. 看断面　正品冬虫夏草掰开后有明显的纹路，中间有一个类似"V"形的黑芯，有些也可能是一个黑点。这黑芯即为"虫"的消化线。

4. 闻气味　正品冬虫夏草稍带有干燥腐烂虫体的腥臊味和掺杂有草菇的香气，这是冬虫夏草特有的味道。

## 三、毒性中药辨识

《医疗用毒性药品管理办法》中规定了毒性中药品种（28 种），砒石（红砒、白砒）、砒霜、水银、生马钱子、生川乌、生草乌、生白附子、生附子、生半夏、生南星、生巴豆、斑蝥、红娘虫、青娘虫、生甘遂、生狼毒、生藤黄、生千金子、闹羊花、生天仙子、雪上一支蒿、红升丹、白降丹、蟾酥、洋金花、红粉、轻粉、雄黄。

本节就常见的、在原料采购中易于出现造假的品种加以叙述。

### 3.1 关键知识梳理：半夏

【来源】本品为天南星科植物半夏 *Pinellia ternata*（Thunb.）Breit. 的干燥块茎。夏、秋二季采挖，洗净，除去外皮和须根，晒干。

【功效】具有燥湿化痰、降逆止呕、消痞散结之功效。用于湿痰寒痰、咳喘痰多、痰饮眩悸、风痰眩晕、痰厥头痛、呕吐反胃、胸脘痞闷、梅核气；外治痈肿痰核等症。

【造假】主要有用水半夏、天南星、虎掌南星冒充半夏的现象。

【识别】

1. 水半夏　为天南星科犁头尖的块茎。主要特征是长圆形、锥形，须根痕较大，残留栓皮红褐色，维管束多且明显，一端尖，往往加工成姜半夏或法半夏。

水半夏和半夏的根本区别点在于正品半夏不论是生品还是炮制品，其顶端下凹，而水半夏不论是生品还是炮制品，其顶端凸起。

2. 天南星　常见以小的天南星块茎冒充半夏。外形和半夏相似，呈扁球形，表面类白色，较光滑，顶端有凹陷的茎痕，周围有麻点状根痕，多数块茎周边有小扁球状侧芽。味辛而麻辣，但无刺喉感。

3. 虎掌南星　虎掌南星又称为掌叶半夏，常冒充正品半夏，块茎扁平且较对称。平放时"四平八稳"，不像半夏"东倒西歪"的样子。茎痕位于块茎中间，生长均一。

【正品】

1. 清半夏　为类圆形、椭圆形或不规则片状。切面淡灰色至灰白色，可见灰白色点状或短线状维管束迹，有的残留栓皮处下方显淡紫红色斑纹。质脆，易折断，断面略呈角质样。气微，味涩、微有麻舌感。

2. 姜半夏　为片状、不规则颗粒状或类球形。表面棕色至棕褐色。质硬脆，断面淡黄棕色，常具角质样光泽。气微香，味淡、微有麻舌感，嚼之略粘牙。

3. 法半夏　呈类球形或破碎成不规则颗粒状。表面淡黄白色、黄色或棕黄色。质实松脆或硬脆，断面黄色或淡黄色，颗粒者质稍硬脆。气微，味淡略甘，微有麻舌感。

## 3.2 关键知识梳理：蟾酥

【来源】本品为蟾蜍科动物中华大蟾蜍 *Bufo bufo gargarizans* Cantor 或黑框蟾蜍 *Bufo melanostictus* Schneider 的干燥分泌物。多于夏、秋二季捕捉蟾蜍，洗净，挤取耳后腺和皮肤腺的白色浆液，加工，干燥。

【功效】具有解毒、止痛、开窍醒神之功效。用于痈疽疔疮、咽喉肿痛、中暑神昏、腹胀腹痛吐泻等症。

【造假】通常是掺熟食面或用黄米面蒸熟制作掺入正品蟾酥之中，以水胶或猪血为黏合剂制备而成。另有东北及华北各地有应用不除去内脏而直接晒干的整个蟾蜍，除去内脏的干燥蟾蜍，又称蟾蜍皮。这种蟾酥含量较低，平均每只蟾蜍皮仅含蟾酥 2mg，药效远远不如正品蟾酥。能消肿解毒、止痛利尿，且对慢性气管炎、脉管炎、痈疽、淋巴结核和肠粘连等有一定疗效，但开窍醒神之功效远不及正品蟾酥。

【识别】正品蟾酥表面或断面蘸水迅速泛出乳白色液状物并隆起。掺伪者蘸水也泛出乳白色液状物，但液状物泛出慢而且不隆起。正品蟾酥呈扁圆形团块状或薄片状，为棕褐色，薄片状者对光透视为红棕色；团块状者质坚，不易折断，断面棕褐色，角质状微有光泽；薄片状者质脆，易碎，断面为红棕色，半透明。气微腥，味初甜而后有持久的麻辣感，粉末嗅之作嚏。

1. 舌尝　味辣而苦，尝之舌端有刺激感觉，而残留持续性麻痹，长时间接触皮肤或黏膜能引起疼痛而发疱。

2. 水试　用一碗清水将酥粉化开，如见水即变色，水面浮有泡沫者为真。伪者入水不动，可以区别。

3. 断面观察　手握酥饼用力向桌边棱击打，断面 2～3 块，碴口锐利，光泽灵活，形似玻璃碴，风眼均匀者为真。酥饼击开之断面碴口发白，强光而滑，风眼大小不均，形似面包断面状者，是掺熟食面或用黄米面蒸熟制作的伪品；酥饼击打时酥脆数片碴口极亮，嗅之有胶臭者，是内掺水胶伪品；酥饼外面黑色，击开后里外均黑色如一者乃掺猪血的伪品。

## 3.3 关键知识梳理：附子

【来源】本品为毛茛科植物乌头 *Aconitum caimichaelii* Debx. 的子根的加工品。6 月下旬至 8 月上旬采挖，除去母根、须根及泥沙，加工而成。

【功效】回阳救逆，补火助阳，散寒止痛。用于亡阳虚脱，肢冷脉微，心阳不足，胸痹心痛，虚寒吐泻，脘腹冷痛，肾阳虚衰，阳痿宫冷，阴寒水肿，阳虚外感，寒湿痹痛。

【造假】掺假者用红薯或马铃薯加工成形状相似的片形，晒干熏漂而成。

【识别】

1. 性状识别　白附子块茎呈卵圆形或椭圆形，长 2～5cm，直径 1～3cm，顶端残留茎痕或芽痕。表面白色或淡黄色略平滑，有环纹及点状根痕。质坚硬，断面白色粉质。无臭味淡，麻辣刺舌。以个大、质坚实、色白、粉性足者为佳。木薯性状鉴别叶互生，长 10～20cm，掌状 3～7cm 深裂或全裂，裂片披针形至长圆状披针形，全缘，渐尖；叶柄长约 30cm。气微，味苦、涩。

2. 看外形　假的白附子周边有明显的刀切及加工的痕迹。

3. 口尝　假的白附片无麻口味。

## 3.4 关键知识梳理：洋金花

【来源】本品为茄科植物白花曼陀罗 *Datura metel* L. 的干燥花。4—11月花初开时采收，晒干或低温干燥。

【功效】具有平喘止咳、解痉定痛之功效。用于哮喘咳嗽、脘腹冷痛、风湿痹痛、小儿慢惊等症；外科麻醉。

【造假】用美洲凌霄花或泡桐花进行混淆。

【识别】

1. 正品洋金花　可分为南洋金花和北洋金花。①南洋金花为白曼陀罗的干燥花朵，多为数十朵捆成一把。花萼一般已除去，花冠呈漏斗状，长10～15cm，黄棕色至淡棕色，皱褶，筒状部具纵皱纹，上部 5 裂，多破碎，完整者裂片尖端呈丝状，两者之间微凹陷，有雄蕊 5 枚，多包于花冠筒内，雌蕊 1 枚；花纸质，易碎；闻之气微，口尝味苦而涩。②北洋金花为毛曼陀罗的干燥花朵，多分散，或捆成小把。花形状与南洋金花类似而较短，但带有黄绿色至灰绿色的萼筒，萼筒上有 5 个棱角，长 3～5cm，灰绿色，外被灰白色柔毛；气味同南洋金花。

2. 伪品洋金花　常为美洲凌霄花或泡桐花。①美洲凌霄花为多皱缩或折叠，长 5～8cm，花萼长 1～2cm，筒部直径 5～6mm，暗棕色，质厚，裂片长约占 1/3，三角形，无纵脉纹；花冠外面红棕色，近裂片处有棕色小点（大型腺毛）；内面暗棕色；裂片宽 1.7～2.5cm；雄蕊 1 枚，子房上位，2室，胚珠多数，柱头 2 裂呈扁的长圆形，常反卷；闻之气微香，口尝味微苦而略酸。②泡桐花外形和洋金花相似，但较短，一般长 5～8cm，花萼质厚，棕色，长为花冠的 1/5，先端 5 裂，分裂至花萼 1/2 处，表面密被短绒毛；花冠亦喇叭状，黄棕色，先端 5 裂，较洋金花深，且不对称，2 个裂片明显较大，略具香气，味微苦而回甜。

## 3.5 关键知识梳理：斑蝥

【来源】本品为芫青科昆虫南方大斑蝥 *Mylabris phalerata* Pallas 或黄黑小斑蝥 *Mylabris cichorii* Linnaeus 的干燥体。夏、秋二季捕捉，闷死或烫死，晒干。

【功效】具有破血逐瘀、散结消癥、攻毒蚀疮之功效。用于癥瘕、经闭、顽癣、瘰疬、赘疣、痈疽不溃、恶疮死肌等症。

【造假】常掺一些与斑蝥十分相似的昆虫，如埋葬甲虫。

【识别】南方大斑蝥呈长圆形，长 1.5 ~ 2.5cm，宽 0.5 ~ 1cm。头及口器向下垂，有较大的复眼及触角各一对，触角多已脱落。背部具革质鞘翅 1 对，黑色，有 3 条黄色或棕黄色的横纹；鞘翅下面有棕褐色薄膜状透明的内翅 2 片。胸腹部乌黑色，胸部有足 3 对。有特殊的臭气。

## 3.6 关键知识梳理：狼毒

【来源】本品为大戟科植物月腺大戟 *Euphorbia ebracteolata* Hayata 或狼毒大戟 *Euphorbia fischeriana* Steud. 的干燥根。春、秋二季采挖，洗净，切片，晒干。

【功效】具有散结、杀虫之功效。外用于淋巴结结核、皮癣；灭蛆。

【造假】用海芋根进行混淆。

【识别】

1. 正品狼毒　外观呈类圆形或长圆形块片，表面黄棕色或淡棕色，直径 4 ~ 7cm，厚 0.5 ~ 3cm，偶尔有厚达 7cm 者。外栓皮呈重叠的薄片状，易剥落而露出黄色皮部；切面不平坦，有暗棕色与黄白色相间的明显同心环，质轻，易折断，断面有粉性，水湿后有黏性，撕开时可见黏丝；闻之气微，口尝味甘，并有刺激性辣味。

2. 伪品狼毒　常用海芋根代替，海芋外观呈长椭圆形或圆形，边缘多卷折，外皮表面为棕褐色或棕黄色，常附有深棕色的鳞叶残片；质坚硬而脆，断面为白色或黄白色，有颗粒状突起及波状皱纹；闻之亦气微，口尝味淡，嚼之麻舌有刺喉感。

| | 专业素质 | 安全生产意识 | 岗位职责与操作标准 |
|---|---|---|---|
| **如何成为一名合格的生产岗位技术人员** | 专业技术背景、从业人员资质…… | | |
| | 劳动防护、规范安全生产…… | | |
| | 特殊岗位职责…… | | |
| | 生产质量管理规范、标准操作规程…… | | |
| **危险工艺岗位** | 从劳动防护和安全生产的角度剖析在制药生产中危险工艺岗位、危险源及危险工艺安全管理。 | | |
| **特种设备使用** | 制药企业中具有代表性的特种设备使用安全及其自动化控制系统的解读。 | | |
| **物料及成品管控** | 按照制药生产工艺的顺序,分别选取具有代表性的岗位(也是事故多发岗位)在原辅料、包装材料及成品的管控方面进行解析。同时对物料的储运管控也做出了相应的解读。 | | |
| **生产岗位过程** | 药品质量是在生产过程中产生的,生产过程的全方位管控尤为重要,通过生产岗位易发事故案例的解读,展现工作人员、部门、SOP等的作用。 | | |

# 第三章　合格的生产岗位技术人员具备的能力

药品是经由原料、辅料通过固定的生产流程而生产出来的，因此，生产管理是药品生产企业药品制造全过程中决定药品质量的最关键和最复杂的环节之一。

药品的生产制造过程同其他商品一样，都是以工序生产为基本单元，生产过程中的某一工序或者影响这些工序的因素出现变化，如环境、设施、设备人员、物料、控制、程序等，必然会引起药品质量及其生产过程的波动。因此，不仅药品要符合质量标准，药品生产全过程的工作质量也要符合GMP 要求。

## 一、安全生产案例

药物生产中通常会有一些危险品（原料、辅料及试剂等）参与，操作者很难避免与之接触，尤其是化学合成药物及其制剂、生物药物（制造致病菌及病毒）等的生产过程。因此，药物生产过程中的安全操作与有效管控就显得十分重要。

### 1.1 案例一：违章吸烟导致事故

2009 年 9 月 11 日 18 时 50 分，吉林省某制药公司空分车间 682 氧气装瓶站休息室，因违章吸烟致 3 人被烧死、重伤 1 人、轻伤 2 人。

【事故经过】2009 年 9 月 11 日 16 时许，吉林省某制药公司空分车间因氧气不合格，不能装瓶，682 氧气装瓶站的 6 名工人将室内的压缩机空气吹洗出口阀打开放空后，便集中在休息室内休息。18 时 50 分，1 名工人在点香烟时，火柴在富氧环境中剧烈燃烧，该工人立即将火柴扔在地上用脚踩试图灭火，火焰随即由裤脚向上蔓延，另1名工人见状急忙协助其进行扑救，不料自己身上也着起火来，顷刻间室内烟火弥漫，有2名工人破窗逃出，班长、点烟的工人和1名工人夺门而出，协助灭火的工人因惊慌失措未将门拉开而被烧死在休息室内。班长和点烟的工人因烧伤过重，经抢救无效而死亡，1名工人因惊恐过度精神失常，其他2人轻伤。

【事故原因分析】①该公司的空分车间的原设计中氧气装瓶站压缩机岗位没有室外放空管线，而是利用室内压缩机一段入口的空气吹洗的出口阀作为放空阀，只能将氧气排在室内，事故当时氧气放空达3小时，室内氧气浓度高。②操作人员违反该公司有关安全的规定，在非吸烟地点的空分车间682氧气装瓶站休息室内吸烟，加之职工缺乏安全防火知识，对富氧燃烧认识不足，以致扩大了灾情。③氧气装瓶站休息室的门不符合有关建筑设计防火规范的规定，门向内开，致使在紧急情况下无法打开，不便撤离。

【事故责任】此次事故是一起典型的违规责任事故，上到公司的管理层，下到生产班组及操作工人，对公司有关安全的规定贯彻执行不到位导致事故的发生。公司对相关部门和涉及的具体责任人分别给予了撤销职务、转岗、降级等处罚。

【整改措施】①增设室外氧气放空管，将室内压缩机一段入口原放空处加盲板。②组织检查企业内所有危险岗位的门窗，将方向不符者均改成疏散方向。③严格执行各项规章制度，禁止在非吸烟区吸烟，并加强对职工的安全教育，使广大职工了解本厂、本岗位易燃易爆、助燃、有毒有害物质的特性及防护措施。

## 1.2 案例二：忽略安全防护措施引发火灾

1995年12月2日，安徽省某制药公司三羟甲基丙烷 [2-Ethyl-2-(hydroxymethyl)-1,3-propanediol，TMP] 车间维修设备时发生火灾，幸亏119消防队员及时赶到，在公司员工奋力扑救下将火扑灭，避免了乙醇罐爆炸的严重后果。

【事故经过】1995年12月2日15时，肥城安装队在安徽省某制药公司的委托下，对TMP车间设备进行维修，在对TMP车间环合工段用气割割盐水管道时，由于乙炔管路漏气，气割落下的火花点燃了漏气部位的乙炔，乙炔管路的燃烧引燃了地面母液残渣（含有大量有机物及醇类），地面的明火同时引燃了车间地沟内未冲走的残渣（当时地沟未及时冲洗），火苗从窗口喷出，窜到距车间 1m 远的乙醇罐上，整个车间内浓烟滚滚，火势难以控制，用灭火器扑救作用已不大，幸亏用消防水降温，并及时报 119 火警，在车间员工的积极协助努力下，将火扑灭，避免了乙醇罐发生爆炸的危险。

【事故原因分析】制药车间内动火前没有采取安全防护措施，彻底清理周围易燃物；安装队明知上午发生过管路漏气（申请设备维修的原因）现象，未查明原因，继续使用，属违章操作；外来人员安全技术知识缺乏。

【事故责任】此次事故属于重大责任事故，主要责任应由制药公司与施工方相关领导来负责承担，当然具体实施操作者也有不可推卸的责任，也应从事故中吸取教训。

【整改措施】制药车间内动火必须先办理动火作业证申请工作单，采取安全防护措施；动火前必须清理周围环境，用水冲洗干净地面（清场）易燃物并停产隔绝易燃空间；对岗位操作人员进行安全知识培训；加强对外来施工人员的安全教育和监督。

## 1.3 案例三：不戴防护用具导致人伤事故

药品生产过程中免不了会接触到一些有毒有害的物料及"刺激性"气体，操作者必须要戴好防护用具，以防危害到操作者本人。下面就列举两例相关事故。

### （一）碱液严重烧伤及腈类中毒

1996 年 8 月 12 日，吉林省某制药公司生产车间工人因未戴防护用具，导致碱液严重烧伤及腈类中毒事故。

【事故经过】1996 年 8 月 12 日 10 时，吉林省某制药公司甲氧苄啶生产车间三名职工正在进行药液离心处理，孙某刚把离心机放满料液，来到门口推小车，回头看见刘某又往离心机里放料，孙某过去对刘某说"放满了"，之后孙某想看看离心机内料液现状，这时刘某从离心机里往外拿加料管子。料液被高速转动的离心机甩打在孙某的脸上，造成孙某眼部碱液严重烧伤及腈类物质中毒。

【事故原因分析】该岗位是离心分离岗位，在加料过程中，加料管没有完全流净料液就向外拿管子，属于违反工艺操作规程的操作；加之在这样的（危险）岗位上工作，不按规定戴防护用具，属于违反岗位操作法的违规操作。

【事故责任】此次事故属于操作者违反岗位操作法的违规责任事故，车间主任疏于督促管理也负有一定的责任。

【整改措施】此次事故警示该公司的管理层，从上到下需加强对职工安全工艺操作的培训；强化操作者上班时必须戴规定的防护用具的要求，增强操作者的安全意识。

### （二）硫酸二甲酯中毒

1997年5月6日，吉林省某制药公司九车间工人在生产中因未戴防护用具，导致硫酸二甲酯中毒。

【事故经过】1997年5月6日上午，吉林省某制药公司九车间甲基化工段操作工王某在平台上操作（向反应釜内加入硫酸二甲酯）时，没发现反应釜放料阀泄漏，致使硫酸二甲酯顺阀门外泄，当时有三名职工在平台下更换反应釜的旁通路管道阀门，硫酸二甲酯从平台上淌到平台下，三名职工因硫酸二甲酯中毒，急速被送往市医院治疗。

【事故原因分析】经过事故调查询问取证，事故原因是操作者操作时巡回检查力度不够，未及时发现反应釜阀门泄漏（反应）原料。加之该岗位操作员未按规定配戴防毒用具。造成硫酸二甲酯中毒事故的发生。

【事故责任】此次事故属于岗位操作者违规操作的责任事故。

【整改措施】此次事故警示该公司的管理层，一定要加强对职工安全工艺操作的培训；强化操作者上班时必须戴规定防护用具的要求，增强操作者的安全意识。同时，在工作时一定要做到：①加大对所使用设备的巡回检查力度。②重点部位要有保全工定期检查，加挂设备状态标志。③提高职工的自我保护意识，上岗一定要配戴劳动保护用品。

## 1.4 案例四：不戴防护手套引起中毒

1996年4月17日，吉林某制药公司一名操作工在生产操作过程中赤手接触生产物料（未戴防护手套）引发中毒。

【事故经过】1996年4月17日上午，吉林某制药公司职工在甲化工段操作时，发现离心机旁边有一些甲氧苄啶粗品，随即取来回收桶，直接赤手

（没戴防护手套）就向回收桶里回收甲氧苄啶粗品，当其回收结束后，感觉身体不舒服，眼发红，头眩晕。工友发觉其身体状况不对，便马上将其送往医院，医院诊断为硫酸二甲酯中毒。

【事故原因分析】该职工没有戴防护手套，赤手直接接触的物料粗品中含有反应剩余的硫酸二甲酯；该批物料粗品是在操作时改变工艺参数后的反应残渣，这批残渣的硫酸二甲酯含量比以往的都高，没有中和彻底；由于改变了工艺参数条件，工作现场没有备好必要的防护措施如氨水等，导致操作者中毒。

【事故责任】这是一起操作工违规操作的责任事故。

【整改措施】生产岗位上的操作者必须严格地按照生产工艺规程进行操作，改变工艺参数的必须经过分管领导同意、生产部备案；在岗时必须要充分利用劳动保护用品，装备到位，特别是特殊岗位；有毒原料、试剂要有防范措施，发生意外时能够做到及时处理。

## 1.5 案例五：麻痹大意造成苯胺中毒

2001 年 3 月 27 日，吉林省某制药公司 TMP 车间操作工操作时不慎将苯胺流入手套中，导致苯胺中毒。

【事故经过】2001 年 3 月 27 日凌晨，吉林省某制药公司 TMP 车间二班二岗位操作工王某进行二次抽料时，不小心将苯胺桶弄倒。苯胺从未上紧的桶盖中流出，操作工王某向上抬起时，苯胺顺其手腕进入手套中，操作工王某只用水简单冲洗后，随后戴上手套继续操作，过了一个多小时，其出现嘴唇发紫、浑身无力、吐字不清等症状。工友立即将其送往医院，诊断为苯胺中毒。

【事故原因分析】苯胺是剧毒物品，该操作工思想上对其不够重视；苯胺为油状液体，属于脂溶性物质，用水冲很难去净，加之又戴上手套，加重了接触机会，导致加速中毒；自我防护意识淡薄，麻痹大意。

【事故责任】此次事故主要是操作者主观安全意识不到位所致责任事故。

【整改措施】此次事故警示管理者一定要加强对职工尤其是接触危险化学物料和有毒有害试剂岗位的操作工的安全教育，提高职工的自我防护意识。

## 1.6 案例六：操作不当引发燃爆

2005 年 9 月 28 日，吉林省某制药公司合成车间在清洗贮液罐时发生罐内燃爆事故，造成两位员工不同程度的烧伤。

【事故经过】2005 年 9 月 28 日 6 时 39 分，吉林省某制药公司合成车间，按照生产计划，夜班工人王某和张某在清洗刚刚出完料的贮液罐，王某发现洗涤后贮液罐底有块状固体异物，随即向夜班班长汇报，班长指示王某用异丁烯酸甲酯（MMA）冲洗，但王某发现用 MMA 冲洗后无效果，这时张某在木棒（长 3m）前端缠上白布，斜着从人孔伸进去捅内壁罐底部的块状固体异物，王某在人孔的上方观察内部脱落状况。在捅下第一块固体异物后，再捅第二块的时候，罐内突然发生燃爆，两位操作工发生了不同程度的烧伤。

【事故原因分析】

（1）直接原因：设备清洗中，使用木棒捅固体异物时因摩擦产生了静电。当固体异物被捅下掉落时，静电在异物与罐内壁之间产生空隙，发生了放电。此时罐内虽然没有 MMA 液体，但 MMA 气体浓度正好处于爆炸极限浓度内，于是造成了瞬间起火燃爆。

（2）间接原因：①操作人员安全意识不强，明知贮液罐内存在 MMA 蒸气，且此种操作无操作标准，属于非正常操作行为，在未进行可燃气体测试、未向科长汇报的情况下擅自实施异物去除作业而发生事故。②安全管理制度不健全。生产科对于可能存在的非正常作业未制定管理规定，关键设备的人孔盖没有采取防止随意打开的措施。③安全教育培训不够。虽然受伤人员在上岗前都接受过公司的入职教育，即安全教育、危险化学品知识教育及静电方面的安全教育，但是从该起事故看出，两名受伤人员对 MMA 蒸气的危害性及有关静电方面的知识掌握程度不牢。

【事故责任】此次事故属于操作人员非正常作业操作责任事故。

【整改措施】

（1）规范设备清洗作业，在火灾爆炸空间作业严格按照规范使用防静电工具。

（2）加强操作人员安全培训，增强安全意识，提高非正常操作行为防范事故的能力。

（3）健全安全管理制度。生产科对于可能存在的非正常作业制定管理规定和联络途径，关键设备的人孔盖采取防止随意打开的措施。

（4）严格开展三级安全教育及日常安全教育培训。切实提高人员对MMA蒸气的危害性及有关静电方面的知识和事故处理能力。

## 1.7 关键知识梳理：危险工艺工段岗位

危险工段岗位与安全管理是各企业、事业安全管理的重中之重，使用危险化学品单位应当根据构成重大危险（隐患）的危险化学品种类、数量、生产、使用工艺（方式）或者相关设备、设施等实际情况按照《危险化学品重大危险源安全监督管理暂行规定》要求建立健全安全监测监控体系，完善控制措施。

接触或使用危险品的企业、事业单位，尤其是企业制造行业应严格划定其危险工段、岗位，原国家安全监管总局为了提高化工生产装置和危险化学品储存设施本质安全水平，相继出台了《首批重点监管的危险化工工艺目录》和《第二批重点监管的危险化工工艺目录》，对重点监管的危险化工工艺安全控制要求、重点监控参数及推荐的控制方案进行了规定，各化工生产企业对照本企业采用的危险化工工艺及其特点确定重点监控的工艺参数，装备和完善自动控制系统，大型和高度危险化工装置要按照推荐的控制方案装备紧急停车系统。

### （一）化工危险工艺

列入原国家安全监管总局《首批重点监管的危险化工工艺目录》的有：①光气及光气化工艺；②电解工艺（氯碱）；③氧化工艺；④硝化工艺；⑤合成氨工艺；⑥裂解（裂化）工艺；⑦氟化工艺；⑧加氢工艺；⑨重氮化工艺；⑩氧化工艺；⑪过氧化工艺；⑫胺基化工艺；⑬磺化工艺；⑭聚合工艺；⑮烷基化工艺。

列入原国家安全监管总局《第二批重点监管的危险化工工艺目录》的有：①新型煤化工工艺，煤制油（甲醇制汽油、费-托合成油）、煤制烯烃（甲醇制烯烃）、煤制二甲醚、煤制乙二醇（合成气制乙二醇）、煤制甲烷气（煤气甲烷化）、煤制甲醇、甲醇制醋酸等工艺；②电石生产工艺；③偶氮化工艺。

中华人民共和国应急管理部（简称应急管理部）针对各危险化工工艺的

危险特点，制定了相应的安全管理措施，包括重点监控工艺参数、安全控制的基本要求、宜采用的控制方式等，从而控制因化学物质处置不当或化学反应失控而导致的工艺安全事故的发生。

**（二）制药危险工艺**

化学制药涉及光气化工艺、氯化工艺、硝化工艺、裂解（裂化）工艺、氟化工艺、加氢工艺、重氮化工艺、偶氮化工艺、氧化工艺、过氧化工艺、胺基化工艺、碘化工艺和烷基工艺等应急管理部重点监管的危险工艺，其设计、装置建设与生产运行必须按照规定执行。

对于精神类成瘾性药物、激素类药物和细胞毒性小分子药物等的生产过程中的最后一步合成工艺而言，其化学合成反应工艺虽然不属于重点监管的危险化工工艺，但是此步操作为后续的分离、结晶和干燥操作均因涉及毒性物质的暴露释放而具有危险性。相应的工艺均系危险工艺，除了需要严格控制工艺参数外，更重要的是做好隔离防护操作，重点监控生产车间环境中和经吸收等处理后的尾气中药物粉尘或其气溶胶等的浓度。

药物的一般合成反应工艺及后续的分离、结晶和干燥工艺通常会使用有机试剂，应根据危险级别，配置防火防爆及消除静电的设施或装置。其中，离心过滤应尽可能避免间歇操作工艺。另外，对于沸点低的易燃易爆和有毒液体的输送，尽可能不用真空吸料方式。

**（三）危险生物制药工艺**

生物制药工艺是利用生物体或生物过程在人为设定的条件下生产各种天然生物活性物质及其类似物的制药技术。生产用生物体包括动物、植物、微生物和各种海洋生物以及工程菌、工程细胞和转基因动植物等，其中，霉菌孢子以及病毒菌和病毒培养生物都是生物危险源，因此，在对生物体及其产物的利用过程都存在生物安全危险，对应的有生物转化的危险工艺和生物体加工的危险工艺。而由灭活微生物、微生物的提取物或灭活病毒制成的疫苗的生产过程，其先需要进行生物培养、减活或灭活操作，再分离纯化，这类疫苗的生产既有生物转化的危险工艺又有生物体加工的危险工艺。前者需要发酵装置在负压环境下运行，发酵装置的排气管内置过滤除菌和灭活装置，生产过程密闭操作。后加工采用同其他无菌药品一样的条件下进行制备、灌装，但在生产前必须对生物失活的完全性（杀死或除去获得生物）进行确认。在灌装活的或减活的疫苗以及来源于活生物体的提取物时需要采取隔离措施。

### （四）固体制剂工艺

在固体制剂工艺中，产生粉尘是不可避免的，一般情况下，粉体的外表面积与一样分量的块状物质比要大得多，故易燃。它在空气中悬浮，并达到一定的浓度时，便构成爆破性混合物。根据科学试验测定，粉尘爆破的条件有三个。一是燃料，干燥的微细粉尘、浮游粉尘的浓度达到一定浓度。例如，煤粉 $30 \sim 40g/m^3$、铝粉 $40g/m^3$、铁粉 $100g/m^3$、木粉 $12.6 \sim 25g/m^3$、小麦粉 $9.7g/m^3$、糖 $10.3g/m^3$。二是氧气，空气中的氧气含量达到21%。三是热能，即40kJ以上的火源。面粉或饲料等粉尘的起爆温度相当于一张易燃纸的点燃温度。一旦遇到火星，就能够导致敏捷焚烧 - 爆破。爆破时，气压和气压上升率越高，其爆破率也就越大。而粉尘的焚烧率与粉尘粒子的粗细、易燃性和焚烧时所释放出的热量以及粉尘在空气中的浓度等因素有关。但是，这类爆破是完全能够防止的。如选用有效的通风和除尘办法，严禁吸烟及明火作业；在设备外壳设泄压活门或其他设备，选用爆破遏制体系等。对有粉尘爆破风险的厂房，必须严格按照防爆技术等级进行设计建造，并设置独自通风、排尘体系。要经常湿式打扫车间地面和设备，防止粉尘飞扬和聚集。保证体系有很好的密闭性，必要时对密闭容器或管道中的可燃性粉充入氮气、二氧化碳等气体，以削减氧气的含量，抑制粉尘的爆破。

固体制剂涉及粉体输送（风力输送），气流粉碎、机械研磨与粉碎、粉体混合、液固混合（浆料配制，制粒）以及气液混合（包衣）等有一定危险的加工工艺，其中，药物活性成分多为有机小分子、辅料多为多糖等有机高分子，它们均是可燃的，其在机械搅拌的旋转会产生剪切和摩擦发热或产生静电，因而具有爆炸燃烧的危险；还有挤压、撞击和切断等机械危险。对于颗粒及片剂包衣，因有机溶剂配制的液体在气体中分散的气液包衣过程，则会形成毒性和易燃性悬浮微粒，这种喷雾包衣工艺就成了危险工艺，其他的还有喷雾造粒工艺。

## 1.8 关键知识梳理：危险源及危险工艺的安全管理

危险源存在于整个企业、事业（即接触或使用危险源的企业、事业单位），而危险工艺则是企业所涉及的局部工段、岗位，所以前者要求全员知晓，认真执行；后者要求岗位操作人员严格遵守即可。

**（一）危险源的安全管理**

《危险化学品重大危险源监督管理暂行规定》中规定对危险源要实行如下安全管理措施。

1. 重大危险源配备温度、压力、液位、流量、组分等信息的不间断采集和监测系统以及可燃气体和有毒有害气体泄漏检测报警装置，并具备信息远传、连续记录、事故预警、信息存储等功能；一级或二级重大危险源，具备紧急停车功能，记录的电子数据的保存时间不少于30日。

2. 重大危险源的化工生产装置装备满足安全生产要求的自动化控制系统；一级或者二级重大危险源，装备紧急停车系统。

3. 对重大危险源中的毒性气体、剧毒液体和易燃气体等重点设施，设置紧急切断装置；毒性气体的设施，设置泄漏物紧急处置装置。涉及毒性气体、液化气体、剧毒液体的一级或二级重大危险源，配备独立的安全仪表系统。

4. 重大危险源中储存剧毒物质的场所或者设施，设置视频监控系统。

5. 安全监测监控系统符合国家标准或者行业标准的规定。

6. 危险化学品单位应当按照国家有关规定，定期对重大危险源的安全设施和安全监测监控系统进行检测、检验，并进行经常性维护、保养，保证重大危险源的安全设施和安全监测监控系统有效、可靠运行。维护、保养、检测应当做好记录，并由有关人员签字。

7. 危险化学品单位应当对重大危险源的管理和操作岗位人员进行安全操作技能培训，使其了解重大危险源的危险特性，熟悉重大危险源安全管理规章制度和安全操作规程，掌握本岗位的安全操作技能和应急措施。

8. 危险化学品单位应当在重大危险源所在场所设置明显的安全警示标志，写明紧急情况下的应急处置办法。

9. 危险化学品单位应当对辨识确认的重大危险源及时、逐项进行登记建档，重大危险源档案应当包括下列文件、资料。①辨识、分级记录；②重大危险源基本特征表；③涉及的所有化学品安全技术说明书；④区域位置图、平面布置图、工艺流程图和主要设备一览表；⑤重大危险源安全管理规章制度及安全操作规程；⑥安全监测监控系统，措施说明，检测、检验结果；⑦重大危险源事故应急预案、评审意见、演练计划和评估报告；⑧安全评估报告或者安全评价报告；⑨重大危险源关键装置、重点部位的责任人、责任机构名称；⑩重大危险源场所安全警示标志的设置情况；⑪其他文件、资料。

10. 危险化学品单位在完成重大危险源安全评估报告或者安全评价报告后 15 日内，应当填写重大危险源备案申请表，报送所在地县级人民政府安全生产监督管理部门备案。

**（二）危险工艺的安全管理**

制药过程少不了药物合成反应，药物合成反应根据其反应物质本身的性质、反应的温度、反应的压力、反应的速率等特点，而呈现出不同的特征，常涉及的危险工艺有硝化反应、氧化反应、磺化反应、氯化反应、氟化反应、重氮化反应、加氢反应等危险工艺。

建立系统安全分析评估体系是做好危险工艺管理的基础，通过监测生产系统状态参数及时发现固有的或潜在的各类危险和危害，并自动控制或智能调控系统运行，以确保生产安全。

依据制药工艺危险程度，在药物合成反应过程中应配置相应的自动化控制系统，对主要反应参数进行集中监控及自动调节，并设置偏离正常值的报警和连锁控制；对于在非正常条件下有可能超压的反应系统，应设置爆破片和安全阀等泄放设施，以及紧急切断、紧急终止反应、紧急冷却降温等控制措施。在生产过程中，经常会采用防止能量意外释放的屏蔽措施或能量缓冲装置，以避免造成人身伤亡。比如，限制能量、防止能量蓄积、设置屏蔽措施、在时间或空间上把能量与人隔离，以及信息形式的屏蔽或利用泄爆结构装置缓慢释放能量。其中，降低事故发生概率和降低事故严重程度的有效措施是基于此出发的，包括提高设备的可靠性，选用可靠的工艺技术（以降低危险因素的敏感度），提高系统的抗灾能力和自我检测与调控能力（以减少人为失误）。当然，加强监督检查也是必要的。

生物制药车间的操作人员需检查身体情况，不能有疾病和感染性创伤，也不能有开放性损伤等，否则可能对接触过的食物和药品造成污染。在生产过程中会出现潜在的生物危害，主要是感染危险。比如，甲型流感（甲流）

疫苗的生产车间，在相对密闭的生产车间里，整个生产车间处于"负压"状态，空气供给通过初效、中效、高效过滤，层流环境保证疫苗生产不受外界因素污染，同时，排放的空气经高效过滤阻止甲流病毒等向车间外扩散。另外，采用隔离装置，并通过手套或袖套进入隔离的内部空间进行操作，防止有害物质对工作人员造成伤害。

危险工艺管理工作重点在于事故预防。通常事故预防要遵循技术原则和组织管理原则。其中，技术原则包括消除潜在危险原则、降低潜在危险严重度原则、闭锁原则、能量屏蔽原则、距离保护原则、个体保护原则、警告和禁止信息原则。组织管理原则包括系统整体性原则、计划性原则、效果性原则、党政工团协调安全工作原则和责任制原则。

在做好预防和过程管控的同时，要重视包括外单位相关或同类产品生产在内的事故调查与分析。可借助系统安全分析方法总结事件、事故发生的规律，做出定性、定量的评价，为有关危险工艺的管理指出方向并提供工程技术和管控措施支持，从而通过设计、施工、运行、管理等安全技术设计手段，使生产设备或生产系统本身具有安全性，即使在误操作或发生故障的情况下也不会造成事故，以达到本质安全的目的。

# 二、特殊设备使用

## 2.1 案例：锅炉爆炸事故

山西省某制药公司于 2000 年 9 月 23 日发生了一起锅炉炉膛煤气爆炸事故。此锅炉为 SHS20-2.45/400-Q 型，用于提供生产用水蒸气，于 1999 年 11 月制造。此次爆炸事故造成死亡 2 人、重伤 5 人、轻伤 3 人，直接经济损失 49.42 万元。

【事故经过】2000 年 9 月 23 日上午 10 时 15 分，山西省某制药公司后勤保障部经理指令锅炉房操作工对锅炉进行点火，随即该班职工将点燃的火把从锅炉南侧的点火口送入炉膛时发生爆炸，随着锅炉炉膛的爆炸，炉墙被摧毁，炉膛内水冷壁管严重变形，最大变形量为 1.5m。钢架不同程度变形，其中中间两根立柱最大变形量为 230mm，部分管道、平台、扶梯遭到破坏，锅炉房操作间门窗严重变形、损坏。锅炉烟道、引风机被彻底摧毁，烟囱发生粉碎性炸毁，砖块飞落到直径约 80m 范围内，砸在屋顶的较大体积烟囱砖块造成锅炉房顶 11 处孔洞，锅炉房东墙距屋顶 1.5m 处有 12m 长的裂缝。炸飞的烟囱砖块将正在厂房外施工的人员 2 人砸死，另造成 5 人重伤、3 人轻伤。爆炸冲击波还使距锅炉房 500m 范围内的门窗玻璃不同程度地被震坏。事故发生后，当地有关部门非常重视，迅速赶赴事故现场组织抢救，对死伤人员进行了妥善处置。属地政府责成有关部门和人员对事故进行了调查。

【事故原因分析】此次爆炸事故是由于炉前 2 号燃烧器（北侧）手动蝶阀（煤气进气阀）处于开启状态（应为关闭状态），致使点火前炉膛、烟道、烟囱内聚集大量煤气和空气的混合气，且混合比达到爆炸极限值，因而在点火瞬间发生爆炸。具体分析如下：①当班人员未按规定进行全面的认真检查，在点火时未按规程进行操作，使点火装置的北蝶阀在点火前处于开启状态，是导致此次爆炸事故的直接原因。②公司管理混乱，规章制度不健全，公司领导没有执行有关的指挥程序 [ 本应该由公司通过正规程序下达生产（点火）指令，经过后勤保障部门到达水暖班，经由班长指挥开炉点火操作，且每一次开炉点火均需要有"生产计划指令单"，附有岗位操作法（SOP）和岗位操作记录 ]。没有严格要求当班人员执行操作规程，未制止违规操作行为，职责不明，规章制度不健全也是造成此次爆炸事故的原因之一。③公司领导重生产、轻安全，重效益、轻管理。在安全生产方面失控，特别是在各部门的协调管理方面缺乏有效管理和相应规章制度，对各部门的安全生产工作不够重视，也是造成此次爆炸事故的原因之一。

【事故责任】此次事故属于严重的领导责任事故，涉及的操作工也负有一定责任，公司对涉事经理给予撤销职务并处罚金处罚，涉及的相关部门及人员均给予相应处罚。

【整改措施】①公司要认真贯彻落实国家有关锅炉压力容器的法律、法规，真正从思想上吸取教训，引以为戒，制定出有效的详细的安全措施，健全各项安全管理制度。②进一步完善各级安全生产责任制，明确锅炉安全管理的有关事项和要求，把锅炉的安全管理工作落到实处。③各有关部门要严格执行各项规章制度及操作规程，层层落实，责任到人，消除麻痹思想和侥幸心理，操作程序规范化，从组织指挥、安全措施、规章制度、操作规程上彻底堵塞漏洞，消除隐患，从而防止类似事故再次发生。

## 2.2 关键知识梳理：制药企业中的特种设备使用安全

特种设备是指涉及生命安全、危险性较大的锅炉、压力容器（含气瓶）、压力管道、电梯、起重机械、客运索道、大型游乐设施和场（厂）内专用机动车辆。制药企业涉及的特种设备主要有锅炉、压力容器（含气瓶）、压力管道、电梯、起重机械和场（厂）内专用机动车辆等。

《特种设备安全监察条例》要求特种设备在投入使用前或者投入使用后30日内，特种设备使用单位应当向直辖市或者设区的市的特种设备安全监督管理部门要求登记。登记标志应当置于或者附着于该特种设备的显著位置。

### （一）锅炉压力容器

锅炉指利用各种燃料、电或者其他能源，将所盛装的液体加热到一定的参数，并通过对外输出介质的形式提供热能的设备。其范围规定为设计正常水位容积 ≥ 30L，且额定蒸气压力 ≥ 0.1MPa（表压）的承压蒸气锅炉；出口水压 ≥ 于0.1MPa（表压）且额定功率 ≥ 0.1MW 的承压热水锅炉；额定功率 ≥ 0.1MW 的有机热载体锅炉。制药企业涉及的锅炉通常有燃煤锅炉（城市建成区、工业园区禁止新建20t/h以下燃煤锅炉；其他地区禁止新建10t/h以下燃煤锅炉）、热水锅炉和有机热载体锅炉等。

锅炉具有爆炸性，锅炉在使用中若发生破裂，内部压力瞬时降至等于外界大气压，可能发生物理爆炸事故。锅炉一般带有安全附件，例如安全阀、压力表、水位计、温度测量装置、防爆门以及自动化控测装置（含超温和超压报警与联锁保护装置、高低水位警报和低水位联锁保护装置、熄火保护装置）等。

特种设备使用单位应当在安全检验合格有效期届满前1个月向特种设备检验检测机构提出定期检验要求。特种设备的作业人员及其相关管理人员（以下统称特种设备作业人员），应当按照国家有关规定经特种设备安全监督管理部门考核合格，取得国家统一格式的特种作业人员证书，方可从事相应的作业或者管理工作，其中，对于锅炉压力容器使用的安全管理要求有以下几点。①使用有锅炉压力容器制造许可资质厂家的合格产品：在我国境内制造、使用的锅炉压力容器，国家实行制造资格许可制度和产品安全性能强制监管检验制度。确保锅炉制造厂家必须具备保证产品质量的加工设备、技术力量、检验手段和管理水平。②登记建档：在锅炉压力容器正式使用前，使用单位一方面必须登记，取得使用证后方可使用；另一方面，还应建立锅炉压力容器的设备档案，保存设备的设计、制造、安装、使用、维修、改造和检验等过程的技术资料。注意，对于锅炉压力容器的安装、维修、改造和检验等工作均应委托有相应资质的单位进行。③专责管理：锅炉压力容器使用单位应对设备进行专责管理，设置专门机构，配备专门管理人员和技术人员负责管理设备。④照章运行：锅炉压力容器必须严格依照操作规程及其他法规操作运行，任何人在任何情况下不得违章作业。⑤监控：水质中杂质可使锅炉结垢、腐蚀及产生汽水共沸等，会降低锅炉效率、使用寿命及供汽质量，应严格监督、控制锅炉给水及锅炉水质。⑥事故上报：锅炉压力容器在运行中发生事故，使用单位除紧急妥善处理外，还应及时、如实上报主管部门及当地特种设备安全监察部门。

（二）电梯

电梯指动力驱动，沿刚性轨道运行的箱体或者沿固定线路运行的梯级（踏步），进行升降或平行运送人、货物的机电设备。主要包括载人电梯、载货电梯、自动扶梯等。

电梯可能发生的危险有：人员被挤压、撞击和发生坠落，触电，轿厢超越极限行程发生撞击，轿厢超速或因断绳造成坠落，材料失效造成结构破坏等。

电梯设置的安全保护装置主要有：防超越行程的保护装置、防电梯超速和断绳的保护装置、防止人员剪切和坠落的保护装置、缓冲装置、报警和救援装置、停止开关和检修运行装置、机械伤害防护装置以及电气安全防护装置等。

制药企业常使用电梯在多层车间进行货物搬运，需要建立电梯值班记录制度，电梯检查、保养和维护制度，应急救援预案等管理制度，可建立远程管理监视系统进行全天候监控，确保电梯运行安全。

（三）起重机械

起重机械指垂直升降并可以水平移动重物的机电设备，其范围规定为额定起重量 ≥ 0.5t 的升降机，额定起重量 ≥ 3t（或额定起重力矩 ≥ 40t·m 的塔式起重机，或生产率 ≥ 300t/h 的装卸桥），且提升高度 ≥ 2m 的起重机；层数 ≥ 2 层的机械式停车设备。

起重机械的主要危险因素包括：倾倒、超载、碰撞、基础损坏、操作失误、负荷脱落等。

起重机械设置的安全防护装置有位置限制与调整装置、防风防爬装置、安全钩、防后倾装置、回转锁定装置、载荷保护装置、防碰装置和危险电压报警器等。

起重机械在制药企业主要用于设备安装和检修的起吊移动，也用于生物发酵或中药提取等原料药生产车间的吨装料投加。大型起重作业是由指挥人员、起重机械操作人员和司索工等群体配合的集体作业，其使用过程中需要有专门的安全管理。一般须建立以下四项管理制度：①安全管理制度，包括司机守则、起重机械安全操作规程以及起重机械维护、保养检查和检验制度、起重机械作业和维修人员安全培训、考核制度等。②起重机械安全技术档案，包括设备出厂文件，安装验收资料和修理记录，使用维护、保养、检查和试验记录，安全技术监督检验报告、事故记录，以及设备的问题分析和评价记录等。③作业人员的培训管理，起重机械操作人员应持证上岗，指挥人员和司索工也应经过专业技术培训和安全技能训练，了解所从事工作的危险和风险、具备自我保护和保护他人的工作经验和能力。④定期检查，起重机械使用单位对起重机械应进行每日、每月、每年的自我检查。每日检查，每日起重机械作业前，工作人员应对安全装置、制动器、操纵控制装置紧急报警装置、轨道、钢丝绳的安全状况进行检查发现异常及时处理，严禁"带病运行"。每月检查，主要检查安全装置、制动器、离合器等有无异常，其可靠性和精度是否符合要求；重要零部件（如吊具、钢丝绳滑轮组制动器、吊索及辅具等）的状态是否正常；电气、液压系统及其部件的工作状况；动力系统及控制器的状况等。每年检查，起重设备应每年至少进行一次全面检查。

对于起重作业，作业人员做好吊运前的准备是确保安全操作必不可少的程序。具体要求如下：①正确佩戴个人防护用品，包括安全帽、工作服、工作鞋、手套等。②高处作业应佩戴安全绳和工具包。③运输作业检查并清理作业场地，确定搬运路线，清除障碍物。④对使用的起重机和吊装工具、辅件进行安全检查，不使用需报废的元件。⑤对于大型吊装或重要物品的吊装或由多台起重机共同作业的吊装，应在相关人员组织下，会同指挥、操作人员、司索工等共同讨论编制作业方案，预测可能发生的事故，采取有效的预防措施，选择安全通道，制定应急对策措施，必要时报请有关部门审查批准。需要注意，有主、副两套起升机构的，不允许同时利用主、副钩工作（设计允许的专用起重机除外）。⑥用两台或多台起重机吊运同一重物时，每台起重机都不得超载。⑦当风力大于6级时，露天作业的轨道起重机应停止作业。作业结束应锚定起重机。

### （四）压力容器

压力容器指盛装气体或者液体、承载一定压力的密闭设备，其范围规定为最高工作压力大于或者等于0.1MPa（表压）的气体、液化气体和最高工作温度高于或者等于标准沸点的液体、容积≥30L且内直径（非圆形截面指截面内边界最大几何尺寸）≥150mm的固定式容器和移动式容器，盛装公称工作压力≥0.2MPa（表压）且压力与容积的乘积≥1.0MPa·L的气体、液化气体和标准沸点≤60℃液体的气瓶以及氧舱。

制药过程中使用的压力容器（药物合成用的高压反应釜、生物制药过程用的高压灭菌柜、设备维修工段使用的氧气钢瓶等）具有爆炸性，压力容器在使用中若发生破裂，内部压力瞬时降至与外界大气压相等，发生物理爆炸。有些压力容器物理爆炸后，有引发火灾、化学爆炸、灼烫、中毒窒息等次生危害的危险。通常压力容器配有必要的安全附件，包括安全阀、爆破片、爆破帽、易熔塞、紧急切断阀、减压阀、压力表、温度计、液位计等。需要注意的是，用于易燃或有毒气体的气瓶不安设爆破片和易熔塞等泄压装置，否则会扩大灾情。

### （五）其他特种设备使用安全管理

所有特种设备的安全操作除了要有安全管理制度外，还要有安全使用技术。一般情况下，每类、每台特种设备都有专门的作业流程及操作参数，操作者必须熟悉设备的结构性能（可查阅技术手册和产品说明书）并严格遵循操作规程进行操作。

制药车间和厂区内因原辅料和成品出入仓库或在车间暂转运，需要常规操作专用机动车辆装卸搬运，故需对装运和通行安全加强管理。①建立健全场（厂）内专用机动车辆安全管理规章制度，确保员工认真执行，加强安全管理，保证安全运行。②逐台建立特种设备安全技术档案，内容应包括设计文件、制造单位、产品合格证明、使用维护说明等文件以及相关技术文件和资料；定期检验和自行检查记录，日常使用状况日常维护保养记录、运行故障和事故记录等。③场（厂）内专用机动车辆如有过户、改装、报废等情况，企业应及时到当地特种设备监督管理部门办理登记手续。车间（厂区）内专用机动车辆不得载人，且女驾驶员的发辫必须卷在帽内。行驶中除紧急情况外，一般不使用紧急制动，以防止装运的物料倒塌，发生事故。

压力管道在运行前，企业应对装置（单元）设计、采购及施工完成之后的最终图样及文件资料进行检查，包括设计竣工文件、采购竣工文件和施工竣工文件三大部分。另外，还应进行压力管道的建档、标识及数据的采集等工作。具体有：①做好现场检查，包括设计与施工漏项、未完工程、施工质量3个方面的检查。②应当针对各个压力管道的特点，有选择地对压力管道的一些薄弱点、危险点、在热状态下可能失稳（如蠕变、疲劳等）的典型点、重点腐蚀检测点、重点无损伤探测点及其他重点检查点做特殊标志。在影响压力管道安全的地方设置监测点并予以标志，运行中加强观测。③确定监测点之后，应登记造册并采集初始数据。

运行过程中，要加强压力管道运行中的检查和监测，包括运行初期检查、巡线检查、在线监测、末期检查及寿命评价，以便及时发现事故隐患，采取相应措施，避免发生事故。

## 2.3 关键知识梳理：制药过程中自动化控制及控制系统

制药工业涉及化学合成制药过程、生物代谢制药过程、天然药物分离纯化过程以及各种药物制剂配制加工等过程，具有工艺复杂、设备种类繁多、高温、高压、腐蚀、易燃、易爆、有毒有害等特性，为了保证生产人员生产设备、生产环境以及生产原料和产品的安全，更为了保障患者用药的权益和安全，必须有可靠有效的检测与控制手段来确保所需的过程安全。

### （一）制药过程自动控制技术

任何一个制药过程都离不开自动化检测与控制技术。制药过程控制分为质量控制和生产操作控制，质量控制主要控制原料质量与制药配方工艺，同时与生产操作控制密切相关。现代分析技术的出现与生产自动控制系统的有机结合，极大地促进了制药过程控制技术的发展，如通过光纤探头将拉曼光谱（Raman spectra）或近红外光谱（NIR）等用于在线监控药剂用原料及配方和制剂质量。

### （二）过程安全自动化控制系统

《安监总局关于加强化工过程安全管理的指导意见》的第四条"装置运行安全管理"中明确要求企业要装备自动化控制系统；《国家安全监督管理总局关于加强化工安全仪表系统管理的指导意见》明确要求：从 2016 年 1 月 1 日起，大型和外商独资合资等具备条件的化工企业新建涉及"两重点一重大"的化工装置和危险化学品储存设施，要按照本指导意见的要求设计符合相关标准规定的安全仪表系统。从 2018 年 1 月 1 日起，所有新建涉及"两重点一重大"的化工装置和危险化学品储存设施要设计符合要求的安全仪表系统。其他新建化工装置、危险化学品储存设施安全仪表系统，从 2020 年 1 月 1 日起，应执行功能安全相关标准要求，设计符合要求的安全仪表系统。

1. 集散控制系统　集散控制系统（distributed control system，DCS）也叫分散控制系统，其核心思想是分散控制、集中监控。它是集计算机技术（computer）、控制技术（control）、通信技术（communication）和显示技术（CRT）为一体的综合性高技术产品。

集散控制系统通过操作站对整个工艺过程进行集中监视、操作、管理，通过控制站对工艺过程各部分进行分散控制，既不同于常规的仪表控制系统，也不同于集中式的计算机控制系统，而是集中了两者的优点，克服了它们各自的不足。因 DCS 的可靠性、灵活性、人机界面的友好性以及通信的方便性等特点日益被广泛应用。

集散控制系统是将控制回路集中在控制机柜内，在操作站上进行集中的控制和管理。测量信号通过信号电缆接至 DCS 输入卡件，经过 DCS 卡件转换为数字信号送至控制器，在控制器中与给定值进行比较（如果是仅显示，在控制器中进行量程转换、与报警值比较等运算后直接显示在操作站上），根据设定的正反作用、PID 参数计算出输出信号，然后此输出信号送给输出卡件，经过输出卡件转换为模拟信号，通过信号电缆送至调节阀进行调节，也可以输出开关量信号，用于控制两位式阀门或其他工艺设备。

2. 紧急停车系统　紧急停车系统（emergency shutdown device，ESD）按照安全独立原则要求，独立于 DCS，其安全级别高于 DCS，在正常情况下，ESD 是处于静态的，不需要人为干预。

紧急停车系统作为安全保护系统，凌驾于生产过程控制之上，实时在线监测装置的安全性，当生产装置出现紧急情况时，不需要经过 DCS，而直接由 ESD 发出保护联锁信号，对现场设备进行安全保护，避免危险扩散造成巨大损失。

3. 安全仪表系统　安全仪表系统（safety instrumented system，SIS）又称为安全联锁系统（safety inter locking system），ESD 属于 SIS 的一部分。

安全仪表系统独立于过程控制系统（例如分散控制系统等），生产正常时处于休眠或静止状态，一旦生产装置或设施出现可能导致安全事故的情况，其能够瞬间准确动作，使生产过程安全停止运行或自动导入预定的安全状态。该系统必须有很高的可靠性（即功能安全）和规范的维护管理，如果安全仪表系统失效，往往会导致严重的安全事故。根据安全仪表功能失效产生的后果及风险，将安全仪表功能划分为不同的安全完整性等级（SIL1—4，最高为 4 级）。不同等级安全仪表回路在设计、制造安装调试和操作维护方面技术要求不同。

## 2.4 关键知识梳理：必知的易制爆危险化学品

制药企业在岗人员从业必须知晓的易制爆危险化学品品名如《易制爆危险化学品名录》（2017 年版）所载（表 3-1）。

表 3-1　《易制爆危险化学品名录》（2017 年版）

| 序号 | 品名 | 别名 | CAS 号 | 主要的燃爆危险性分类 |
|---|---|---|---|---|
| **1 酸类** | | | | |
| 1.1 | 硝酸 | | 7697-37-2 | 氧化性液体，类别 3 |
| 1.2 | 发烟硝酸 | | 52583-42-3 | 氧化性液体，类别 1 |
| 1.3 | 高氯酸（浓度 > 72%） | 过氯酸 | 7601-90-3 | 氧化性液体，类别 1 |
| | 高氯酸（浓度 50% ~ 72%） | | | 氧化性液体，类别 1 |
| | 高氯酸（浓度 ≤ 50%） | | | 氧化性液体，类别 2 |

续表

| 序号 | 品名 | 别名 | CAS 号 | 主要的燃爆危险性分类 |
|------|------|------|--------|---------------------|
| **2 硝酸盐类** | | | | |
| 2.1 | 硝酸钠 | | 7631-99-4 | 氧化性固体,类别 3 |
| 2.2 | 硝酸钾 | | 7757-79-1 | 氧化性固体,类别 3 |
| 2.3 | 硝酸铯 | | 7789-18-6 | 氧化性固体,类别 3 |
| 2.4 | 硝酸镁 | | 10377-60-3 | 氧化性固体,类别 3 |
| 2.5 | 硝酸钙 | | 10124-37-5 | 氧化性固体,类别 3 |
| 2.6 | 硝酸锶 | | 10042-76-9 | 氧化性固体,类别 3 |
| 2.7 | 硝酸钡 | | 10022-31-8 | 氧化性固体,类别 2 |
| 2.8 | 硝酸镍 | 二硝酸镍 | 13138-45-9 | 氧化性固体,类别 2 |
| 2.9 | 硝酸银 | | 7761-88-8 | 氧化性固体,类别 2 |
| 2.10 | 硝酸锌 | | 7779-88-6 | 氧化性固体,类别 2 |
| 2.11 | 硝酸铅 | | 10099-74-8 | 氧化性固体,类别 2 |
| **3 氯酸盐类** | | | | |
| 3.1 | 氯酸钠 | | 7775-09-9 | 氧化性固体,类别 1 |
| | 氯酸钠溶液 | | | 氧化性液体,类别 3* |
| 3.2 | 氯酸钾 | | 3811-04-9 | 氧化性固体,类别 1 |
| | 氯酸钾溶液 | | | 氧化性液体,类别 3* |
| 3.3 | 氯酸铵 | | 10192-29-7 | 爆炸物,不稳定爆炸物 |
| **4 高氯酸盐类** | | | | |
| 4.1 | 高氯酸锂 | 过氯酸锂 | 7791-03-9 | 氧化性固体,类别 2 |
| 4.2 | 高氯酸钠 | 过氯酸钠 | 7601-89-0 | 氧化性固体,类别 1 |
| 4.3 | 高氯酸钾 | 过氯酸钾 | 7778-74-7 | 氧化性固体,类别 1 |
| 4.4 | 高氯酸铵 | 过氯酸铵 | 7790-98-9 | 爆炸物,1.1 项 氧化性固体,类别 1 |

| 序号 | 品名 | 别名 | CAS 号 | 主要的燃爆危险性分类 |
|---|---|---|---|---|
| **5 重铬酸盐类** | | | | |
| 5.1 | 重铬酸锂 | | 13843-81-7 | 氧化性固体,类别2 |
| 5.2 | 重铬酸钠 | 红矾钠 | 10588-01-9 | 氧化性固体,类别2 |
| 5.3 | 重铬酸钾 | 红矾钾 | 7778-50-9 | 氧化性固体,类别2 |
| 5.4 | 重铬酸铵 | 红矾铵 | 7789-09-5 | 氧化性固体,类别2* |
| **6 过氧化物和超氧化物类** | | | | |
| 6.1 | 过氧化氢溶液(含量 >8%) | 双氧水 | 7722-84-1 | (1)含量 ≥ 60%,氧化性液体,类别1。(2)20% ≤ 含量 < 60%,氧化性液体,类别2。(3)8% < 含量 < 20%;氧化性液体,类别3 |
| 6.2 | 过氧化锂 | 二氧化锂 | 12031-80-0 | 氧化性固体,类别2 |
| 6.3 | 过氧化钠 | 双氧化钠;二氧化钠 | 1313-60-6 | 氧化性固体,类别1 |
| 6.4 | 过氧化钾 | 二氧化钾 | 17014-71-0 | 氧化性固体,类别1 |
| 6.5 | 过氧化镁 | 二氧化镁 | 1335-26-8 | 氧化性液体,类别2 |
| 6.6 | 过氧化钙 | 二氧化钙 | 1305-79-9 | 氧化性固体,类别2 |
| 6.7 | 过氧化锶 | 二氧化锶 | 1314-18-7 | 氧化性固体,类别2 |
| 6.8 | 过氧化钡 | 二氧化钡 | 1304-29-6 | 氧化性固体,类别2 |
| 6.9 | 过氧化锌 | 二氧化锌 | 1314-22-3 | 氧化性固体,类别2 |
| 6.10 | 过氧化脲 | 过氧化氢尿素;过氧化氢脲 | 124-43-6 | 氧化性固体,类别3 |

| 序号 | 品名 | 别名 | CAS 号 | 主要的燃爆危险性分类 |
|------|------|------|--------|----------------------|
| 6.11 | 过乙酸(含量≤16%,含水≥39%,含乙酸≥15%,含过氧化氢≤24%,含有稳定剂) | 过醋酸;过氧乙酸;乙酰过氧化氢 | 79-21-0 | 有机过氧化物 F 型 |
| | 过乙酸(含量≤43%,含水≥5%,含乙酸≥35%,含过氧化氢≤6%,含有稳定剂) | | | 易燃液体,类别 3 有机过氧化物,D 型 |
| 6.12 | 过氧化二异丙苯(52% <含量≤100%) | 二枯基过氧化物;硫化剂 DCP | 80-43-3 | 有机过氧化物,F 型 |
| 6.13 | 过氧化氢苯甲酰 | 过苯甲酸 | 93-59-4 | 有机过氧化物,C 型 |
| 6.14 | 超氧化钠 | | 12034-12-7 | 氧化性固体,类别 1 |
| 6.15 | 超氧化钾 | | 12030-88-5 | 氧化性固体,类别 1 |

**7 易燃物还原剂类**

| 序号 | 品名 | 别名 | CAS 号 | 主要的燃爆危险性分类 |
|------|------|------|--------|----------------------|
| 7.1 | 锂 | 金属锂 | 7439-93-2 | 遇水放出易燃气体的物质和混合物,类别 1 |
| 7.2 | 钠 | 金属钠 | 7440-23-5 | 遇水放出易燃气体的物质和混合物,类别 1 |
| 7.3 | 钾 | 金属钾 | 7440-09-7 | 遇水放出易燃气体的物质和混合物,类别 1 |
| 7.4 | 镁 | | 7439-95-4 | (1)粉末:自热物质和混合物,类别 1,遇水放出易燃气体的物质和混合物,类别 2。(2)丸状、旋屑或带状:易燃固体,类别 2 |

| 序号 | 品名 | 别名 | CAS 号 | 主要的燃爆危险性分类 |
|---|---|---|---|---|
| 7.5 | 镁铝粉 | 镁铝合金粉 | | 遇水放出易燃气体的物质和混合物,类别2;自热物质和混合物,类别1 |
| 7.6 | 铝粉 | | 7429-90-5 | (1)有涂层:易燃固体,类别1。(2)无涂层:遇水放出易燃气体的物质和混合物,类别2 |
| 7.7 | 硅铝<br>硅铝粉 | | 57485-31-1 | 遇水放出易燃气体的物质和混合物,类别3 |
| 7.8 | 硫黄 | 硫 | 7704-34-9 | 易燃固体,类别2 |
| 7.9 | 锌尘 | | 7440-66-6 | 自热物质和混合物,类别1;遇水放出易燃气体的物质和混合物,类别1 |
| | 锌粉 | | | 自热物质和混合物,类别1;遇水放出易燃气体的物质和混合物,类别1 |
| | 锌灰 | | | 遇水放出易燃气体的物质和混合物,类别3 |
| 7.10 | 金属锆 | | 7440-67-7 | 易燃固体,类别2 |
| | 金属锆粉 | 锆粉 | | 自燃固体,类别1,遇水放出易燃气体的物质和混合物,类别1 |

| 序号 | 品名 | 别名 | CAS号 | 主要的燃爆危险性分类 |
|------|------|------|-------|---------------------|
| 7.11 | 六亚甲基四胺 | 六甲基四胺乌洛托品 | 100-97-0 | 易燃固体,类别2 |
| 7.12 | 1,2-乙二胺 | 1,2-二氨基乙烷;乙撑二胺 | 107-15-3 | 易燃液体,类别3 |
| 7.13 | 一甲胺(无水) | 氨基甲烷;甲胺 | 74-89-5 | 易燃气体,类别1 |
| | 一甲胺溶液 | 氨基甲烷溶液;甲胺溶液 | | 易燃液体,类别1 |
| 7.14 | 硼氢化锂 | 氢硼化锂 | 16949-15-8 | 遇水放出易燃气体的物质和混合物,类别1 |
| 7.15 | 硼氢化钠 | 氢硼化钠 | 16940-66-2 | 遇水放出易燃气体的物质和混合物,类别1 |
| 7.16 | 硼氢化钾 | 氢硼化钾 | 13762-51-1 | 遇水放出易燃气体的物质和混合物,类别1 |

**8 硝基化合物类**

| 序号 | 品名 | 别名 | CAS号 | 主要的燃爆危险性分类 |
|------|------|------|-------|---------------------|
| 8.1 | 硝基甲烷 | | 75-52-5 | 易燃液体,类别3 |
| 8.2 | 硝基乙烷 | | 79-24-3 | 易燃液体,类别3 |
| 8.3 | 2,4-二硝基甲苯 | | 121-14-2 | |
| 8.4 | 2,6-二硝基甲苯 | | 606-20-2 | |
| 8.5 | 1,5-二硝基萘 | | 605-71-0 | 易燃固体,类别1 |
| 8.6 | 1,8-二硝基萘 | | 602-38-0 | 易燃固体,类别1 |
| 8.7 | 二硝基苯酚(干的或含水<15%) | | 25550-58-7 | 爆炸物,1.1项 |
| | 二硝基苯酚溶液 | | | |
| 8.8 | 2,4-二硝基苯酚(含水≥15%) | 1-羟基-2,4-二硝基苯 | 51-28-5 | 易燃固体,类别1 |

| 序号 | 品名 | 别名 | CAS 号 | 主要的燃爆危险性分类 |
|---|---|---|---|---|
| 8.9 | 2,5- 二硝基苯酚（含水 ≥ 15%） | | 329-71-5 | 易燃固体，类别 1 |
| 8.10 | 2,6- 二硝基苯酚（含水 ≥ 15%） | | 573-56-8 | 易燃固体，类别 1 |
| 8.11 | 2,4- 二硝基苯酚钠 | | 1011-73-0 | 爆炸物，1.3 项 |
| **9 其他** | | | | |
| 9.1 | 硝化纤维素 [ 干的或含水（或乙醇）< 25%] | 硝化棉 | 9004-70-0 | 爆炸物，1.1 项 |
| | 硝化纤维素（含氮 ≤ 12.6%，含乙醇 ≥ 25%） | | | 易燃固体，类别 1 |
| | 硝化纤维素（含氮 ≤ 12.6%） | | | 易燃固体，类别 1 |
| | 硝化纤维素（含水 ≥ 25%） | | | 易燃固体，类别 1 |
| | 硝化纤维素（含乙醇 ≥ 25%） | | | 爆炸物，1.3 项 |
| | 硝化纤维素（未改型的，或增塑的，含增塑剂 < 18%） | | | 爆炸物，1.1 项 |
| | 硝化纤维素溶液（含氮量 ≤ 12.6%，含硝化纤维素 ≤ 55%） | 硝化棉溶液 | | 易燃液体，类别 2 |
| 9.2 | 4,6- 二硝基 -2- 氨基苯酚钠 | 苦氨酸钠 | 831-52-7 | 爆炸物，1.3 项 |
| 9.3 | 高锰酸钾 | 过锰酸钾；灰锰氧 | 7722-64-7 | 氧化性固体，类别 2 |

| 序号 | 品名 | 别名 | CAS 号 | 主要的燃爆危险性分类 |
|------|------|------|--------|------------------------|
| 9.4 | 高锰酸钠 | 过锰酸钠 | 10101-50-5 | 氧化性固体,类别 2 |
| 9.5 | 硝酸胍 | 硝酸亚氨脲 | 506-93-4 | 氧化性固体,类别 3 |
| 9.6 | 水合肼 | 水合联氨 | 10217-52-4 | |
| 9.7 | 2,2- 双(羟甲基)1,3- 丙二醇 | 季戊四醇、四羟甲基甲烷 | 115-77-5 | |

注：1. 各栏目的含义：

"序号"：《易制爆危险化学品名录》（2017 年版）中化学品的顺序号。

"品名"：根据《有机化学命名原则》（1980）确定的名称。

"别名"：除"品名"以外的其他名称，包括通用名、俗名等。

"CAS 号"：Chemical Abstract Service 的缩写，是美国化学文摘社对化学品的唯一登记号，是检索化学物质有关信息资料最常用的编号。

"主要的燃爆危险性分类"：根据《化学品分类和标签规范》系列标准（GB30000.2—2013 ~ GB30000.29—2013）等国家标准，对某种化学品燃烧爆炸危险性进行的分类。

2. 除列明的条目外，无机盐类同时包括无水和含有结晶水的化合物。

3. 混合物之外无含量说明的条目，是指该条目的工业产品或者纯度高于工业产品的化学品。

4. 标记"*"的类别，是指在有充分依据的条件下，该化学品可以采用更严格的类别。

## 三、物料供应岗位案例

物料的供应（投料）是制药必须经历的过程，且是一个及其重要的过程，如果该过程出现了问题，其后果是可想而知的。

### 3.1 案例一：投错物料导致事故

由于龙胆泻肝丸的广泛使用，马兜铃酸肾病在中国悄悄地、快速地蔓延。人们并非没有注意到含有马兜铃酸的关木通对肾毒害作用，诸多研究、报道、文献和实验报告只见于研究领域，都没有引起应有的重视。

【事故经过】马兜铃酸肾病群体性事件首次被公开披露是在 1993 年的比利时。当地一些妇女因服含有广防己的减肥丸后导致严重肾病。后经政府调查，发现大约 10 000 名服该药的妇女中至少有 1 100 人罹患了晚期肾衰竭，其中 66 人进行了肾移植，部分患者还发现了尿道癌症；1999 年，英国又报道了 2 名妇女因服含关木通的草药茶治疗湿疹导致晚期肾衰竭的症状。

【事故原因分析】这两起事件在国际上引起了轩然大波，美国食品药品管理局（Food and Drug Administration，FDA）、英国 MCA（Medicines Control Agency）和比利时政府等采取了严厉措施，对中草药和中成药进行强烈抵制。欧美媒体曾将这种情况渲染为"中草药肾病"。因广防己、关木通等中药含有共同的致病成分马兜铃酸，后来国际上将此类情况改称为"马兜铃酸肾病"。关木通是一味常用中药，具有清热利湿功效，曾是国内临床广泛使用的中成药龙胆泻肝丸的主要药味。但关木通含有马兜铃酸，对肾脏有较强的毒性，可损害肾小管功能，导致肾功能衰竭。

龙胆泻肝丸是个历史悠久的古方，原配方的药味中有"木通"，主要指木通科的白木通或毛茛科的川木通，这两类木通均不含马兜铃酸。但在 20 世纪 30 年代，东北盛产的关木通首次进入关内，并逐渐占领了市场。到了 80 年代已被全国广泛应用，加之白木通产量不大，难以寻觅，于是白木通随即退出市场。《中国药典》（1990 年版）中把龙胆泻肝丸组方中的其他类木通全部取替，只留下了关木通作为木通入药。

【事故责任】马兜铃酸肾病就是由于投料的问题而导致的严重后果。2003 年前，国内马兜铃酸肾病的患者已经大面积存在，但因为个案的分散性，人们没有把事件系统的联系在一起思考。2003 年 2 月，新华社一篇名为《龙胆泻肝丸是清火良药还是"致病"根源？》的文章，震惊了国家药监局和众多的"龙胆泻肝丸"受害者。许多人发现，自己的肾病（肾损害甚至肾衰竭、尿毒症），竟然可能是因为平时"上火"、耳鸣或者便秘所服的龙胆泻肝丸。

【整改措施】2003 年 4 月 1 日，国家药监局印发《关于取消关木通药用标准的通知》，决定取消关木通的药用标准，龙胆泻肝丸等"关木通制剂"必须凭医师处方购买；责令该类制剂的生产限期用木通科木通替换关木通。《中国药典》（2005 年版）已不再收载关木通、广防己、青木香三个品种（均含马兜铃酸）。

## 3.2 案例二：发错物料造成经济损失

1996 年 4 月 16 日，吉林省某制药公司在生产过程中仓库管理员错将吡啶当作二甲基甲酰胺发出，领料人员没有按照生产操作规程检查所领物料名称是否相符，车间也没能按照岗位操作法来严格执行，造成直接经济损失万元以上。

【事故经过】1996 年 4 月 16 日，吉林省某制药公司供应部保管员张某，将 DCC（二环己基碳二亚胺）的原料吡啶误认为 TMP（三羟甲基丙烷）的原料 DMF（N,N- 二甲基甲酰胺）发放出库，车间工作人员领取后没有详细检查实物与领料单是否相符，就匆忙投料生产，发现反应不对时，已经无法挽回，将料全部放掉，幸亏及时发现，才没有发生其他副反应，避免了由于副反应引发的危险事故的发生。

【事故原因分析】①保管员责任心不强，没有严把原料出库关。②没有执行物料发放、验收、储存、出库等管理等制度。③车间领料人员没有认真责任，在领料时、正式投产前均未对所投物料（原料、辅料、试剂等）进行检查复核，没能按照生产操作规程、岗位操作法来严格执行。

【事故责任】此次事故是一起典型的生产岗位操作人员的质量责任事故。

【整改措施】公司对涉事的当事人分别给予留职查看、通报批评、罚款等处罚。同时提出如下整改措施：①对全体职工要加强主人翁教育，增强职工的责任感。②严格执行公司内部的有关制度。③加强对职工的业务知识培训，提高职工的业务素质。

## 3.3 关键知识梳理：原辅料管控

物料管理系指药品生产所需物料的购入、储存、发放和使用过程中的管理，所涉及的物料是指原料（包括原料药）、辅料、中间产品、待包装产品、成品（包括生物制品）、包装材料。

物料管理的目的：确保药品生产所用的原辅料、与药品直接接触的包装材料符合相应的药品注册的质量标准，不得对药品质量有不利影响。建立明确的物料与产品的处理和管理规程，确保物料和产品的正确接收、储存、发放、使用和发运，采用措施防止污染、交叉污染、混淆和差错。

药品质量与生产中所选用的原辅料质量有着极为密切的关系，从某种程度上来说，原辅料质量一旦确定，成品的质量也就随之确定了，而且成品的质量绝对超不过原辅料的质量。高品质的药品对物料的质量要求很高，物料达不到要求，无论生产工艺、生产设备、质量管理水平多高，都无法生产出高品质的药品。同时，企业所用物料还需要保证合法，不能购买非法厂家或无规定批文的物料。《药品管理法》规定生产药品所需的原料、辅料、直接接触药品的包装材料和容器必须符合药用要求，同时还规定了物料使用如不符合要求，按假劣药论处。因此物料的使用既需合理又需合法。物料与产品的管理架构如图 3-1 所示。

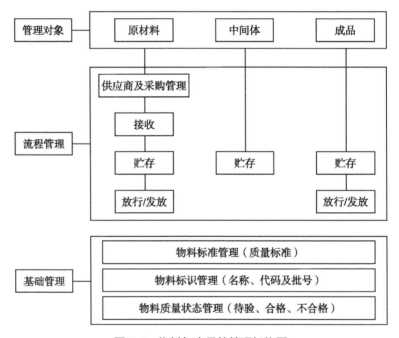

图 3-1　物料与产品的管理架构图

1. 采购药品　生产所用的原辅料、与药品直接接触的包装材料应符合《中国药典》（2020 年版）或 GMP 相应的质量标准规定，物料供应商的确定及变更应进行质量评估，并经质量管理部门批准后方可采购。药品生产所用物料应从符合规定的单位购进，并按规定验收入库。因此，采购原辅料时应按照如下程序进行。

（1）物料供应商的评估和选择：我国物料供应分为两种，一种是生产企业直接供货，这种情况只需对生产企业进行审计；另一种是由商业单位供货，这种情况除需审计商业单位的经营资质外，还需要对生产企业进行审计（GMP 规定应尽可能直接向生产商购买）。采购原辅料前，采购部门必须对生产企业有无法定的生产资格进行确认，并由质量管理部门会同有关部门对主要物料供应商的产品质量和质量保证体系进行考察、审计或认证，然后对生产企业的生产能力、市场信誉进行深入的调查。经质量管理部门确认供应商及其物料合法，具备提供质量稳定物料的能力后，批准将供应商及对应物料列入"合格供应商清单"，作为物料购进、验收的依据。

（2）定点采购：在供货单位确认之后，实行定点采购。一般情况下，不应对供货企业进行经常性变更，一是便于供货单位熟练掌握所提供原辅料的生产工艺，确保提供高质量的原辅料；二是便于本企业及时发现和帮助解决供货单位在生产过程中出现的问题和遇到的困难，共同提高原辅料的质量，保证生产需要。

（3）确定采购计划及生产计划：合理的采购计划及生产计划能够及时为企业提供符合质量标准的、充足的物料。销售预测是编制企业采购和生产计划的基础，生产计划的编制一方面取决于市场，另一方面又取决于物料及成品库存。企业以市场为向导，它必须保证不因物料库存量过低而影响生产计划的制订，导致失去商机的风险，但又不能库存过多，与物料的库存量不匹配，造成大量资金积压。同时，作为特殊商品的药品及大部分原辅料都有一定的有效期，库存量不当可能导致过多物料超过有效期而报废。

（4）索证与合同：根据我国法律规定，出售产品必须符合有关产品质量的法律、法规的规定，符合标准或合同约定的技术要求，并有检验合格证。禁止生产、经销没有产品检验合格证的产品。因此，采购原辅料时应向销售单位索取产品检验合格证、检验证书。同时，在签订经济合同时，除按合同规定要求，如买卖双方、标的、数量、价格、规格、交货地点、违约责任等一般内容外，应特别要注明原辅料质量标准要求和卫生要求。

2. 接收原辅料 接收流程如图 3-2。

（1）验收：物料到货后，由仓储部门安排专人（物料接收员）按规定程序对物料进行验收。验收时应注意以下三个问题。

1）审查书面凭证：原辅料到货后，验收人员对随货到达的书面凭证如合同、定单、发票、产品合格证等进行逐项审查，确定这些单据的真实性、规范性和所到货物的一致性，并核对供应商提供的报告单是否符合供应商协议的质量标准要求，是否与订单一致，是否来自质量管理部门批准的供应商处。

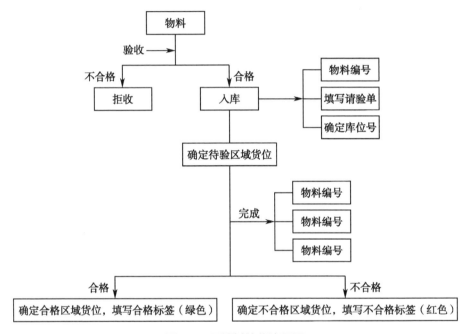

图 3-2　原辅料接收流程图

2）外观目验：审查完书面凭证之后，如没有问题，对照书面凭证从外观上逐项核对所接收的原辅料的品名、批号、厂家、商标、包装有无破损、原辅料有无受到污染等情况，大致判定所到货物的品质。必要时，还应进行清洁，发现外包装损坏或其他可能影响物料质量的问题，应向质量管理部门报告并进行调查和记录。每次接收均应填写到货记录。

3）填写到货记录：根据上述审查和目验的实际情况，记录到货原辅料的一般情况，如品名、规格等；收料情况，如收料日期、数量及收料人等；供货方情况，如厂名、厂址等；外观情况，如包装容器、封闭、破损情况等。填写记录要真实准确，要有验收人员和负责人的签名。

（2）编制物料代码和批号：将经过验收手续的原辅料，无论合格与否，放进仓库暂存。对验收合格的原辅料，按规定的程序和方法进行编号（编制代码和批号）。

1）代码：在大多数情况下，根据物料的名称无法区别不同标准的物料。如某企业同时生产注射剂和片剂，分别使用同一品名但是不同质量标准的物料，此时只用名称就无法区分两个不同质量标准的物料，因此企业必须设计一套可靠的识别系统，这就是物料代码系统。物料的代码是每一种质量标准的物料具有唯一且排他性的代码，在所有涉及物料的文件，如生产处方、批记录、标签、化验单上，都一律采用物料代码用于专指特定的物料，有助于防止因名称相同质量标准不同造成的混淆。为了防止偶然误差，一些企业制定了为物料规定代码的 SOP 和采用代码以来所有物料与产品的代码表。

2）批号：同代号一样，对每一次接收的原料、辅料、包装材料和拟生产的每一批产品都必须给予专一性批号。原料、辅料和包装材料的批号可以由 6 位数字组成，以此与产品的批号相区分。例如，120817 表示物料于 2012 年 8 月到货，它是该月收到的第 17 批物料。

3）编号：物料编号（代码）的原则是名称、性状越类似的原料，编号的差异应越大。编号一般以日期为主干号，通过在主干号前后加上原料名称代号、流水号和控制号等加以区分。如 R1-120526-2-3，"R" 表示原料，"1" 表示何种原料，"120526" 表示于 2012 年 5 月 26 日进库，"2" 表示当天同一的货物第 2 次进库，"3" 表示是验收员编号。当然企业也可根据实际情况规定符合自身条件的编号方法。

（3）待检：对同意收货的原辅料编号后，对进库的原辅料外包装进行清洁除尘，放置到待检区域（挂黄色标志），填写请验单，送交质量管理部门。对验收不合格的货物，将其放置到专门的不合格区域，及时上报有关部门进行处理。

3. 检验、入库　质量管理部门接到仓储部门的请验单后，应立即派专人到仓库查看所到货物，并在货物上贴上"待验"黄色标签，表示这批原料在质量管理部门的控制之下，没有质量管理部门的许可，任何部门和人员一律不得擅自动用该批货物。然后由质量管理部门通知质量检验部门进行检验。质量检验部门接到质量管理部门的通知之后，应立即派人员按规定的抽样办法取样。取样后，贴取样标签并填写取样记录。样品经检验后，质检部门将检验结果报给质量管理部门审核，质量管理部门根据审核结果通知仓储部门。仓储部门根据质量管理部门的通知对所到原辅料进行处理，除去原来的标志和标签，将合格的原辅料移送至合格品库区储存，挂绿色标志；将不合格品移送至不合格品库区，挂红色标志，并按规定程序及时通知有关部门处理。检验参考如下标准。

（1）原料质量标准：原料药应以《中国药典》（2020年版）为依据，原料药可根据生产工艺、成品质量要求及供应商质量体系评估情况，确定需要增加的控制项目；中药材还需要增加采购原料的商品等级、加工炮制标市及产地。进口原料药应符合国际通用的药典（《美国药典》《英国药典》《欧洲药典》《日本药局方》）并具有口岸药品检验所的药品检验报告书。对国际通用药典未收载的，应采用国家药品监督管理局核发的"进口药品注册证"的质量标准。

（2）辅料质量标准：辅料质量标准可以以《中国药典》（2020年版）或国家食用标准为依据，采用国家食用标准时需要经过验证不影响产品质量，并经国家食品药品监督管理部门批准。

（3）包装材料质量标准：药品包装材料（简称药包材）必须按法定标准进行生产，不符合法定标准的药包材不得生产、销售和使用。包装材料质量标准可依据国家标准（GB系列）、行业标准（YY系列）和协议规格制定。直接接触药品的包装材料、容器的质量标准中还应符合药品要求的卫生标准。首次进口的药包材，必须取得国家药品监督管理局核发的"进口药包材注册证书"，并由国家药品监督管理局授权的药包材检测机构检验合格后，方可在国内销售使用。

（4）成品质量标准：药品质量标准可依据国家药品标准（包括现行版药典和药品标准）制定企业内控标准。企业内控标准一般应高于法定标准。

（5）中间产品和待包装产品的质量标准：中间产品和待包装产品无法定质量标准时，企业应依据法定标准、行业标准和企业的生产技术水平、用户要求等制定高于行标的内控标准。内控标准应根据产品开发和生产验证过程中的数据或以往的生产数据来确定，同时还需要综合考虑生产产品的特性，反应类型以及控制工序等能对产品质量产生的影响因素。如果中间产品的检验结果用于成品的质量评价，则应制定与成品质量标相对应的中间产品质量标准，该质量标准应类似于原辅料或成品质量标准。

4. 储存仓储 保管人员应对原料的理化性质、包装材料以及影响原辅料质量的各种因素有充分的了解，并在此基础上，对其进行妥善保管储存。

（1）合理储存：物料的合理储存需要按照物料性质，提供规定的储存条件，并在规定使用期限内使用。分类储存物料需要按其类别、性质、储存条件进行分类储存，避免相互影响和交叉污染。通常的分类原则为：①常温、阴凉、冷藏应分开。②固体、液体原料分开储存。③挥发性及易串味原料避免污染其他物料。④原药材与净药材应严格分开。⑤特殊管理物料按相应规定储存和管理并设立明显标志。特殊管理的物料指麻醉药品、精神药品、医疗用毒性药品（包括药材）、放射性药品、药品类易制毒化学品及易燃、易爆和其他危险品，其验收、储存、管理应当执行国家有关的规定，与公安机关联网或专库专柜，双人双锁管理，并有明显的规定标志。⑥存放待检、合格、不合格原辅料时要严格分开，按批次存放。⑦不合格退货或召回的物料或产品应当隔离存放。

（2）规定条件下储存：物料储存必须确保与其相适应的储存条件，来维持物料已形成的质量，此条件下物料相对稳定。不正确储存方式会导致物料变质分解和有效期缩短，甚至造成报废。规定的储存条件为：①冷藏温度为 $2 \sim 10$℃；阴凉温度为 $10 \sim 20$℃；常温为 $20 \sim 30$℃。②相对湿度：一般为 $45\% \sim 75\%$，有特殊要求的按规定储存，如空心胶囊。③储存要求遮光，干燥、密闭、密封、通风等。

（3）规定期限内使用：物料经过考察，在规定储存条件下，一定时间内质量能保持相对稳定，当接近或超过这个期限时，物料趋于不稳定，甚至变质，这个期限为物料的使用期限。原辅料应按有效期或复验期储存。储存期内，如发现对质量有不良影响的特殊情况，应当复验。

（4）仓储设施：物料储存要避免影响物料原有质量，同时还要避免污染和交叉污染。因此，仓储区应当能满足物料或产品的储存条件（如温湿度、避光）和安全储存的要求，配备空调机、去湿机、制冷机等设施，并进行检查和监控。

仓储区应有与生产规模相适应的面积和空间，用以存放物料、中间产品、待验品和成品。应最大限度地减少差错和交叉污染。库内应保持清洁卫生，通道畅通。

仓库的"五防"设施：防蝇、防虫、防鼠、防霉、防潮。

仓库的"五距"：垛距、墙距、行距、顶距、灯距（热源）。

垛码应井然有序，整齐美观。堆垛的距离规定要求是：垛与墙的距离不得小于30cm，垛与柱、梁、顶的间距不得小于30cm，垛与散热器、供暖管道的间距不得小于30cm，垛与地面的间距不得小于10cm，主要通道宽度不得小于2m，照明灯具垂直下方不得堆码药品，并与药品垛的水平间距不得小于50cm。

5. 养护　一般来说，仓储保管人员应对原料理化性质、包装材料以及影响原辅料质量的各种因素有一个充分的了解，在此基础上，对其进行妥善保管和养护。养护是企业确保库存物料质量的一项重要工作，物料经质量验收检验，进入仓库，到进入生产后流出，其质量都要靠养护工作提供充分的保障，避免污染其他物料。

（1）养护组织和人员：仓库应建立商品养护专业组织或专职的养护人员。养护组织和人员应在质量管理部门的指导下，具体负责原辅料储存中的养护和质量检查工作，对保管人员进行技术指导。

（2）养护工作的内容

1）制订养护方案：根据"以防为主，把出现质量问题的可能性控制在最低限度"的原则，制订符合企业实际的科学养护方案，即根据物料性质定期检查养护，并采取必要的措施预防或延缓物料受潮、变质，分解等。对已发生变化的物料及时处理。

2）确定重点养护品种：重点养护品种是指在规定的储存条件下仍易变质的品种。有效期在两年内，包装容易损坏的品种、贵重品种、特殊药品和危险品等。这些品种应在质量管理部门的指导下重点关注。

3）定期盘存：所谓定期盘存，就是根据物料的特点，规定每月、每季、每半年或年终对有关物料进行全面清点。一般遵循"四三三"检查原则，即每个季度的第一个月检查40%，第二个月检查30%，第三个月检查30%，使库存物料每个季度能全面检查一次。在清点过程中，既要核对物料的数量，保证账、卡、货及货位相符，又要逐一对物料质量进行检查，不合格的应及时处理。

4）不定期检查：所谓不定期检查，就是根据临时发生的情况，进行突击全面检查或局部抽检。一般是风季、雨季、霉季、高温、严寒或者发现物料质量变质苗头的时候，以便做到及时发现问题、处理问题，并做好质量检查登记处理记录。另外，对于效期商品、易变品种酌情增加检查次数，并认真填写库存商品养护检查记录。

5）记录和归档：建立健全商品养护档案，内容包括商品养护档案表和养护记录、台账、检验报告书、质量报表等。养护人员配合保管人员做好各类温控仓库和冷藏设施的温湿度检测记录。做好日常质量检查、养护的记录，建立养护档案。对养护设备，除在使用过程中随时检查外，每年应进行一次全面检查。对空调机、去湿机、制冷机等应有养护设备使用记录。

（3）养护措施

1）避光措施：有些物料对光敏感，如肾上腺素遇光变玫瑰红色、双氧水遇光分解为水和氧气等。因此，在保管过程中必须采取相应的避光措施。除包装必须用避光容器或其他遮光包装材料外，物料在库储存期间应尽量置于阴暗处，对门、窗、灯具等可采取相应的措施进行遮光，特别是一些大包装物料，在分发之后，剩余部分应及时遮光密闭，防止漏光而造成物料氧化分解、变质失效。

2）降温措施：温度过高会使许多物料变质，特别是生物制品、抗生素、疫苗血清制品等对温度要求更严。即使是普通物料在过高温度下储存，仍能影响到其质量。因此，必须保持物料在储存期间处于适宜温度。对于普通物料，当库内温度高于库外时，可启开门窗通风降温。装配有排风扇等通风设备的仓库，可启用通风设备进行通风降温。也可采用电风扇对准冰块吹风，以加速对流，提高降温效果。但要注意及时排除冰融化后的水，因冰融化后的水可使库内湿度升高，故易潮解的物料不适宜用此方法。此外，对一些易潮解对湿度特别敏感的物料，如生物制品、疫苗等可置于地下室或冰箱、冷藏库内储存。

3）保温措施：我国北方地区冬季气温较低，有些地区可出现 $-40 \sim -30℃$ 甚至更低。这对一些不适宜低温储存的物料不利，必须采取保温措施。一般可采用暖气片取暖，升高仓库内温度，保证物料安全过冬。暖气片取暖应注意暖气管、暖气片高于物料，隔出一定距离，并防止漏水情况发生。

4）降湿和升湿措施：在我国气候潮湿的地区或阴雨季节，库房往往需要采取空气降湿的措施。为了更好地掌握库内湿度情况，可根据库内面积大小设置数量适当的湿度计，将仪器挂在空气流通的货架上。每天定时观测，并作好记录。记录应妥善保管，作为参考资料，以掌握湿度变化规律，并作为考察库存期间药品质量的依据之一。一般来说，库内相对湿度应控制在75%以下为宜，控制方法可采用通风降湿，密封防潮与人工吸潮降湿相结合。通风降湿要注意室外空气的相对湿度，正确掌握通风时机，一般应是库外天气晴朗，空气干燥时，才能打开门窗进行通风，使地面水分、库内潮气散发出去。密封防潮是阻止外界空气中的潮气入侵库内。一般可采取的措施为将门窗封严，必要时，对数量不多的药品可密封垛堆货架或货箱。人工吸潮是当库内空气湿度过高，室外气候条件不适宜通风降湿时，采取的一种降湿措施。一般可采用生石灰（吸水率为自重的20%～30%）、氯化钙（吸水率为自重的100%～150%）、钙镁吸湿剂、硅胶等，条件允许的话可采用降湿机吸湿。在我国西北地区，有时空气十分干燥，必须采取升湿措施。具体方法有向库内地面洒水或以喷雾设备喷水；库内设置盛水容器，贮水自然蒸发等。

5）防鼠措施：库内物品堆集，鼠害常易侵入，造成损失。特别是一些袋装原料如葡萄糖、淀粉等一旦发生鼠害则可造成严重污染。因此，必须防鼠灭害，一般可采用下列措施：安装防鼠板，堵塞鼠害的通道；库内无人时，应随时关好库门、库窗，特别是夜间；加强库内灭鼠，可采用电猫、鼠夹、鼠笼等工具；另外也要加强库外鼠害防治，仓库四周应保持整洁，不要随便乱堆乱放杂物，同时要定期在仓库四周附近投放灭鼠药，以消灭害源。

6）防火措施：物料本身和其包装尤其是外包装，大多数是可燃性材料，尤其是一些化学试剂。因此，防火是一项常规性工作。在库内四周墙上适当的地方要挂有消防用具和灭火器具，并建立严格的防火岗位责任制。对有关人员进行防火安全教育，进行使用防火器材的培训，使这些人员能非常熟练地使用防火器材。库内外应有防火标记或警示牌，应定期检查消火栓，危险药品库应严格按危险药品有关管理方法进行管理。

6. 出库验发 出库验发是指对即将进入生产过程的物料出库前进行检查，以保证其数量准确、质量良好。出库验发是一项细致而繁杂的工作，必须严格执行出库验发制度，具体要求做到以下几点。

（1）坚持"三查六对"制度：出库验发，首先要对有关凭证进行"三查"，即查核生产或领用部门，领料凭证或批生产指令、领用器具是否符合要求；然后将凭证与实物进行"六对"，即对货号、品名、规格、单位、数量、包装是否相符。

（2）掌握"四先出"原则："四先出"即先产先出、先进先出、易变先出、近期先出。具体要求如下。

1）先产先出原则：指库存同一物料，对先生产的批号应尽先出库。由于环境条件和物料本身会发生变化，物料储存的时间越长，变化越大，超过一定期限就会引起变质，以致造成损失。出库采取"先产先出"的原则，有利于库存物料不断更新，确保其质量。

2）先进先出原则：指同物料的进货，按进库的先后顺序出库。物料种类和质量相对较大，生产企业进货频繁，渠道较多。同一品种不同厂牌的进货较为普遍，加之库存量大，堆垛分散，如不掌握"先进先出"，就有可能将后进库的物料发出，而先进库的未发，时间一长，存库较久的物料就易变质。因此，只有坚持"先进先出"才能使不同厂牌的相同品种都能做到"先产先出"，经常保持库存物料的轮换。

3）易变先出原则：指库存的同一物料，对不宜久贮、易于变质的应尽量先出库，有的物料虽然后入库，但由于受到阳光、气温、湿气、空气等外界因素的影响，比先入库的物料易于变质。在这种情况下，当物料出库时就不能机械地采用"先产先出"，而应该根据物料的质量情况，将易霉、易坏、不宜久贮的尽先出库。

4）近期先出原则：即"近失效期"先出，指库存有效期的同一物料，对接近失效期的先行出库。对仓库来讲，所谓"近失效期"还应包括给这些物料留有调运、供应和使用的时间，使其在失效之前投入使用。某些物料虽然离失效期尚远，但因遇到意外事故不易久贮时，则应采取"易变先出"办法先调出，以免受到损失。

（3）出库验发的工作程序

1）开写出库凭证、车间按生产需要填领料单送仓库备料。仓库所发物料包装要完好，附有合格证、检验报告单，用于盛放物料的容器应易于清洗或一次性使用，并加盖密封。运输过程中物料包装外面应加保护罩，容器必须贴有配料标志。仓库审核其品名、规格、包装与库存实物是否相符，库存数量是否够发等情况，如有问题应及时请求修改，开写出库凭证，并要做好出库凭证的复核工作，防止出现差错。

2）审核出库凭证无误后，及时进行登账，核销存货。有的厂家要求在出库凭证上批注出库物料的货位编号和发货后的结存数量，以便保管人员配货、核对。

3）按单配货，保管人员接到出库凭证后，按其所列项目进行审查，先核实实物卡片上的存量，然后按单从货位上提取物料，按次序排列于待运货区，按规定要求称量计量，并填写称量记录。放行出库发出的物料，经清点核对集中后，要及时办理交接手续。由保管人员根据凭证所列数量，进行发料、送料。领料人均应在发料单上签字，以示负责。

4）复核保管人员将货配发齐后、要反复清点核对，保证数量质量。既要复核单货是否相符，又要复核货位结存量来验证出库量是否正确，发料后，库存货位卡和台账上应填货料去向、结存情况。

5）为避免发料、配料，特别是打开包装多次使用的情况下造成的污染，应要求药品生产企业设置备料室，配料应在备料室中进行。备料室的洁净级应与取样室、生产车间要求一致。

## 3.4 关键知识梳理：包装材料管控

在药品生产、储藏、运输、销售等环节中，无论是原料还是成品都离不开包装，而包装用的包装材料则在保护药品免受外界条件因素的影响而变质或外观改变等方面起着决定性的作用。

### （一）包装材料的概念与分类

所谓药品包装材料是指药品内、外包装材料，包括标签和使用说明书。按与所包装药品的关系程度，可分为三类。

1. 内包装材料　指用于与药品直接接触的包装材料，也称为直接包装材料或初级包装材料，如注射剂安瓿、铝箔、油膏软管等。内包装应保证药品在生产、运输、储藏及使用过程中的质量，并便于医疗使用。

2. 外包装材料　指内包装以外的包装，按由里向外分为中包装和大包装，如纸盒、铝盖等。外包装应根据药品的特性选用不易破碎的包装，以保证药品在运输、储藏、使用过程中的质量。

3. 印刷性包装材料　指具有特定式样和印刷内容的包装材料，如印字铝箔、标签、说明书、纸盒等。这类包装材料可以是内包装材料如软膏管，也可以是外包装材料如外盒、外箱等。

按监督管理的方便和要求，包装材料也可分为三类。这三种包装材料由国家实行产品注册管理，生产企业必须按法定标准进行生产。

Ⅰ类包装材料：直接接触药品且直接使用的药品包装用材料、容器。如药用 PVC 硬片、塑料输液瓶（袋）等。

Ⅱ类包装材料：直接接触药品，但便于清洗。在实际使用过程中，经清洗后需要并可以消毒灭菌的药品包装用材料、容器，如安瓿、玻璃管制口服液瓶、抗生素瓶天然胶塞等。

Ⅲ类包装材料：除Ⅰ类、Ⅱ类以外其他可能直接影响药品质量的药品包装用材料、容器，如口服液瓶铝（合金铝）、铝塑组合盖、输液瓶铝（合金铝）、铝塑组合盖等。

**（二）包装材料管理制度**

包装材料对药品质量的影响是巨大的，尤其是Ⅰ类包装材料和Ⅱ类包装材料。这些包装材料在正常情况下能够发挥保护药品的作用，但如材质选用不当或受到污染，那么这种包装不但不能起到保护药品的作用，反而可对药品造成污染，严重影响药品质量。因此，包装材料的采购、验收、检验、入库、储存、发放等管理除可按原辅料管理执行以外，还必须注意以下问题。

1. 分类标准　药品包装材料、容器必须按法定的标准进行生产，法定标准包括国际标准和行业标准，国家标准和行业标准由国家药品监督管理局组织制定和修订。没有制定国家标准和行业标准的药品包装材料、容器，由申请产品注册企业制定企业标准。

2. 注册管理　我国对药品包装材料实行注册管理制度。药品包装材料必须经药品监督管理部门注册并获得"药包材注册证书"后方可生产。未经注册的药包材不得生产、销售、经营和使用。生产Ⅰ类药包材，必须经国家药品监督管理局批准注册；生产Ⅱ类药包材由企业所在省、自治区、直辖市药品监督管理局批准注册。药包材执行新标准后，药包材生产企业必须向原发证机关重新申请核发"药包材注册证书"。国外企业、中外合资境外企业生产的首次进口的药包材，必须取得国家药品监督管理局核发的"进口药包材注册证书"，并经国家药品监督管理局授权的药包材检测机构检验合格后，方可在国内销售、使用。使用进口药包材，必须凭国家药品监督管理局核发的"进口药包材注册证书"复印件加盖药包材生产厂商有效印章后，在所在省、自治区、直辖市药品监督管理局备案后方可使用。

3. 生产药包材的条件　申请单位必须是经注册的合法企业。企业应具备生产所注册产品的合理工艺、洁净厂房、设备、校验仪器、人员、管理制度等质量保证必备条件。生产Ⅰ类包装材料，必须同时具备与所包装药品生产相同的洁净度条件。生产Ⅰ类包装材料企业的生产环境由国家药品监督管理局，省、自治区、直辖市药品监督管理局指定的检测机构检查认证。检测机构对申请注册的产品应抽样三批进行检测。Ⅰ类包装材料的申请企业将其"药品包装材料、容器注册申请书"连同所需资料经省、自治区、直辖市药品监督管理局审批核发初审合格后，报国家药品监督管理局核发"药包材注册证书"。Ⅱ类包装材料和Ⅲ类包装材料的申请企业将其"药品包装材料容器注册申请书"连同所需资料报省、自治区、直辖市药品监督管理局核发"药包材注册证书"，并报国家药品监督管理局备案。国内首次开发的药包材产品必须通过国家药品监督管理局组织评审认可后，按规定类别申请"药包材注册证书"，方可生产、经营和使用。

（三）印刷性包材的管理

由于印刷性包装材料直接为用户和患者提供了使用药品所需要的信息，因错误信息引起的用药事故亦较为常见。故应对印刷包装材料进行严格管理，尽可能避免和减少由此造成的混药和差错危险，以及文字说明不清对患者带来的潜在危险。直接接触药品的印刷性包装材料的管理和控制要求与原辅料相同。现仅以标签和说明书的接收、储存和发放过程为例说明印刷性包装材料的管理。

1. 标签、说明书的接收 ①药品的标签、使用说明书与标准样本需要经企业质量管理部门详细核对无误后签发检验合格证，才能印刷、发放和使用。②仓库管理员在标签、说明书入库时，首先应进行目测检视（外观齐整等），再检查品名、规格、数量是否相符，检查是否污染、破损、受潮、霉变、检查外观质量有无异常（如色泽是否深浅不一，字迹是否清楚等），目检不符合要求的标签，需要计数、封存。

2. 标签、说明书的储存 ①仓库在收到质量管理部门的包材检验合格报告单后，将待验标志换成合格标志。印刷性包材应当设置专门区域妥善存放，未经批准的人员不得进入。若检验不合格则将该批标签和说明书移至不合格库（区域），并进入销毁程序。②标签和说明书应按品种、规格、批号分类存放，按先进先出的原则使用。③专库（专柜）存放，专人管理。

3. 标签、说明书的发放 ①仓库根据生产指令单及车间领料单计数发放。②标签、说明书由生产部门专人（领料人）领取，仓库发料人按生产车间所需限额计数发放，并共同核对品种、数量，确认质量符合要求及包装完好后，方可发货并签名确认。③标签实用数、残损数及剩余数之和与领用数相符，印有批号的残损标签应由两人负责销毁，并做好记录和签名确认。④不合格的标签、说明书未经批准不得发往车间使用。⑤不合格标签、说明书应定期销毁，销毁时应有专人监督，并在记录上签字。

## 3.5 关键知识梳理：成品及其他物品的管控

成品是指企业所生产的产品，出厂前均应通过检验，达到药品注册批准之标准，方可出厂，供社会需要。至于其他物品，这里尤指具有特殊管理的物品，诸如麻醉药品、精神药品、医疗用毒性药品（包括药材）、放射性药品、药品类易制毒化学品及易燃、易爆和其他危险品等的验收、储存、管理均应严格执行国家有关的规定。

不合格的中间产品、待包装产品和成品的每个包装容器上均应有清晰醒目的标志，并在隔离区内妥善保存。不合格的中间产品、待包装产品和成品的处理应当经质量管理负责人批准，并有记录。

产品回收需经预先批准，并对相关的质量风险进行充分评估，根据评估结论决定是否回收。回收应当按照预定的操作规程进行，并有相应记录。回收处理后的产品应当按照回收处理中最早批次产品的生产日期确定有效期。

制剂产品不得进行重新加工。不合格的制剂中间产品、待包装产品和成品一般不得进行返工。只有不影响产品质量、符合相应质量标准，且根据预定、经批准的操作规程以及对相关风险充分评估后，才允许返工处理。返工应当有相应记录。

对返工或重新加工或回收合并后生产的成品，质量管理部门应当考虑进行额外相关项目的检验和稳定性考察。

企业应当建立药品退货的操作规程，并有相应的记录，内容至少应当包括产品名称、批号、规格、数量、退货单位及地址、退货原因及日期、最终处理意见等。同一产品同一批号不同渠道的退货应当分别记录、存放和处理。

只有经检查、检验和调查，有证据证明退货质量未受影响，且经质量管理部门根据操作规程评价后，方可考虑将退货重新包装、重新发运销售。评价考虑的因素至少应当包括药品的性质、所需的储存条件、药品的现状、历史，以及发运与退货之间的间隔时间等因素。不符合储存和运输要求的退货，应当在质量管理部门监督下予以销毁。对退货质量存有怀疑时，不得重新发运，退货处理的过程和结果应当有相应记录，待质量部门检验后，再行处理。

## 四、生产岗位事故案例

药品生产是通过制药操作人员在具体的岗位上通过物化劳动来实现的，不同岗位具体的操作规程不同，操作的方法各异，注意事项就不尽相同。下面就一些易发事故的岗位介绍。

### 4.1 案例一：忽略操作前检查造成事故

吉林省某制药公司于 1999 年 3 月 23 日发生了一起爆炸起火事故。此次爆炸起火事故造成重伤 1 人、轻伤 1 人，直接经济损失 10 万余元。

【事故经过】1999 年 3 月 23 日 20 点 40 分，吉林省某制药公司甲氧苄啶车间生产 1 班 4 号反应釜内部突然爆炸起火，这时该设备正在回流，在岗操作工随即被炸出的液体炸伤，发现火情后，同班工友马上跑去取灭火器，同时呼喊救人救火。其他车间的职工听到后，拿起灭火器，向着火点跑去，同时拨打了 119 报警。待消防人员赶到后，扑灭火灾。此次事故造成重伤 1 人、轻伤 1 人。

【事故原因分析】该设备密封垫不严泄漏甲醇；电机三角带打滑产生火花；操作工在开工前未对设备进行操作前检查，加之设备检修工未能及时对生产设备做定期检修。

【事故责任】此次事故实属操作者在开工前未对设备进行操作前检查的责任事故。

【整改措施】此次事故警示生产部门、质量管理部门、企业综合部门等相关部门要加强对员工（尤其对生产岗位操作人员）的安全生产和安全意识的教育，同时强化车间内部设备管理，对跑、冒、滴、漏及时处理；落实维修人员实行设备维修责任制。

## 4.2 案例二：违规为空调更换初效过滤器造成事故

2010 年 12 月 30 日上午，昆明市某制药有限公司压片车间发生爆炸，致 5 人死亡、8 人受伤，其中 5 人重度烧伤、2 人中度烧伤、1 人轻度烧伤的重大责任事故。

【事故经过】12 月 30 日上午，昆明市某制药有限公司片剂车间职工，按工艺要求领入丹参浸膏粉、三七粉、羧甲基淀粉钠、硬脂酸镁等固体原辅料和 5 塑料桶 95% 酒精（约 $0.2m^3$）等原料，进行混合、制软材、制粒、干燥等工艺流程。9 点 30 分左右，检修人员为给空调更换初效过滤器，断电停止空调工作，导致洁净空气不能及时送入车间。同时，造粒一室的工作人员存在边制粒、边干燥的情况，致使烘箱内的循环热气流中充满了粒料中的蒸发水分和乙醇蒸气，虽然操作工定时开启烘箱上的排湿口，通过排湿口排出蒸发的水分和乙醇蒸气，但其效果远比空调的排出效果低很多，结果导致乙醇蒸气不能顺利从排湿口全部排走，烘箱内蓄积了达到爆炸极限的乙醇气体。与此同时，空调停止工作后，含有乙醇的制粒物发生了乙醇的挥发，加之干燥箱门在开关时溢出的水分和乙醇蒸气不能及时被新风置换，造成了室内含有大量可以燃烧的乙醇气体。另外，干燥箱的配套电气设备不防爆，操作人员在烘箱烘烤过程中开关烘箱送风机或在轴流风机运转过程中产生电器火花（现场有轴流风机叶片和护罩全部炸毁的取证），引爆积累在烘箱中达到爆炸极限的乙醇爆炸性混合气体，炸毁烘箱。所产生的冲击波将生产车间的各分隔墙、通风设施、玻璃窗、生产设施等全部毁坏，爆炸过程产生的辐射热瞬间引燃整个生产车间的其他可燃物，燃烧过火面积遍及整个楼层。

在爆炸现场，发生爆炸的压片车间外白墙已全部熏黑，警方在离爆炸现场 50m 左右的地方拉起了警戒线，警戒线外集聚了许多围观的市民。发生爆炸的楼房位于昆明市内一个居民住宅区中心地段，并与一所中学一墙之隔，所幸的是附近居民与该校师生并没有伤亡情况发生，该校师生目前已全部撤离，校园上方烟雾基本散尽，安全隐患被彻底排除后，这所学校的学生才陆续回归校园，恢复上课。

事故发生后，交警、消防等部门立即赶赴现场救援，受伤人员被及时送往医院救治。市交警支队迅速启动应急预案，火速调集事发地周边大队民警前往处置。支队副支队长深入一线，靠前指挥，通过实行区域交通临时管制、优先保障救援车辆等措施，为开展救援工作提供了良好的交通通行环境。昆明市成立以昆明市安全监察局为主的调查小组，对事故原因展开进一步调查。

【事故原因分析】这是一起企业违规生产，安全管理、安全教育培训不到位，安全防范措施不落实而造成的较大生产安全责任事故。究其原因是车间主任对职工安全培训教育不到位，没有制定详细的岗位安全技术操作规程，违反了《中华人民共和国安全生产法》（简称《安全生产法》）。公司副总经理（主管生产负责人），对职工安全培训教育不到位，未执行领导干部轮流现场带班制度。公司总经理，作为公司安全生产第一责任人，对下属安全生产教育和培训不力。

【事故责任】这是一起操作者未按照公司制定的操作规程进行操作的责任事故。车间主任，公司副总经理（主管生产负责人），对职工安全培训教育不到位，未执行领导干部轮流现场带班制度；公司总经理，作为公司安全生产第一责任人，对下属安全生产教育和培训不力，对事故发生负有直接领导责任的违规操作的责任事故。

【整改措施】该药业有限公司对职工安全教育不到位，导致违规生产操作并造成严重后果。违反了《安全生产法》之规定，对事故发生负有主体责任。根据《生产安全事故报告和调查处理条例》之规定，车间主任给予1 000元经济处罚；公司副总经理（主管生产负责人）给予5 000元经济处罚，吊销其安全生产管理人员资格证，并责令企业撤销其副总经理职务；公司总经理建议吊销主要负责人安全管理资格证；根据《安全生产法》之规定涉嫌重大责任事故罪，移送司法机关依法追究刑事责任。企业暂扣安全生产许可证六个月，实施停产整顿。

## 4.3 案例三：使用违规设备造成事故

制药设备的使用在制药过程中是必不可少的，尤其是符合规定要求的制药设备更为重要。如果操作者使用违规设备进行生产，定会给操作者造成程度不同的伤害甚至会给企业造成更大的损失。

### （一）使用违规设备险些伤人

2001年6月12日，吉林某制药公司车间溴素坛从高空坠落，溴素坛摔得粉碎，溴素飞溅，所幸没有伤到人，只有一名操作工扭伤了脚踝。直接经济损失5万余元。

【事故经过】2001年6月12日9时许，吉林某制药公司二溴醛车间甲班一位操作工将8坛溴素搬到提升机托盘上，另一位操作工在平台上操作提升机（该提升机早已接到维修通知，但终因各种原因没能及时检修）。当提升机托盘升到平台时，提升机停止按钮失控，提升机托盘继续向上升，将钢丝绳绞断，提升机上的托盘顺轨高速滑下，8坛溴素摔得粉碎，溴素溅出很大范围。所幸下面的操作工听到上面的操作工喊声后随即跑开，才避免了一场人身伤亡事故的发生，只一位操作工扭伤了脚踝。此次事故直接经济损失5万余元。

【事故原因分析】提升机没有限位器、布线器等安全保护措施，属于违规设备；提升机电器没有定期维护、保养，致使开关失灵；对该提升机早已通知整改，还继续使用，属于违章指挥。

【事故责任】此次事故属于生产部门各层次违章指挥和操作者使用违规设备责任事故。

【整改措施】对提升机立即安装限位器、布线器等安全附件，使之符合规定要求；加强提升设备的定期维护、保养；对违规设备，操作工有权拒绝使用。

（二）使用违规设备险些爆炸

1998 年 7 月 1 日吉林某制药公司在输送（转料）甲醇时燃烧起火，所幸操作人员反应迅速、将火扑灭，避免了爆炸事故的发生。

【事故经过】1998 年 7 月 1 日中午，吉林某制药公司接到供应商送来的一车甲醇，停在醇分离车间西部停车场处，保管员王某和醇分离车间的一名操作工将放料管接入输送泵，刚一接通电源（开泵输料），瞬间周围甲醇燃烧。供应商司机跳车逃跑，保管员和操作工迅速拿来灭火器将火扑灭，才避免了爆炸。此处有 100 吨的甲醇罐，若起火，后果不堪设想。

【事故原因分析】输料泵电机不是防爆电机；电线接头打火；放料管与接料管接口处漏甲醇。

【事故责任】此次事故属于典型的使用不合格生产设备进行操作的违规责任事故。

【整改措施】公司对事故当事人提出通报批评，对负责生产设备的部门及当事人给予行政处罚并处罚金，同时要求相关部门加强对操作人员的安全意识和强化岗位操作法的培训，要求生产设备部门对所辖设备（此次事故涉及设备整改做到易燃液体所用输料泵必须是防爆的，电线接头一定接牢，避免接头打火；输料泵同储罐必须保持一定距离，接口处要严密、牢固等）建立定期检查制度，避免类似事故的发生。

（三）离心设备失修伤人

2001 年 9 月 6 日，四川某制药公司中药前处理车间一台正在运转的离心机突然解体，设备碎片乱飞、旋滚的离心机罩碰伤两位操作工，造成操作人员损伤。

【事故经过】2001 年 9 月 6 日 10 时许，四川某制药公司中药前处理车间离心分离工位，两名离心机操作工在看守离心机离心时，突然离心机解体，设备碎片乱飞，旋滚的离心机罩碰伤两位操作工，幸亏处于冬季，穿着较厚，否则后果不堪设想。两名受伤者立即被工友送往医院。

【事故原因分析】离心机在强腐蚀环境中使用，没有定期检查、维修；离心机因招标购进，只重价格，忽视了质量。

【事故责任】此次事故实属一起采购对质量控制不到位的责任事故。生产质量部门在设备的使用保养过程中的养护维修也存在不到位的责任。

【整改措施】此次事故警示公司在设备购进时，应首先保证质量和安全装置齐全的情况下，再行考虑价格成本；同时生产质量部门应制定设备使用、维修制度，特别是在强酸碱环境中使用的设备，坚持定期检查、维修制度，发现故障及时排除。

## 4.4 案例四：违章操作引发事故

制药行业属于特殊行业，介于化工制造与食品企业之间，尤其是其产品的特殊性，所以从原料的采购、加工，到生产的各个环节，要全过程进行监控，才有可能保证产品质量。下面叙述一些在操作过程中，由于违规操作造成的不良后果及事故。

### （一）违章操作致人伤

1998 年 1 月 11 日，延吉某制药公司前处理车间一名操作工违章清理干燥机旋转传送带，导致人伤事故。

【事故经过】1998 年 1 月 11 日 8 时许，延吉某制药公司前处理车间干燥工位早班接班（两班倒作业工位），干燥机正常运行（交接班不停机器）。接班操作工需清理运行了一晚（上一班）的干燥机，在没有停机的情况下，用扫帚扫干燥机下面的旋转传送带，不小心被旋转的转动轴挂到衣服，瞬间连同操作工绕到转动轴轴轨中，操作工本能挣脱，所幸该操作工力气较大，电机负荷加大，机器保险断开，干燥机急停，待工友赶到，将其从转动轴轨中救出，紧急送往医院，经查右侧六根肋骨折断，头部、胳膊均有软组织受伤。

【事故原因分析】操作工没有按照岗位操作法进行操作，岗位操作法规定，在接班后需对设备进行清理（扫），但需要停机操作，待清理工作完成后，方可继续开机重新运转生产，该操作工在运转设备不停转的情况下对设备进行清理（扫），属于违章作业行为。同时生产设备管理部门没有为该设备设置防护设施和安全操作警示牌。

【事故责任】此次事故属于未按岗位操作法进行操作的违规操作责任事故。

【整改措施】公司吸取此次事故的教训，进一步建立健全各项规章制度，完善各工位的安全操作规程和岗位操作法，增强全员的安全意识；加强特殊岗位的安全操作培训，使操作工掌握本岗位应知应会能力；督促生产设备管理部门对相关设备设置防护设施和安全警示标志。

### （二）违规使用设备致人伤

2000 年 6 月 24 日，广东某制药有限公司中药前处理车间一操作工违规操作离心机致人伤事故，教训惨痛。

【事故经过】2000 年 6 月 24 日 10 时许，广东某制药有限公司中药前处理车间离心分离岗位的某新操作工在离心操作时，按下离心机设备停转按钮，但离心机还在惯性转动，该操作工急于想使其停止，就用角铁别在旋转的离心机，以阻止离心机停转，但被转动的离心机打出的角铁刺入脸中，瞬间脸上豁出 5cm 长的口子，鲜血立即喷出，工友闻讯赶到，立即将其送往医院，止血，缝合 7 针。

【事故原因分析】该操作工的操作严重违反设备安全操作规程、岗位操作法，是生产安全意识淡薄的表现。

【事故责任】此次事故明显属于未按岗位操作法进行的违规操作责任事故。

【整改措施】此次事故暴露了公司对岗位工人（尤其是新入职员工）的安全生产培训不到位，同时没能按照该岗位的岗位操作法进行操作，公司吸取此次事故的教训，强化建立健全设备安全操作规程培训制度，加强职工安全教育。

## 4.5 案例五：未做设备安全检查酿成爆炸

1986 年 3 月 15 日，第五安装公司在为吉林省某制药公司做换热器气密性试验时，发生爆炸事故，事故造成 4 人死亡，直接经济损失 6 万余元，间接经济损失 3 万余元。

【事故经过】1986 年 3 月 15 日，受吉林省某制药公司的委托，省第五安装公司为该公司的换热器进行气密性试验。16 时 35 分时，当操作人员在进行气密性试验时（没有对气密性试验的安全防护措施进行检查就直接进行开机操作），气压达到 3.5MPa 时突然发生爆炸，试压环紧固螺栓被拉断，螺母脱落，换热器管束与壳体分离，重量达 4t 的管束在向前方冲出 8m 后，撞到载有空气压缩机的载重卡车上，卡车被推移 2.3m，管束从原地冲出 8m，重量达 2t 的壳体向相反方向飞出 38.5m，撞到地桩上。两台换热器重叠，连接支座螺栓被剪断，连接法兰短管被拉断，两台设备脱开。重 6t 的未爆炸换热器受反作用力，整个向东南方向移位 8m 左右，并转向 170°。在现场工作的 4 人当场死亡。爆炸造成直接经济损失 6 万余元，间接经济损失 3 万余元。

【事故原因分析】

1. 操作人员违反操作。爆炸的换热器共有 40 个紧固螺栓，但操作人员只安装 13 个螺栓就进行气密性试验，且因试压环厚度比原连接法兰厚 4.7cm，原螺栓长度不够，但操作工仍凑合用原螺栓，在承载螺栓数量减少一大半的情况下，每个螺栓所能承受的载荷又有明显下降，由于实际每个螺栓承载量大大超过设计规定的承载能力，致使螺栓被拉断后，换热器发生爆炸。这是一起典型的因违章操作导致爆炸的事故。

2. 现场管理混乱，分工不明确，职责不清。直接参加现场工作的主要人员在试验前请假回家，将工作委托他人。试验前没有工作人员对安全防护措施和准备工作进行全面检查。

【事故责任】此次事故是一起偷工减料，未按操作规程操作的违章操作责任事故。同时亦是一起管理混乱，分工不明确，职责不清，事先未对设备进行安全检查就盲目试机的安全责任事故。

【整改措施】委托方和受托方共同吸取事故教训，同时提出整改措施如下。

1. 对职工进行安全教育，提高职工的安全意识。

2. 职工应严格按操作规程操作，杜绝违章作业现象。

3. 加强对现场安全工作的监督和检查，现场工作一定要分工明确、职责清楚、各司其职，严格安全防护措施的落实。

## 4.6 关键知识梳理：生产前准备与生产文件用料等

生产开始前，应确保设备和工作场所没有上批次遗留的产品、文件或与本批产品生产无关的物料，设备处于已清洁及待用状态，检查结果应当有记录。生产操作前，应当核对物料或中间产品的名称、代码、批号和标识，确保生产所用物料或中间产品正确且符合要求。

1. 生产用文件　根据生产工艺规程，标准操作规程及生产作业计划制定主配方、生产指令、包装指令等，执行者应认真阅读并理解生产指令等内容要求，同时检查与生产品种相适应的工艺规程、SOP 等生产管理文件是否齐全。经复核、批准后分别下达各工序，同时下达生产记录。

2. 生产用物料　根据生产指令编制限额领料单并领取物料或中间产品，标签要凭包装指令按实际需用数由专人领取，并且要计数发放，发料人、领料人要在领料单上签字。对所用各种物料、中间产品应有质量管理监督员签字的中间产品递交单；生产期间使用的所有物料、中间产品或待包装产品的容器及主要设备、必要的操作室应当粘贴标识或以其他方式标明生产中的产品或物料名称、规格和批号，如有必要，还应当标明生产工序。容器、设备或设施所用标识应当清晰明了，标识的格式应当经企业相关部门批准。除在标识上使用文字说明外，还可采用不同的颜色区分被标识物的状态（如待验：黄色；合格、已清洁：绿色；不合格：红色等）。用于盛装物料的容器、桶盖编号要一致，并有容器标识，标明复核重量等信息。

3. 生产现场　生产操作开始前，操作人员必须对卫生和设备状态进行检查，检查内容有：检查生产场所是否符合该区域清洁卫生要求，是否有"已清洁"状态标识；更换生产品种及规格前是否清场，是否有上次生产的清场合格记录，清场者、检查者是否签字，未取得"清场合格"不得进行另一个品种的生产；对设备状态进行严格检查，是否保养，试运行情况是否良好，是否清洁（或消毒）并达到工艺卫生要求，检查合格挂上"合格"标牌后方可使用。正在检修或停用的设备应挂上"检修""停用"或"不得使用"的状态标识；检查工具、容器清洗是否符合标准；检查计量器具是否与生产要求相适应，是否清洁完好，是否有"计量检定合格证"，并在检定有效期内，对衡器进行使用前校正；检查操作人员的工作服穿戴是否符合要求等。

4. 记录　操作人员检查后应填写检查记录，签名并签署日期，检查记录（生产许可证）纳入批记录。

## 4.7 关键知识梳理：生产操作过程与严格遵守 SOP

SOP 是指标准操作规程（standard operating procedure，SOP），指经批准用来指导设备操作、维护与清洁、验证、环境控制、取样和检验等药品生产活动的通用性文件，是对某一项具体操作所做的书面指令。

1. 投料 投料又称称量配制，称量配制是物料开始进入到生产的过程，投错料、投料量不准确会造成较大的经济损失和质量风险。物料（固体和液体）的称量或量取应按照操作规程，确保准确投料，并避免交叉污染。如在暴露的条件下投料，应使用排风系统来控制粉尘或者溶剂的挥发措施。

2. 操作管控 操作人员应按生产指令或包装指令要求、工艺规程、标准操作规程等进行生产、清场、记录等操作，质量监督员按照产品质量监控频次和质量监控点进行检查，以确保药品达到规定的质量标准，并符合药品生产许可和注册批准的要求。①文件为批准的现行文本，必须符合生产指令的内容要求。②保证生产中传递合格的中间产品，工序收率或物料平衡、消耗定额应符合工艺规定。③保证生产工序符合工艺规程要求，有工艺查证记录，中间产品有质量检验记录，生产中有质量监督人员的专检、生产操作人员的互检、生产操作人员个人自检。④工艺卫生厂房、设备、物料、人员、生产操作、工作服等符合工艺卫生要求。清洁记录、清洁状态标识、现场清洁卫生等必须符合要求。⑤防止混淆或交叉污染不得在同一生产操作间同时进行不同品种和规格药品的生产操作，除非没有发生混淆或交叉污染的可能。在生产的每一阶段，应当保护产品和物料免受微生物和其他污染。在干燥物料或产品，尤其是高活性、高毒性或高致敏性物料或产品的生产过程中，应当采取特殊措施，防止粉尘的产生和扩散。

## 4.8 关键知识梳理：包装操作与按规定无差错

包装是指待包装产品变成成品所需的所有操作步骤，包括分装、贴签等。但无菌生产工艺中产品的无菌灌装，以及最终灭菌产品的灌装等不视为包装。企业应制定包装操作规程，包括内包装、外包装两个方面；对分装、贴签等过程进行规范，对手工包装、可能出现的补签等情况应详细规定，并明确防止污染混淆或差错产生的措施。

1. 包装开始前应当进行检查，确保工作场所、包装生产线、印刷机及其他设备已处于清洁或待用状态，无上批遗留的产品、文件或与本批产品包装无关的物料，检查结果应当有记录。

2. 包装操作前，还应当检查所领用的包装材料正确无误，核对包装产品和所用包装材料的名称、规格、数量、质量状态，且与工艺规程相符，同时在批包装记录上记录，并附有相应的印刷包装材料实样，以利于追溯；待包装产品的状态标识应准确粘贴牢固，防止因标识遗失导致混药风险。

3. 为避免差错和混淆，每一包装操作场所或生产线（包括内包生产线、机器外包生产线和手工外包操作间），生产操作过程中应当有标识标明包装中的产品名称、规格、批号和批量的生产状态。

4. 待包装产品外观性状大多不易区分，极易造成混淆且不易发现，存在极大风险。当有数条包装线同时进行包装时，应当采取隔离或其他有效防止污染、交叉污染或混淆的措施。

5. 待用分装容器在分装前应当保持清洁，避免容器中有玻璃碎屑、金属颗粒等污染物。分装容器主要指与生产用物料直接接触的周转容器（如缓冲瓶、换料桶等），在使用前应清洗、保持清洁，必要时进行消毒或灭菌，并在规定的储存条件和储存期内妥善放置，避免对物料产生污染。

6. 产品分装、封口后应当及时贴签。部分待包装产品内包完成后，包装上无产品信息，若散落则无法识别，极易发生混淆差错，因此应及时贴签。在未贴签时应有有效的防混淆差错措施，如集中存放、妥善保存、有必要的状态标识，标明名称、规格、批号、数量、生产日期等信息。应确保标识牢固，不易脱落。

7. 单独打印或包装过程中在线打印的信息（如产品批号或有效期）均应当进行检查，确保其正确无误，并予以记录。如手工打印，应当增加检查频次。包装操作时，内标签（即直接接触药品的包装标签）、外标签（除内标签以外的其他标签）和用于运输和储存的包装标签需根据批生产指令打印产品名称、规格、生产批号、生产日期和有效期等。企业应有可靠的措施，确保打印信息的准确性和打印内容完整、效果清晰。

8. 使用切制式标签或在包装线以外单独打印标签，应当采取专门措施，防止混淆。各类包装标签的式样不同，包括卷式标签、切制式标签等。其中，切割式标签易发生散落，应采取措施防止混淆；在包装线外已打印产品信息的标签应妥善保管，防止不同批次标签的混淆。

9. 应当对电子读码机、标签计数器或其他类似装置的功能进行检查，确保其准确运行，检查应当有记录。使用带有电子读码、计数、检重、检漏、自动剔废等功能的包装机，该项功能应能够有效保证产品质量，企业应定期按照经验证有效的方法对配套功能的有效性进行确认，确保相应功能的可靠运行。

10. 包装材料上印刷或模压的内容应当清晰、不易褪色和擦除。药品包装所用的材料，包括与药品直接接触的包装材料和容器、印刷包装材料，但不包括发运用的外包装材料。除已印刷的包括产品名称、规格、生产地址等信息外，包装材料上的部分信息如生产日期、生产批号等是在生产过程中以模压或喷墨等形式加上的，企业应对供应商的印刷质量进行考察，确保印刷内容清晰准确。同时企业应加强中间检查，确保包装过程中打印信息的准确性和完整性。

11. 包装期间，产品的中间控制检查应当至少包括下述内容。①包装外观；②包装是否完整；③产品和包装材料是否正确；④打印信息是否正确；⑤在线监控装置的功能是否正常。⑥样品从包装生产线取走后不应当再返还，防止产品混淆或污染。

12. 因包装过程产生异常情况而需要重新包装产品的，必须经专门检查、调查并经由指定人员批准，重新包装应当有详细记录。对包装过程出现设备故障、印刷标签、装箱错误等异常情况需要重新包装产品时，应加强监控，做好偏差记录。

13. 在物料平衡检查中，发现待包装产品、印刷包装材料以及成品数量有显著差异时，应当进行调查，未得出结论前，成品不得放行。

14. 包装结束时，已打印批号的剩余包装材料应当由专人负责全部计数销毁，并有记录。如将未打印批号的印刷包装材料退库，应当按照操作规程执行。

根据各企业生产规模需求，可能需要多个设备组合完成包装过程。如口服固体瓶装包装线应包含理瓶机、数粒机、旋盖机、贴标机、封口机、装盒机、裹包机、装箱机等多台设备。企业应根据品种包装线特点制定产品中间控制检查项目，确保包装工序各环节操作的可靠性、持续稳定性，保证产品的质量。

## 4.9 关键知识梳理：清场操作与确保"洁净"

清场是对每批产品的每一个生产阶段完成以后的清理和小结工作，是药品生产和质量管理的一项重要工作内容。每次生产结束后应当进行清场，确保设备和工作场所没有遗留与本次生产有关的物料、产品和文件。下次生产开始前，应当对前次清场情况进行确认。

1. 清场的概念　清场是指在药品生产过程中，每一个生产阶段完成之后，由生产人员按规定的程序和方法对生产过程中所涉及的设施、设备、仪器、物料等作出清理，以便下一阶段的生产，清场结束后应挂上写有"已清场"字样的标识牌。清场的目的是防止药品的混淆和污染。

2. 清场的范围　清场的范围应包括生产操作的所有区域和空间，包括生产区、辅助生产区以及涉及的一切相关的设施、设备、仪器和物料等。

3. 清场工作的内容　一般来说，清场工作涉及以下三个方面内容。①物料的清理：生产中所用到的物料，包括原料、辅料、半成品、中间体、包装材料、成品、剩余的物料等的清理和退库、储存和销毁等工作。②文件的清理：生产中所用到的各种规程、制度、指令、记录，包括各种状态标识等的清除、交还、交接和归档等工作。③清洁卫生：对生产区域和辅助性生产区域的清洁、整理和消毒灭菌等工作。

4. 清场管理　每批药品的每一生产阶段完成后必须由生产操作人员清场，并填写清场记录。清场记录内容包括操作间编号、产品名称、规格、批号、生产工序、清场日期、检查项目及结果、清场负责人及复核人签名。清场记录应当纳入批生产记录。

（1）为了防止药品生产中不同品种、规格、批号之间发生混淆和差错，更换品种、规格及批号前应彻底清理及检查所有工作场所和生产设备。清场分为大清场和小清场，更换生产品种或某一产品连续生产一定批次后应进行大清场，确保所有前一批次生产所用的物料、产品、文件、废品等全部移出，设备房间按照清洁操作规程要求进行彻底清洁。同产品批间清场及生产完工当日的清场为小清场,小清场时应确保前一批次生产所用的物料、产品、文件、废品等全部移出,设备厂房清除表面粉尘,确保目视清洁。应通过验证确认可连续生产的最大批次数并有适当方式进行记录。

(2)对清场的要求:地面无积尘、无结垢,门窗、室内照明灯、风管、墙面、开关箱(罩)外壳无积灰,室内不得存放与生产无关的杂物;使用的工具、容器应清洁、无可视异物,无前次产品的遗留物;设备内外无前次生产遗留的药品,无油垢;非专用设备、管道、容器、工具应按规定拆洗或灭菌;直接接触药品的机器、设备及管道工具、容器应每天或每批清洗或清理。同一设备连续加工同一非无菌产品时,其清洗周期可按设备清洗的有关规定;包装工序调换品种时,多余的标签、标识物及包装材料应全部按规定处理;固体制剂工序调换品种时,对难以清洗的用品,如烘布、布袋等,应予更换,对难以清洗的部位要进行清洁验证。

(3)清场工作应有清场记录:清场记录应包括工序、清场前产品的品名、规格批号,清场日期、清场项目、检查情况、清场人与复核人签字;清场负责人及清场复查人不得由同一人担任。清场记录应有正本、副本,正本纳入本次批记录中,副本纳入下一产品的批记录中。清场记录只有正本时,可纳入本批生产记录中,而清场合格证纳入下批生产记录中作为下批产品生产的依据。

(4)清场结束由指定部门的具有清场检查资格的人员复查合格后发给"清场合格证"作为下一个品种(或下一个批次或同一品种不同规格)的生产凭证附入生产记录。未取得"清场合格证"不得进行下一步的生产。

## 4.10 关键知识梳理:设备能源保障

生产过程保证做到及时、安全地按各项标准为生产及全厂其他部门提供所需的能源(包括水、电、气、汽、冷却介质、空调等),设备维修与维护,确保整个工厂的一切机械、电气运转正常进行的一项工作。

1. 设备维修　制药企业中的设备通常包括生产设备、辅助设备、办公设备、生活必需设备等(诸如生产车间里的制剂设备、辅助车间里的仪器仪表设备、检验科室里的化验设备、机修车间里的机器修理设备、办公室里的办公自动化设备、生活中的后勤保障设备等)。均需做好日常维护及定期检修和保养，以保证生产的顺利进行。

2. 能源保证　制药企业如同一个有机整体，能源就是企业活力的动力源泉，同时也是企业运转消耗的"大户"，只有得到充分的保证和满足，才能完成企业的预定目标，实现预期产值，达到目的效益。企业的能源动力通常包括生产锅炉，给、排水动力站，净化空调动力设施，高、低压供电站，"三废"处理站等。

## 4.11 关键知识梳理：生产过程中的技术员、工艺员、卫生员的职责

生产过程需要进行全过程、全方位的监控，这一过程是靠全员参与来实现的，具体体现在兼职技术员、兼职工艺员、兼职卫生员的督促与监督之下，通常体现下述方面。

1. 状态标识管理　对工艺中的设备、物料的正确标识，可以防止差错和混淆。确定设备的过程状态可以有助于操作人员和管理者能够正确地控制操作过程，并避免设备的错用。故而应该很好地控制以下各点：①批号和进行中的操作状态。②设备的清洁状态。③状态标识卡、设备维护中、超期或超出校准期限。④对于需要返工或重新加工的物料可以使用相应的有颜色和编码的标签标识。质量部门应该明确规定哪些物料可以重处理或重加工，并确保有对应的经批准的规程。⑤需要返工或重新加工的物料可以通过隔离、电脑控制、专门的标签、封存设备或其他适当的手段控制。⑥企业应建立状态标识管理规程。规程中应明确规定各类状态标识对象、内容、色标、文字、符号等内容，并在文件后附样张。规程中应明确规定各类状态标识的"全过程管理程序"，由生产管理部门统一规定，各主管部门分别管理，包括印制、登记、领用、签发、归档、处理等内容。

状态标识管理应分别能满足操作间、设备、管道、容器具、物料等与所生产产品有关的范围。

（1）生产操作间的状态有清场、待清场、运行、清洁和待清洁等。

（2）生产设备应当有明显的状态标识，标明设备编号和内容物（如名称、规格、批号）；没有内容物的应当标明清洁状态。设备的状态有运行、已清洁、待清洁、检修、停用和闲置等；主要固定管道应当标明内容物名称和流向。衡器、量具、仪表用于记录和控制的设备以及仪器应当有明显的标

识，标明其校准有效期。

（3）容器具的状态有已清洁和待清洁等；生产期间使用的所有物料、中间产品或待包装产品的容器及主要设备、必要的操作室应当贴签标识或以其他方式标明生产中的产品或物料名称、规格和批号，如有必要，还应当标明生产工序。物料的状态有合格、待验、不合格等。

（4）容器设备或设施所用标识应当清晰明了，标识的格式应当经企业相关部门批准。除在标识使用文字说明外，还可采用不同的颜色区分被标识物的状态（如待验：黄色；合格、已清洁：绿色；不合格：红色）。

2. 生产过程中防混淆和污染

（1）混淆：混淆是指一种或一种以上的其他原材料或成品已标明品名的原材料或成品相混合，如原料与原料、成品与成品、标签与标签、有标识的与未标识的、已包装的与未包装的混淆等。在药品生产中，这类的混淆事件时有发生，有的甚至可产生严重后果，带来极大危害，应引起注意。

（2）污染：生产操作中可能的污染主要包括人员、设备、环境、物料等途径，污染可以是交叉污染、灰尘污染或微生物污染。对于许多外来物质的污染，无法通过最终检验来识别，带来巨大的质量风险。生产管理人员要时刻考虑可能的污染和交叉污染的风险，并通过控制避免之，尤其在最后的生产步骤。①应从人员、设备、环境、物料、生产计划安排、状态标示管理的角度来采取措施，避免污染和交叉污染。②对污染和交叉污染的措施应定期评估。③设备和设施（厂房、设备、管道等）的设计和预防性维护非常重要，可以排除隐患，防止污染或交叉污染的发生。④当批与批之间有大量的残留物时，特别是过滤或干燥器的底部，应有研究数据能证明没有不可接受杂质的积累或者确定不存在微生物的污染（若适用的话）。这也有助于确定那些专用设备（长期用于生产种产品的）清洗频率。

3. 卫生管理　人是最常见的传染源。当人们谈话、咳嗽和打喷嚏时，被污染了的水滴不断地从呼吸道中释放到工作场所。最大的污染源——人体是一个永不休止的污染媒介，当工作人员每天来药厂上班时，也许随身将几百万细菌带入工厂。在生产过程中也常会产生许多污染物（诸如尘埃、污物、棉绒、纤维和头发等），而微生物也会通过空气、水、物体表面和人的接触传播污染生产环境，因此生产环境（包括操作者）必须要按照 GMP 要求进行清洁处理，以保证制药的质量安全。常规的企业卫生准则一般应包括但不局限于如下内容：①制定门窗、地面、墙壁和操作台面的清洁消毒的方法、频率和责任人等。②使用的清洁剂和消毒剂，消毒剂如需交替使用则应制定相应的替换周期。③人员卫生要求，包括勤洗手、勤剪指甲等。④洁净区行为规范，包括在洁净区不得佩戴手表、饰物，不得化妆，不得裸手直接接触产品等。⑤传染病或体表有伤口的人员不得从事直接接触药品或对药品质量不利影响的生产，员工患病应有汇报制度。⑥企业应定期对在洁净区工作的员工进行操作纪律、卫生和微生物方面的培训，对于需要进入洁净区的外部人员也需要进行适当的培训、指导和监督。

## 4.12 关键知识梳理：生产职能部门职责

生产管理部门（车间）的职责应参照文件规定，同时结合各自企业的具体情况，通常包括以下各项。按书面程序起草、审核、批准和分发各种生产规程；按照已批准的生产规程进行生产操作；审核所有的批生产记录，确保记录完整并已签名；确保所有生产偏差均都已报告、评价，关键的偏差已做调查并有结论和记录；确保生产设施已清洁并在必要时消毒；确保进行必要的校准并有校准记录；确保厂房和设备的维护保养并有相应记录；确保验证方案、验证报告的审核和批准；对产品、工艺或设备的变更做出验证；确保新的（或经改造的）生产设施和设备通过验证；因监控某些影响质量的因素而进行取样、试验或调查。

### （一）兼职工艺员职责

兼职工艺员在生产部经理领导下，工作目标是负责车间的生产工艺技术管理工作。

1. 负责监督生产车间严格按照 GMP、生产工艺规程和生产操作 SOP 的要求进行生产。

2. 按产品工艺规程的要求，组织编写生产操作规程。

3. 指导操作人员进行正确操作，解决现场技术问题。

4. 负责车间工艺培训和工艺监督工作。

5. 参与生产管理、工艺卫生管理规程的制定及实施。

6. 对产品生产工艺的缺陷提出改进意见，并参与实施；负责解决生产过程中发生的技术问题，如遇到不能解决的技术问题，应及时汇报。

7. 参与新产品、新工艺的试制工作。

8. 负责发放、收集、整理原始记录，监督批生产记录的填写，保证原始资料的完整性，完成批生产记录归纳整理，并将各生产品种的批生产记录复核后交质保部审批。

9. 协助综合办对生产人员进行的培训工作，并不断学习培训提高自身的专业素质和技能。

10. 企业应用平台系统中职责。①必须严格按照有关流程执行，确保企业应用平台系统中有关生产计划信息的真实性、准备性、及时性。②根据每月生产计划及时、准确地做好加工单维护工作，并做好"生产计划表"及相关记录。③加工单维护后，对加工单零件进行检查，检查加工单物料能满足本月车间生产需要。若有异常情况及时上报上级主管或供应部。④根据车间实际生产安排，在车间开始生产某一产品时，及时下达加工单。⑤加工单下达时，如遇车间实际生产情况同加工单所需物料清单不一致时，需要对加工单物料清单进行维护，删除不使用的物料，增加车间需要使用而物料清单上没有的物料，使物料供应能够满足车间实际生产需要。⑥做好每月生产计划相关资料的收集、整理、归档工作。

11. 完成上级领导交办的其他临时性工作。

**（二）生产班长岗位职责**

生产班长在生产部经理领导下，工作目标是按照生产指令和 GMP 要求，负责组织本班严格遵守相关工艺规程和生产操作规程完成生产任务。

1. 负责组织本班完成生产任务。

2. 负责本班的现场管理、清场管理及安全操作。

3. 督促生产操作人员安全操作及进行设备的保养，协助拟定设备检修计划。

4. 工作上受技术员、质管员的指导和监督。

5. 组织分析生产操作中存在的问题，总结和推广先进的操作经验，提出改进措施，提高本班的技术水平。

6. 经常查看产品质量情况，对本班发生的质量和生产问题及时上报或处理。

7. 组织学习各项制度，推动全面质量管理活动的开展。

8. 负责领取本班组所需的原辅料、工具等。汇总本班组的各项原始记录、表格等并及时上交。

9. 负责本班组新员工的传、帮、带工作。

10. 组织本班组进行工作间的清洁、消毒及清场工作。

11. 负责主持班前会，安排当天的各项工作内容和注意事项。

12. 定期接受相应的培训，提高专业知识、管理能力及操作技能。

13. 完成上级领导交办的其他临时性工作。

### （三）中药前处理岗位职责

中药前处理操作员在前处理车间主任领导下，工作目标是按照生产指令和 GMP 要求，严格遵照相关工艺规程和标准操作程序进行生产。

1. 严格遵守《生产人员工作标准》相关内容。

2. 工作上接受班长的安排，并受车间技术员指导，质管员的指导和监督。

3. 按《人员进出洁净区标准操作规程》进入生产区。

4. 严格遵守工作纪律，不得擅自离开工作岗位。

5. 严格按中药前处理岗位的相关操作规程进行操作，并在生产中认真执行，特别是中药前处理工序的领料、称量、复核等。

6. 熟悉本岗位所涉及设备的性能、维护、操作等。

7. 熟练掌握中药前处理岗位的相关工艺规程，认真填写本岗位原始生产记录，做到及时、准确、清楚。

8. 提高生产效率，按时保质保量地完成任务。

9. 提高安全意识，严格按照《安全生产管理》《安全操作规程管理》执行。

10. 认真填写原始记录，要求填写字迹清晰，不得撕毁或任意涂改。

11. 定期接受相应的培训，提高专业知识及操作技能。

12. 完成上级领导交办的其他工作。

### （四）机修员岗位工作职责

机修员在机修车间主任的领导下，工作目标是按照设备维修规定要求，严格遵照相关设备维修、保养规程和标准操作程序对生产设备进行严格监控并定期检修、保养，确保设备运转正常，实现安全生产无事故。

1. 负责电器、照明、机器维修和保养。

2. 按有关规定定时对全厂所有的机电设备检查并维护，填写规定的记录，并负责突然故障的处理及排除。

3. 对企业所有室内外照明器具定时检修，对计划停电时或突然停电时作好应急准备，对车间仪器仪表按国家有关规定进行校验。

（五）配电员岗位工作职责

配电员在配电室主任领导下，工作目标是按照企业配电规定要求，严格遵照相关配电标准操作程序及监控条例，做到定期监控、检修，确保电器设备运转正常，实现安全生产无事故。

1. 配电间内做到整洁、整齐，没有其他与配电无关的物品。

2. 配电间要做到闲人免入。

3. 配电间没有积水，没有鼠类进出。

4. 配电间的设备要勤清扫，做到卫生、清洁、发现问题及时排除。

5. 要定时对配电间设备的接点、固定螺丝、接线螺丝进行检查，仪表仪器要请具备检验资格的部门进行检查的校验。

（六）中央空调操作岗位职责

中央空调操作员在机修车间主任领导下，工作目标是负责中央空调机组的使用与管理，保证其正常运转，实现安全生产无事故。

1. 工作上同时接受在机修车间主任及生产质量管理员的指导和监督。

2. 负责中央空调机组的使用与管理。

3. 对因工作失误造成的损失负责。

4. 根据生产要求，及时、正常地输送符合工作要求的洁净空气。

5. 设备操作及维护保养严格按中央空调标准操作规程执行。

6. 卫生要求按相应的设备清洁操作规程执行。

7. 严禁擅离工作岗位，经常观察温、湿度是否在中央空调操作规程的规定范围内，若超出范围应及时调整，并做好机组运行记录，记录要及时、准确、真实、清晰。

8. 定期接受相应培训，提高专业知识和操作技能。

9. 设备运行如出现异常情况，应立即通知有关人员进行检修，排除故障。

10. 完成上级领导交办的其他临时性工作。

### （七）纯化水制备操作岗位职责

纯化水制备操作员在制水车间主任领导下，工作目标是负责按制水制备规程进行工作，为生产需要提供合格的纯化水。

1. 工作上同时接受制水车间主任和质量管理员的监督和指导。

2. 必须按照有关规定认真操作，提高产水脱盐率，保质保量完成生产任务。

3. 严格遵守工作纪律，不得擅离工作岗位。

4. 提高安全意识，严格按照《安全生产管理》《安全操作规程管理》要求执行。

5. 认真填写设备运行、维护记录，做到及时、准确、清楚。

6. 定期接受相应培训，提高专业知识及操作技能。

7. 完成上级领导交办的其他临时性工作。

### （八）动力站操作岗位职责

动力站操作员在动力站主任领导下，工作目标是负责空压机、真空泵的使用与管理，保证其正常运行。

1. 工作上同时接受动力站主任和质量管理员的监督和指导。

2. 负责空压机、真空泵的使用与管理。

3. 对因工作失误造成的损失负责。

4. 根据生产要求，及时输送符合工作要求的压缩空气和真空。

5. 设备操作严格按照空压机和真空泵的操作规程执行。

6. 卫生要求按设备清洁规程执行。

7. 严格遵守工作纪律，禁止擅离工作岗位，确保供气正常运行。

8. 认真填写设备运行和维护记录，做到及时、准确、真实、清晰。

9. 压力容器严禁超压工作，严禁敲击压力容器。

10. 提高安全意识，严格按照《安全生产管理》《安全操作规范管理》要求执行。

11. 定期接受相应培训，提高专业知识及操作技能。

12. 完成上级领导交办的其他临时性工作。

### （九）锅炉操作岗位职责

锅炉操作员在动力站主任领导下，工作目标是负责锅炉的使用、维护等工作，保证其安全运行，保证生产正常运行。

1. 工作上同时接受动力站主任和生产质量管理员的监督、指导。

2. 负责锅炉的使用、维护和保养。

3. 提高安全意识，严格按照《安全生产管理》《安全操作规程管理》的要求执行。

4. 负责填写锅炉使用运行相关记录。

5. 负责锅炉及锅炉房的清洁卫生。

6. 参与设备技术及安全生产培训工作，提高专业知识和操作技能。

7. 完成上级领导交办的其他临时性工作。

| | 从业人员职责 | 质量管理体系 | 质量控制方法 |
|---|---|---|---|
| 如何成为一名合格的质量监控人员 | 标准操作、责任心…… | | |
| | TQC、QA、QC、PDCA 等体系…… | | |
| | 质量管理步骤、方法…… | | |
| | 质量管理的成效、改进措施…… | | |
| 质量监控人员的职责 | 从生产失控、操作者责任心不强等致使产品质量不合格事故进行剖析，为从业者讲述质量监控人员应负有怎样的责任和如何控制质量的方法。 | | |
| | | | |
| 质量管控依据 | 质量是一个产品的灵魂，产品质量不合格是不会有市场的，尤其是用于治病救人的产品（药品）。完善的质量保证体系是非常重要的，质量管控的依据来源于完善的质量保证体系。 | | |
| | | | |
| 质量监控方法及实施效果 | 通过对质量监控体系的描述与解析，质量监控实施方法的展开，为新人尽快进入"角色"奠定实践基础，完成产品在"质量管控"过程的任务。 | | |

## 第四章 合格的质量监控人员具备的能力

制药产品（药品）的质量是生产出来的，不是检验出来的，但是作为特殊商品的药物，离不开质量监控。如何成为一名合格的质量监控人员，在制药企业是一个非常重要的课题，也是能否生产出合格产品的关键问题所在。下面就通过几个具体的案例来逐一加以解读。

### 一、生产失控案例

药品的生产过程需要诸多部门的通力合作，确保产品质量需要诸多部门、多岗位、各环节的严格监控，仅靠个别部门的单打独斗往往以失败而告终，是无法完成生产任务的。

### 1.1 案例一：违规试生产造成事故

2012年4月18日安徽某制药公司发生一起毒气泄漏事故，为造成3人死亡、4人重伤的重大生产安全责任事故。事故造成直接经济损失450万余元。

【事故经过】安徽某制药公司二车间，设计为年产10吨 $\alpha$-溴代对羟基苯乙酮生产线，设备装置于2011年底安装完工，但由于 $\alpha$-溴代对羟基苯乙酮产品市场不景气，而未进行试生产。2012年3月，该公司因急于生产××产品送检以争取早日获得相关部门许可批件，在未向任何部门报告、未经安全许可，无正规设计、施工方案的情况下，自行决定对二车间 $\alpha$-溴代对羟基苯乙酮生产工艺装置系统进行改造，增加了固体光气配料釜等装置。

2012年4月8—10日，按照公司安排，副总经理王某某组织人员进行第一次试制××产品。由于生产的产品质量不符合要求，4月11—17日该公司再次对该生产工艺装置系统进行改造调整。4月18日该公司在进行第二次

试制 ×× 产品送检样品时发生了中毒事故。

　　4 月 18 日上午，白班班长何某带领陶某、慈某、吴某等人对相关设备进行检查、调试、准备原料做前期准备。13 时许，公司副总经理王某某来到车间现场指导生产，此时何某对二层平台合成釜（已投入 1 500kg 甲苯和 300kg 对硝基苯胺）进行搅拌升温回流用以溶解对硝基苯胺和脱去甲苯中水分。18 时何某晚饭后回到车间，看"脱水"工作已经完成，遂向三层平台固光配料釜（里面存有已经抽进去的 270kg 甲苯溶剂）投固体光气。19 时 10 分左右，夜班班长汪某某提前来到二车间准备交接班，看见何某在三层平台紧固配料釜投料口螺栓，随后开启搅拌器和蒸汽阀门通蒸汽加热，操作完毕后来到二层操作平台与汪某某进行交接班。19 时 30 分左右，现场人员听见配料釜投料口处发出类似汽车轮胎爆裂声，随后大量微黄色气体冒出，何某立即由二层平台跑向三层平台关闭蒸汽阀门，随后跑离现场至二车间外真空泵旁；汪某某等现场其他人员先后跑出二车间，在撤离过程中不同程度吸入光气。此时从一车间下班路过二车间的张某在救护何某时吸入了光气。

　　事故发生后，副总经理王某某叫人拨打 120，并带上防毒面具进入现场检查有无滞留人员。此时，何某伤情较重，公司随即安排面包车将其送往医院，途中遇见县医院 120 救护车，120 救护车将何某送至医院。21 时 20 分左右，医院对何某进行抢救，约 20 分钟后，何某因抢救无效死亡。现场其他 5 人有不同程度不适，陆续去公司医务室输液。22 时左右，慈某、吴某伤情严重。副总经理王某某立即安排车辆将二人送往医院，随后将事故情况电话报告给董事长（总经理）董某。23 时左右，董某通过电话将事故情况向东至县香隅化工园安监分局报告。园区安监分局局长都某接报后立即上报园区管委会主要负责人和县安全监管局，并立即赶赴现场查看情况。县政府、市安全监管局主要领导和分管领导接报后，立即赶赴现场。19 日上午 10 时 30 分，慈某经抢救无效死亡；4 月 28 日上午 8 时，重伤患者吴某医治无效死亡。

　　【事故原因分析】此次事故原因分析当属企业管理体系不完善，各部门协调不到位造成的责任事故，从以下直接方面和间接方面来查找原因。

　　1. 直接原因

　　（1）用蒸汽对配料釜直接加热，致使固体光气在高温下分解成光气并发生泄漏。

（2）企业非法生产，且生产装置、生产工艺存在安全隐患。

2. 间接原因

（1）企业安全教育培训不到位。未对职工进行有效培训，没有如实告知从业人员作业场所和工作岗位存在的危险因素、防范措施以及事故应急措施。

（2）企业防范救援工作不力。针对性的个体劳动防护用品和应急防护器材配置不到位。事故发生后，应急救援处置不力，没有及时采取吸氧等有效救援措施，而让工人去输液，从而使伤者病情加重并错失了最佳救援时机。

【事故责任】这是一起企业非法生产，安全管理、安全教育培训不到位，安全防范措施不落实而造成的重大生产安全责任事故。

1. 何某，二车间白班班长、主操作手。未按照公司制定的操作规程进行操作，违反《安全生产法》的规定，应对事故发生负重要责任。

2. 毕某某，安徽某药业有限公司安全部部长。对职工安全培训教育不到位，没有制定详细的岗位安全技术操作规程，对事故发生负有一定责任。根据《安全生产违法行为行政处罚办法》的规定，给予 5 000 元经济处罚。

3. 王某某，安徽某药业有限公司副总经理。对职工安全培训教育不到位，未执行领导干部轮流现场带班制度，对 ×× 产品生产涉及的危险有害因素辨识不清，救援工作开展不力，发生事故时报告不及时，对事故发生负有主要责任。根据《安全生产违法行为行政处罚办法》、《生产安全事故报告和调查处理条例》的规定，给予 9 900 元经济处罚，吊销其安全生产管理人员资格证，并责令企业撤销其副总经理职务。

4. 董某，安徽某药业有限公司总经理。作为公司安全生产第一责任人，擅自决定对未通过安全设施设计审查的在建项目生产工艺装置系统进行改造，违反了《安全生产法》的规定，对事故发生负有直接领导责任，建议吊销主要负责人安全管理资格证。根据《安全生产法》，涉嫌重大责任事故罪，移送司法机关依法追究刑事责任。

安徽某药业有限公司未经批准，擅自进行改造建设、擅自进行试制生产，造成严重后果。对职工安全教育不到位，事故发生后救援工作开展不力，违反了《安全生产法》的规定，对事故发生负有主体责任。根据《生产安全事故报告和调查处理条例》，建议给予 49.9 万元的经济处罚，撤销危险化学品企

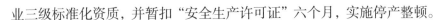

业三级标准化资质，并暂扣"安全生产许可证"六个月，实施停产整顿。

【整改措施】

1. 安徽某药业有限公司要认真吸取"4.18"事故教训，严格执行《安全生产法》《职业病防治法》《危险化学品安全管理条例》《危险化学品建设项目安全监督管理办法》等安全生产法律法规规章，认真落实安全生产主体责任，立即拆除非法违法生产装置设施，杜绝违法违规行为。要进一步健全完善安全生产责任制，安全管理制度和各岗位安全操作规程并严格执行。要强化主要负责人、安全管理人员和从业人员安全培训教育，如实告知从业人员作业场所和工作岗位存在的危险因素、防范措施以及事故应急措施；做好劳动保护用品和应急救援设施配备并落实员工正确佩戴和使用。要制订切实可行的整改措施方案并报市安全监管部门组织评审后实施。

2. 各危险化学品从业单位要严格遵守安全生产法律法规规章，认真履行危险化学品建设项目安全设施"三同时"和职业卫生"三同时"（指建设项目职业病防护设施必须与主体工程同时设计、同时施工、同时投入使用）手续。加大对员工的安全教育培训力度，保证培训质量，确保员工达到岗位操作水平要求。主要负责人、安全管理人员和特种作业人员必须经培训考核合格并取得相关证书后方可上岗作业。要完善应急救援预案和现场处置方案并定期进行演练，提高从业人员安全责任意识和防范事故能力。要按照《危险化学品企业事故隐患排查治理实施导则》，建立隐患排查制度，安排专职人员负责隐患排查工作，发现隐患及时上报并整改，有效防范类似事故发生。

## 1.2 案例二：设备规章不到位引发事故

2011年4月21日山东某制药有限公司供气车间发生一起中毒窒息死亡事故，为造成1人死亡、2人受伤的重大责任事故。

【事故经过】2011年4月18日早晨6时，山东某制药有限公司供气车间主任宋某组织员工完成了系统制备惰性气体，并用惰性气体打入气柜至8 400m³后，气柜进口水封用水封住，以便下一步气柜防腐作业，7时系统处理完毕全厂开始停车检修。

4月18日开始，基建科科长苑某和基建科科员刘某、李某、闫某（女）及党办主任赵某、企管科科长石某、企管科科员张某开始为旋风除尘器（该设备属于旧设备维修）内部进行防火水泥浇筑作业，计划工期 4 天。

4 月 19 日设备处安排人员对旋风除尘器进出口管道实施了连接点焊，为便于人员继续在除尘器内部作业，并在旋风除尘器顶部出口管道北侧割出临时人孔，此时旋风除尘器已经并入工艺系统，即顶部出口管已通过下游的废热锅炉、洗气塔及煤气总管与气柜相连，前面已与 5 台造气炉相连。

4 月 20 日施工作业进入第 3 天，早晨 6:30 基建科科长苑某等 7 人进入供气车间该旋风除尘器内部继续进行防火水泥浇筑作业，这是最后一天的工作，当天就可以按原计划完工。旋风除尘器与造气炉之间未采取可靠隔绝措施，旋风除尘器与气柜之间则是通过气柜进口水封进行隔绝。当日 8 时左右，基建科科长苑某带领刘某等人在旋风除尘器处进行除尘器内部防火水泥浇注施工作业。当时李某和刘某在设备内部作业，张某和闫某（女）在设备上往设备内部运送耐火水泥，赵某、石某负责在设备下搅拌耐火水泥。当时在设备顶部作业的张某在往设备内部递送耐火水泥时突然发现刘某趴在设备内部用于作业而临时扎制的架子上，呼唤没有反应，便立即让赵某、石某打电话报告。在等待救援的过程中，张某和闫某（女）也出现中毒症状。

因为旋风除尘器与气柜之间未做有效隔绝（仅仅是通过气柜进水口水封进行隔绝），气柜进口水封排水阀打开，水封水位下降后，导致气柜内的惰性气体通过进口水封倒流进入旋风除尘器，从而导致在设备内作业的李某和刘某发生中毒窒息，随后在设备上部作业的张某和闫某（女）也相继出现中毒症状。

事故发生后，总经理田某、副总经理许某、供气车间主任宋某、安全科陈某、王某等人组织并亲自参与事故救援。救援过程中包括他们在内先后又有 15 人出现中毒症状，在医院 120 急救车到场后，被先后送到医院接受紧急抢救。

在设备内部作业的李某被从设备内抢救上来后紧急送到医院，经抢救无效死亡；刘某中毒窒息时间较长，处于重伤昏迷状态；供气车间主任宋某在身系绳索下到设备内救援李某和刘某过程中受伤较重，处于重伤昏迷状态；在救援过程中出现中毒症状的其他 16 名人员在县人民医院接受观察治疗后，均无生命危险并陆续出院。

【事故原因分析】此次事故原因分析当属企业管理体系不完善，各部门协调不到位造成的责任事故，从直接方面和间接方面来查找原因。

（1）直接原因：气柜进口水封排水导致气柜内的惰性气体倒流进入旋风除尘器，是事故的直接原因。

（2）间接原因

1）山东某制药有限公司检修停车开车方案执行不到位、监督落实不到位，气柜空气置换没有得到落实；检修组织混乱、职责不明、权限不清，旋风除尘器并入系统后未与气柜之间采取有效隔绝方式，是导致事故发生的主要原因。

2）山东某制药有限公司应急救援器材和防护器材配备不到位，在事故发生后应急救援措施不当是导致事故发生后伤亡数量增加的重要原因。

3）施工作业现场管理混乱，安全通道不畅、施工作业安全措施未落实，无抢救后备措施是导致事故发生的另一重要原因。

4）山东某制药有限公司主要负责人对安全工作不够重视，未落实本单位安全生产责任制、安全管理制度和操作规程，未及时督促检查本单位的安全生产工作，停车安全处理不彻底，留下事故隐患，这也是发生事故的重要原因之一。

5）山东某制药有限公司对员工的安全教育培训不到位，员工安全意识淡薄，自我防护能力、现场应急处置能力差也是事故发生的重要原因。

【整改措施】

1. 制定完善的安全生产责任制、安全生产管理制度、安全操作规程，并严格落实和执行。

2. 深入开展作业过程的风险分析工作，加强现场安全管理；制订完善的检维修作业方案。

3. 作业现场配备必要的检测仪器和救援防护设备，对有危害的场所要检测，查明真相，正确选择、带好个人防护用具并加强监护。

4. 加强员工的安全教育培训，全面提高员工的安全意识和技术水平。

5. 制订事故应急救援预案，并定期培训和演练。

## 1.3 关键知识梳理：质量监控机构

设立一个有效的质量管理组织机构对于生产、质量监督管理的实施是十分关键的。通过组织机构，有效配置企业资源，可保证组织内部的及时交流，明确分配权力和责任，从而使组织整体有条不紊地朝着规范化方向发展。

美国著名质量管理专家朱兰（J.M.Juran）博士认为，要设立一个有效的质量管理组织机构，以下六点必须认真予以考虑。

（1）识别所需进行的一系列活动（这些活动必须由人去完成）。

（2）确定这些活动的职能和责任范围（无论这些活动是内部还是外部的）。

（3）将一系列活动组合成合理的工作岗位（包括一个或多个活动）。

（4）确定每个工作岗位的权利和责任。

（5）确定工作岗位之间的关系，包括①层次关系，即命令链；②交流与合作方式，即工作岗位之间的接口形式。

（6）协调内、外关系，以最优组合方式达到组织的宗旨，见图4-1。

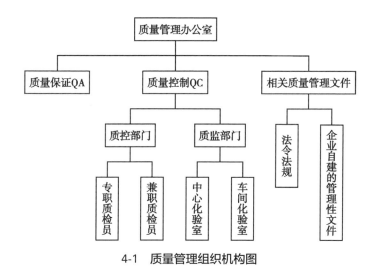

4-1　质量管理组织机构图

## 1.4 关键知识梳理：质量管理步骤

现代质量管理已由20世纪40年代开始的统计质量管理发展到如今的全面质量管理。中外诸多专家、学者、企业家对企业的质量管理付诸大量的实践，同时也做出了精辟的论述，正如费根堡姆在他的《全面质量控制》一书中描述的："全面质量管理是为了能在最经济的水平上，并考虑到充分满足用户要求的条件下进行市场研究、设计、生产和服务，把企业内各部门的研制质量、维持质量和提高质量的活动，构成一种有效的体系。"中国质量管理协会载文称：企业全体职工及有关部门同心协力，综合运用管理技术、专业技术和科学方法，经济地开发、研制、生产和销售用户满意的产品的管理活动。综合质量专家们的经验方法及相关部门的规定，可以总结出各种质量管理的基本步骤是，策划—实施—考核—修正（进入下一个质量管理循环），如图4-2。

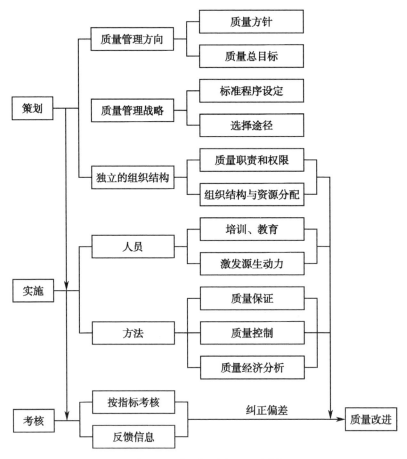

图4-2  质量管理步骤示意图

## 二、责任心不强导致事故

药品生产责任大于天，因为产品的特殊性，操作者责任心不强既会伤害自己（不按岗位操作法执行操作，会给自己的操作带来危险或损伤），又会伤害消费者（如果产品质量出现问题，将会影响药品的疗效或产生毒副作用）。所以作为一名制药工作者，不仅要有相应的制药知识，还要具有极强的责任心、岗位责任感，怀有一颗服务大众的感恩之心、敬业之心，才能成为一名合格的制药企业的员工。

### 2.1 案例一：错投料引发爆炸

1996 年 10 月 15 日，吉林省某制药公司三车间操作工投错原料，引发爆炸，造成 4 名工友烫伤、中毒，直接经济损失近万元。

【事故经过】1996 年 10 月 15 日 13 时许，吉林省某制药公司甲氧苄啶车间环合工段操作工张某在车间中间站将混醇（桶）准备好，拿到环合工段（工位上）准备投料用。班长同主操作工把准备好的物料（混醇）经由上料泵抽到反应釜中，加料完毕后开始加温反应，发现釜中温度上升异常快。班长正在同其他操作工分析原因时，主操作工开动搅拌，只听"轰"的一声巨响，关好的反应釜人孔盖被炸开，人孔盖卡子断裂，釜中料液喷到屋顶，车间内烟雾弥漫。在场的 4 名操作工有的烫伤、有的中毒，被闻讯赶来的工友送往医院。

【事故原因分析】操作工张某错将缩合工段的丙烯腈当作混醇，丙烯腈遇碱发生自聚而产生爆炸；班长和主操作工在上料时没有检查，错将丙烯腈当作混醇；当发现反应升温异常迅速时，不应搅拌，而应实施降温处理并及时开启所有放空管道。

【事故责任】此次事故是一起典型的工作人员责任心不强的责任事故。

【整改措施】此次事故警示公司各级管理部门要加强对岗位操作人员，尤其是涉及危险设备操作的岗位的操作工的上岗前要培训，特别是培训安全常识和掌握原料的性质，日常工作中也要加强监督指导；投料时要有（书面手续）投料人和复核人检查、签字；严格执行工艺规程、岗位操作法和遵守异常现象处理方法；车间内物料标识（书面）要明显，原料存放采用定量、色标管理。

## 2.2 案例二：违规操作导致人伤

1996 年 10 月 15 日，吉林省某制药公司三车间工友误开搅拌设备，致使正在清刷反应釜的操作工重伤。

【事故经过】1996 年 10 月 15 日，吉林省某制药公司甲氧苄啶车间环合工段，因反应釜长期使用，釜壁中产生了积垢。为了清除积垢，操作工张某从投料口下去清刷。随后，另一位操作工开动了其他反应釜的搅拌，同时也开始了此反应釜的搅拌。在反应釜内除积垢的操作工张某被搅拌锚搅起，随之旋转，发出"吱吱"的声音，平台上的操作工听到后，马上关闭了开关，把操作工张某救上来时，操作工张某不能站立、头晕目眩、浑身疼痛、意识不清。工友见状，随即送往医院，入院治疗。

【事故原因分析】人员进入容器（反应釜）没有办理"进入容器许可证"；在反应釜外没有人监护和做任何警示标志；违反设备操作规程。

【事故责任】此次事故是一起典型的责任心不强，在岗从业不细心、不认真、忽略安全生产的责任事故。

【整改措施】此次事故警示公司各级管理部门要加强对岗位操作人员的安全生产的岗前培训教育，同时要求生产管理部门要建立健全关于安全生产的规章制度，具体细致到企业的《进入容器管理制度》，进入容器前必须办理"进入容器许可证"；检修设备要有安全标志；检修、维护设备要有专人监护，不能离开现场。

## 2.3 案例三：违规操作设备致使工友伤残

1998 年 1 月 10 日，吉林省某制药公司三车间操作工违规操作致使工友伤残事故，教训惨痛。

【事故经过】1998 年 1 月 10 日傍晚，吉林省某制药公司甲氧苄啶车间脱色工段 2 号工位，甲操作工在向反应釜内加水时，因看不清水位遂使用左手盘转三角带以带动减速机与搅拌桨转动以观察水位。这时乙操作工误认为甲操作工要开启搅拌，未看清设备状况就按下了电动机按钮，转动的皮带轮瞬间将甲操作工左手中指削断。乙操作工听到呼叫后，立刻按下停机搅拌按钮。此时甲操作工左手已满是鲜血，随即被工友送往医院处理，结果致残。

【事故原因分析】两名操作工严重违反了设备操作规程，机器传动三角带在没有监护人的情况下用手转动，开启设备前没有先查看设备是否正常；电动机皮带没有防护罩。

【事故责任】此次事故是一起典型的操作工违规操作的责任事故。

【整改措施】组织职工认真学习设备安全操作规程；在裸露的设备转动部位加防护（网）；教育职工养成良好的工作习惯。不要随便手扶转动部件。增强职工（操作工）的安全意识。

## 2.4 关键知识梳理：质量监控部门职责

制药企业质量部门通常包括质量控制体系和质量保证体系，整体归属企业法人直接领导，具体交由质量部门负责人管理，下设质量监控部、质量保证监督部、质检（监）科、化验室、QA 监察、QC 攻关、兼职技术员、兼职工艺员、兼职卫生员等。人员覆盖整个企业，起到全员控制产品质量，全员监督产品质量的全方位质量安全网络笼罩下的质量安全良性循环受控局面之下。

质量监督管理是全员的责任和义务，单靠质量部门的监控是无法实现的，产品的质量体现在生产制造的每一个环节之中，质量管理人员不可能精通所有制药专业知识，从而无法对制药的全过程进行有效的监控。所以，作为现代企业的质量管理要着力两个体系的建立，一个是职能部门各司其职的质量责任的产品形成阶段的质量形成监控体系；另一个是建立以预防为主的全员质量培训体系。基于此出发点，企业质量部门应负有如下职责。①起草质量方针政策。②确定主要的质量目标。③制订达到质量目标的措施计划，包括一系列控制点、要求、标准、规格等。④设立有效组织，以完成制订的质量计划。⑤建立产品质量评价和质量体系审计系统。⑥进行审计和发布审计报告提交高级管理层。⑦对生产线及其辅助系统中任一环节的检查。⑧对所有员工进行有关质量问题的培训。⑨建立顾客反馈系统，对产品 / 服务问题进行调查并组织进行质量改进。

## 2.5 关键知识梳理：质量战略策划

质量策划是质量管理的第一步，也是最重要的步骤之一。它是为组织中

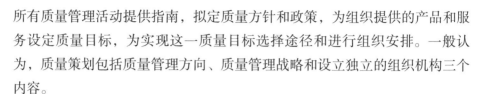

所有质量管理活动提供指南，拟定质量方针和政策，为组织提供的产品和服务设定质量目标，为实现这一质量目标选择途径和进行组织安排。一般认为，质量策划包括质量管理方向、质量管理战略和设立独立的组织机构三个内容。

### （一）质量管理方向

为质量管理确定方向，是保证所有质量管理决策都与这一方向一致，所有质量管理活动都沿着这一方向进行。它包括制定质量方针／政策和目标。

任何组织的任何行为或决策，都出于这个组织的一个宗旨或理念。如果这个组织的决策者只有一人，则此人将保证他所做的决策不会偏离他的宗旨和理念，因此也就不需要拟定书面的方针／政策。但是对于一个需要很多不同级别的管理者做决策的公司，若要保证所有决策者都支持公司的理念和宗旨，就必须有一个书面的公司决策指南，这就是公司的方针／政策。

质量管理的方针／政策是一个组织为自己的产品或服务在目前和将来某阶段选择位置，是对自己的产品和服务在本领域以及社会整体经济结构中的定位和愿望。因此，一个组织的质量方针／政策是组织经营的战略之一，它是为组织的经营目标服务的，因而具有如下几个特征。

1. 行为准则特征　质量方针是"由组织的最高管理者正式发布的该组织总的质量宗旨和质量方向"（ISO8402—1994）这意味着它是一个组织实现其经营目标的保证，是组织所有员工的行为准则之一。

2. 严肃性和稳定性特征　质量方针是一个中长期的目标，作为其战略之一的质量方针，是一个组织在较长时期内对其经营活动和质量活动的指导原则，具有严肃性和稳定性，它关系到组织的命运，必须是相对稳定和不折不扣地执行。

3. 价值观的相对统一　质量方针与组织的价值观要相对统一，一个组织在它的经营过程中存在各种业务关系，诸如顾客关系、供应商关系、员工关系、业主关系、社会关系。以什么立场和理念去处理这些关系，即构成了一个组织的价值观。有的组织为了盈利，损害顾客利益，这样的组织会很快受到法律的惩戒；有的组织只顾业主和顾客利益，但不管员工和社会利益，给社会造成污染或破坏社会资源，这样的组织也一定不会长久。因为失去了员工的齐心努力，失去了良好的社会环境，也就失去了满足顾客需求的能力，终究会以失败告终。成功的组织应具有的价值观是：兼顾顾客、员工、业主、供应商和社会五个方面的利益。这样的组织才可以顺应历史潮流、立于不败之地。

4. 最优方案特性　确定一个组织的质量管理方针应是外部顾客的需求和反馈与内部综合实力（包括管理能力和资金）的最优化方案的选择。

**（二）质量管理战略**

在确定了质量的方向和目标后，需解决的问题就是找到通往目标的途径和所要借助的工具来达到目标。这就是所谓的质量战略计划。

图 4-3 是质量战略计划目标剖析示意图，从图中可以看到，质量管理目标的范围涉及整个组织的每一层次，直到每个人。质量管理的内容涉及组织提供产品或服务的各个方面：产品特性设计、工艺能力、人员操作、设备、原料、过程及最终控制、公用服务系统等。由此可见，质量战略计划是一个系统的计划，是自上而下的，每一过程和每一层次的计划，这样一个庞大计划显然不能只由一个部门去完成。一般的做法是由每个部门的负责人去组织完成每个职能部门的质量职能计划，如果是多部门交叉的质量职能，由一个主要部门制定，其他部门经传阅进行修改，然后指定一个人来统一进行登记、发行、存档等文件管理，所有涉及质量方面的程序、工艺规程等，都由公司的质量管理经理批准生效。

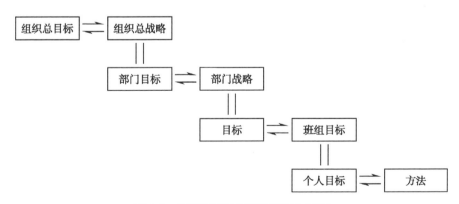

图 4-3　质量战略计划目标剖析示意图

每个部门职能不同，所做的质量计划的内容也不同，那么是否必须各用一套方法来做质量计划呢？朱兰博士总结了策划质量计划的共同点，开发出一个通用的工具，用作各种不同的质量计划。这个工具就是著名的朱兰质量计划路线图，如图4-4所示。

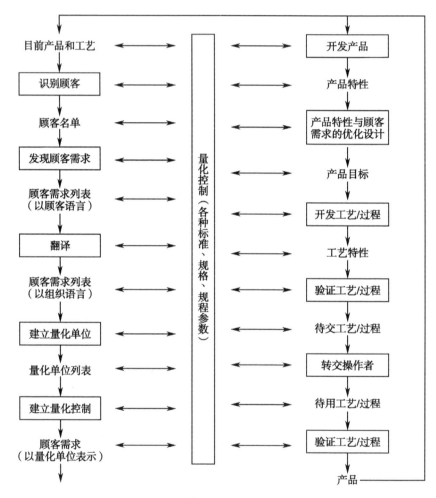

图 4-4　朱兰质量计划路线图

这个程序包括一系列连贯的步骤。每一步都是一个行动/过程，其结果/输出即是下一步行动/过程的输入。这个路线图适于任何一个组织的任何一个过程，大到公司、工厂，从发现顾客及其需求到产品开发、试制、生产及售后服务，小到某个人在某个工作过程的一个环节，都可以使用这个路线图的全部或选择使用某些步骤。

**（三）设立独立的组织机构**

根据质量管理战略将有关质量保证体系的组织管理性的一系列活动（诸如计划、培训、检查、审计、处理产品质量投诉等）组成一个独立的机构，叫作"质量保证（quality assurance，QA）"；将专业技术性强的诸如检验分析的一系列活动组成一个独立的机构，叫作"质量控制（quality control，QC）"或"实验室"。

1. 质量保证 质量保证（QA）涵盖影响产品质量的所有因素，是为确保药品符合其预定用途、并达到规定的质量要求所采取的所有措施的总和。具体地说，就是为使人们确信某一产品或服务能满足规定的质量要求所必需的有计划、有系统的全部活动。质量保证贯穿于 GMP 的规范化管理之中，并非企业中某一部门的义务，而是所有可能影响产品质量的员工的责任。

（1）质量保证系统的基本要求：确保质量保证系统的基本要求是①药品的设计与研发体现本规范的要求。②生产管理和质量控制活动符合本规范的要求。③管理职责明确。④采购和使用的原辅料和包装材料正确无误。⑤中间产品得到有效控制。⑥确认、验证的实施。⑦严格按照规程进行生产、检查、检验和复核。⑧每批产品经质量受权人批准后方可放行。⑨在储存、发运和随后的各种操作过程中有保证药品质量的适当措施。⑩按照自检操作规程，定期检查评估质量保证系统的有效性和适用性知识培训。

（2）质量保证工作的具体内容：GMP 的规范化管理条件下的药品生产质量保证的基本要求包括①制定生产工艺，系统地回顾并证明其可持续稳定地生产出符合要求的产品。②生产工艺及其重大变更均经过验证。③配备所需的资源，至少包括具有适当的资质并经培训合格的人员，足够的厂房和空间，使用的设备和维修保障，正确的原辅料、包装材料和标签，经批准的工艺规程和操作规程，适当的贮运条件。④应当适用准确、易懂的语言制定操作规程。⑤操作人员经过培训，能够按照操作规程正确操作。⑥生产全过程应当有记录，偏差均经过调查并记录。⑦批记录和发运记录应当能够追溯批产品的完整历史，并妥善保存，便于查阅。⑧降低药品发运过程中的质量风险。⑨建立药品召回系统，确保能够召回任何一批已发运销售的产品。⑩调查导致药品投诉和质量缺陷的原因，并采取措施，防止类似质量缺陷再次发生。

上述这些措施分别从原辅料采购、生产工艺变更、操作中的偏差处理、发现问题的调查和纠正、上市后药品质量的持续监控等各个环节保证药品生产质量，及时发现影响药品质量的不安全因素，主动防范质量事故的发生，确保持续稳定地生产出符合预定用途和注册要求的产品（药品）。

2. 质量控制 质量控制（QC）是企业为保持某一产品过程或服务质量满足规定的质量要求所采取的作业技术活动。质量控制是质量管理的一部分，具体是指按照规定的方法和规程对原辅料、包装材料、中间品和成品进行取样、检验和复核，以保证这些物料和产品的成分、含量、纯度和其他性状符合已经确定的质量标准的执行机构。

（1）机构设置：质量控制隶属于质量管理的一部分，通常设置一个或多个实验室，包括车间化验室、生产工序控制点、仪器仪表监控站。实验室配置的设施、仪器、设备和足够的人员按照规定的方法和规程对原辅料、包装材料、中间品和成品进行取样、检查、检验和复核，对生产全过程实施监控，并对洁净区环境进行监测，以保证药品的生产质量。

（2）质量监控职责：质量管理部门人员不得将职责委托给其他部门的人员，质量管理部门的职责应以文件形式规定，通常包括以下各项。①制定和修订物料、中间产品和产品的内控标准和检验操作规程，且应制定取样和留样制度。②制定检验用设备、仪器、试剂、试液、标准品（或对照品）、滴定液、培养基、实验动物等管理办法。③决定物料和中间产品的使用。④审核成品发放前批生产记录，决定成品的发放。审核已完成关键步骤的批生产记录和实验室控制记录，确保各种重要偏差已进行过调查并已有纠正措施。⑤审核不合格品处理程序。⑥对物料、中国产品和成品进行取样、检验、留样，并按试验原始数据如实出具检验报告。⑦校规定监测洁净室（区）的尘埃粒子数和微生物数。⑧评价原料、中间产品及成品的质量稳定性，为确定物料储存期、药品有效期提供数据。⑨制定和执行偏差处理程序。⑩会同有关部门对主要物料供应商质量体系进行评估，并履行质量否决权。当变更供应商时，质量管理部门应履行审查批准变更程序。⑪根据工艺要求、物料的特性以及对供应商质量体系的审核情况，确定原料药生产用物料的质量控制项目。⑫制定质量管理和质量检验人员职责。⑬批准和监督由被委托方承担的委托检验。⑭对产品质量情况定期进行回顾及审核。⑮批准工艺规程、取样方法、质量标准、检验方法和其他质量控制规程。⑯确保所需的确认与验证（包括检验方法的验证）以及控制设备的校准都已进行。⑰确保本部门人员都已经过必要的 GMP 及岗位操作的基础培训和继续培训并根据实际需要适当调整培训计划。⑱建立召回系统；调查导致药品投诉和质量缺陷的原因等。

## 三、质量监控方法及实施效果

### 3.1 案例一：质量不合格造成损失

2001 年 12 月吉林省某制药公司在盘点第四季度质量报表时发现 ×× 片剂在 234 个批号中反复出现 6 种因素不合格 365 次，造成损失 8 万余元。

【事故经过】按照该公司计划安排，2001 年是公司三年滚动质量年，质量管理部门加大了对公司各项工作（包括生产的产品）的监控检查力度（加密了监控检查频次），在第四季度的数据汇总时发现，×× 片剂在 234 个批号中反复出现 6 种因素不合格 365 次，投入产出一次合格率为 70.1%。其具体调查统计如表 4-1。

表 4-1　影响 ×× 片剂质量因素调查表

| 序号 | 因素 | 频数 | 累计频数 | 频率 /% | 累计频率 /% |
|------|------|------|----------|---------|-------------|
| 1 | 崩解超标 | 200 | 200 | 54.8 | 54.8 |
| 2 | 片差超标 | 139 | 339 | 38.1 | 92.9 |
| 3 | 菌检超限 | 14 | 353 | 3.8 | 96.7 |
| 4 | 含量超标 | 6 | 359 | 1.6 | 98.3 |
| 5 | 压力不足 | 4 | 363 | 1.1 | 99.5 |
| 6 | 外观 | 2 | 365 | 0.5 | 100 |
| 合计 | | 365 | | 100 | |

【事故原因分析】观察质量因素调查表 4-1 数据，并对该数据进行分析整理，见图 4-5。从表 4-1 中反映出，崩解时限超标和片重差异不稳定是造成一次合格率低的主要问题（两项共占 92.9%），该排列图也为进一步分析原因提供了依据。经过全面的分析，在制粒、压片等关键工序寻找原因，该公司认为以下几条为主要原因。

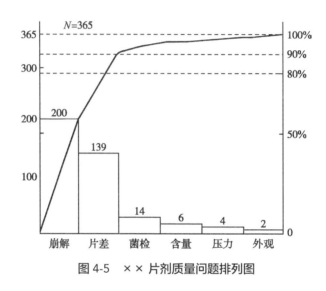

图 4-5　×× 片剂质量问题排列图

（1）黏合剂选择不当：原工艺中采用蒸馏水作为润湿剂制粒，意在减小颗粒硬度、降低崩解时限。但由于蒸馏水没有黏性，制成的颗粒过于疏松、粒度不够、细粉过多，流动性差。压片时片重差异波动大、可压性差，要压成片形势必加大压力，致使药片内聚力加大，崩解困难。

（2）崩解剂选择不当：×× 片的两种原料氢氧化铝和三硅酸镁都是难溶于水的粉末状结晶。由于水溶性差，压成片后水对药片的润湿性差，且氢氧化铝在水中易形成氢氧化铝凝胶，防止了药片被深度润湿。从膨胀学说分析，可能是氢氧化铝凝胶的内聚力大于片芯的膨胀力，使崩解困难；从毛细学说讲，可能由于凝胶的形成和原料本身的润湿性差，使毛细管作用很难发挥，形成崩解困难。由此可见，原工艺只用于淀粉做崩解剂很难达到理想的效果。

（3）润湿剂的用量对崩解度和增加颗粒流动性的矛盾：原工艺中规定每

10万片量中加入0.5kg硬脂酸镁做润滑剂，但由于颗粒疏松、细粉比例过高，流动性仍然欠佳，使设备损耗严重，片重不稳定。为改变这种状况，增加了硬脂酸镁用量，同时也导致了硬度增加，使崩解更难，形成了恶性循环。

（4）颗粒的均匀度对片差的影响：虽然说模孔的表面容积相同，但大颗粒与小颗粒所占的比例不同会改变每一模孔的填充重量。由于采用的盘式烘房干燥法，往往使一部分颗粒在干燥过程中结块，干燥后就出现大量细粉，使粉末与颗粒、大颗粒与小颗粒的比例失调，影响片重。

（5）颗粒流动性对片差的影响：当颗粒流动不畅时，物料时断时续通过饲料框架。致使某些模孔填充不完全，造成流动性差的原因主要是①颗粒形状不规则；②均匀度不够；③润滑剂用量不足。

（6）人为因素的影响：制粒过程中有不规范的操作，搅拌时间不一致可使颗粒软硬度不一致，压片时责任心不强，压力调节不准，不能及时称量检查片重等，都直接影响着产品质量。见图4-6因果分析图。

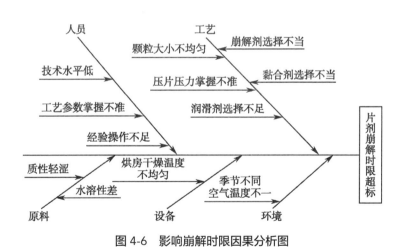

图4-6 影响崩解时限因果分析图

【整改措施】公司董事会非常重视，专门召开了关于此次质量事故的分析会议，责成质量部门会同技术、生产及相关部门成立专班攻关领导小组（QC攻关小组），确定如下具体整改措施方案。

（1）确定关键工序：为了能更好地分析事故的原因，把××片生产的形成过程分为 8 个阶段，即混合—制软材—颗粒干燥—批混—压片—凉片—洗瓶干燥—包装，并就这 8 个阶段与影响片质量的 6 个因素的关联强度进行分析，分析见表 4-2。

表 4-2 影响 ×× 片剂质量关键工序分析矩阵图

| 问题 | | 因素 R | | | | | | | | ○ 强关联 | △ 弱关联 | × 不关联 |
|---|---|---|---|---|---|---|---|---|---|---|---|---|
| | | 1 混合 | 2 制软材 | 3 颗粒干燥 | 4 批混 | 5 压片 | 6 凉片 | 7 洗瓶干燥 | 8 包装 | | | |
| L | 1 崩解超标 | ○ | ○ | ○ | × | × | × | × | △ | 3 | 1 | 4 |
| | 2 片差超标 | ○ | ○ | ○ | × | ○ | × | × | × | 4 | 0 | 4 |
| | 3 菌检超限 | ○ | ○ | × | △ | × | ○ | ○ | ○ | 5 | 1 | 2 |
| | 4 含量超标 | ○ | ○ | ○ | △ | × | × | × | × | 3 | 1 | 4 |
| | 5 压力不足 | ○ | × | ○ | × | ○ | × | × | × | 3 | 0 | 5 |
| | 6 外观 | × | ○ | ○ | × | △ | △ | × | × | 2 | 2 | 4 |
| 相关次数 | 强关联 | 5 | 5 | 5 | 0 | 2 | 1 | 1 | 1 | | | |
| | 弱关联 | 0 | 0 | 0 | 2 | 1 | 1 | 0 | 1 | | | |
| | 不关联 | 1 | 1 | 1 | 4 | 3 | 4 | 5 | 4 | | | |

在这个矩形阵表中，因素 $R_1$ 与问题 $L_{1—6}$ 有 5 次强相关，因素 $R_2$ 与问题 $L_{1—6}$ 有 5 次强相关，因素 $R_3$ 与问题 $L_{1—6}$ 有 5 次强相关，也就是说总共 20 次强相关，其中有 15 次发生在混合、制软材、颗粒干燥工序上。通过排列图和矩形阵图分析，得出结论，造成投入产出一次合格率低的关键工序应为混合、制软材、颗粒干燥工序，即颗粒质量是造成崩解超标和片重差异波动主要原因。

（2）确定主攻方向：通过对 2001 年 12 月份生产记录中的颗粒质量观察分析，结果发现近于圆形，粒度分布处于正态状况的颗粒，流动性好、可压性强、片差小、硬度适中、崩解快。因此，把提高颗粒质量和加强压片过程的管理作为本次攻关的主攻方向。通过采用新材料、新方法，创造独特的制粒工艺，使片差、崩解时限两个指标均有所改进，实现本次攻关的目标。

【整改措施】通过分析，本着对两个问题同时解决，既采取降低崩解时限的措施，又采取稳定片差的措施。针对主要原因制定如下具体措施，见表 4-3。

表 4-3　具体措施实施表

| 序号 | 要因项目 | | 计划项目 | 对策措施 |
|---|---|---|---|---|
| 1 | 职工素质差技术水平低 | | 定期培训,加强教育,达到标准化,规范操作 | 加强质量意识教育,做好思想政治工作,请技术人员和操作骨干现场指导,实现标准化工作 |
| 2 | 颗粒质量差 | 黏合剂选用不当 | 选用适宜黏合剂,使颗粒硬度适中,粒度均匀 | 拟定、选用淀粉浆做黏合剂,新型增溶剂 T-80 作崩解剂,适当增加润滑剂用量,用正交试验法,优选制粒新工艺 |
| | | 崩解剂选用不当 | 选择新型崩解剂 | |
| | | 颗粒均匀度差 | 通过改进工艺使颗粒粒度趋于正态分布状况 | |
| | | 颗粒流动性差 | 通过控制颗粒形状,合理使用润滑剂使流动性适于压片 | |
| 3 | 压片操作不规范 | | 定时测定片重,缩小控制范围,达到内控标准 | 每 15 分钟检查一次片重,用打点法记录片重,应用控制图控制片重 |

【实施过程】

（1）加强职工培训：为了进一步提高职工的质量意识，提高技术水平，利用质量分析会、QC 小组活动会等组织学习《药品生产质量管理规范》《岗位操作法》，并组织职工进行了片剂知识大奖赛和质量知识问答活动，组织操作骨干和技术人员现场指导标准化、规范化操作，提高了职工的质量意识和技术水平。

（2）重新修订了《岗位操作法》，并将操作情况以及各工序质量完成情况与职工分配挂钩，进一步深化、细化了质量否决制度。

（3）设计新工艺方案

1）解决片差和崩解问题，决定将原工艺中的蒸馏水作润湿剂制粒改为淀粉浆作为黏合剂制粒。

2）在原工艺中增加增溶剂 T-80 作崩解剂。

3）调整制粒投料量，为保证搅拌充分，将一次制粒 10 万片改为 5 万片。湿颗粒装盘不厚于 2.5cm。

4）烘干温度在 70 ~ 80℃。

（4）最佳工艺试验：对设计改进制粒工艺中的三个要素。即：淀粉浆浓度，增溶剂 T-80 的用量，硬脂酸镁用量三个水平。以半成品全项指标为评价标准进行综合评分，进行了 $L_9(3^4)$ 正交实验，此试验由技术员跟班，现场指导操作，仅 7 天时间完成了全部 9 次试验。如表 4-4、表 4-5、表 4-6。

表 4-4　因素水平设计表

| 因数位数 | 淀粉浆浓度（A） | 增溶剂用量（B） | 硬脂酸用量（C） | 综合评分（D） |
|---|---|---|---|---|
| 1 | 3% | 40ml/10 万片 | 0.5kg/10 万片 | 达不到标准 0 分 |
| 2 | 5% | 60ml/10 万片 | 0.75kg/10 万片 | 达合格标准 5 分 |
| 3 | 8% | 80ml/10 万片 | 1.0kg/10 万片 | 达内控标准 10 分 |

表 4-5　正交 $L_9(3^4)$ 实验安排与评分表

| 试验号 | A | B | C | 综合评分 |
|---|---|---|---|---|
| 1 | 1 | 1 | 1 | 30 |
| 2 | 1 | 2 | 2 | 35 |
| 3 | 1 | 3 | 3 | 40 |
| 4 | 2 | 1 | 2 | 55 |

续表

| 试验号 | A | B | C | 综合评分 |
|---|---|---|---|---|
| 5 | 2 | 2 | 3 | 65 |
| 6 | 2 | 3 | 1 | 70 |
| 7 | 3 | 1 | 3 | 75 |
| 8 | 3 | 2 | 1 | 80 |
| 9 | 3 | 3 | 2 | 95 |
| K1 | 105 | 160 | 180 | 545 |
| K2 | 190 | 180 | 185 | |
| K3 | 250 | 205 | 170 | |
| R | 145 | 45 | 5 | |

表 4-6　综合评分考核项目表

| 试号 | 项目 | | | | | | | | | | | |
|---|---|---|---|---|---|---|---|---|---|---|---|---|
| | 形状 | 分布 | 流动性 | 可压性 | 硬度 | 水分 | 崩解度 | 片差 | 外观 | 含量 | 溶出度 | 综合评分 |
| 1 | 0 | 0 | 0 | 0 | 0 | 5 | 0 | 5 | 5 | 10 | 5 | 30 |
| 2 | 0 | 0 | 5 | 5 | 0 | 5 | 0 | 5 | 5 | 5 | 5 | 35 |
| 3 | 0 | 0 | 5 | 5 | 0 | 5 | 5 | 0 | 0 | 5 | 5 | 40 |
| 4 | 5 | 5 | 0 | 5 | 5 | 5 | 0 | 5 | 0 | 10 | 5 | 55 |
| 5 | 5 | 5 | 10 | 5 | 5 | 5 | 0 | 5 | 0 | 10 | 5 | 65 |
| 6 | 5 | 5 | 5 | 5 | 5 | 5 | 10 | 0 | 5 | 5 | 5 | 70 |
| 7 | 10 | 0 | 10 | 5 | 10 | 5 | 0 | 5 | 0 | 5 | 5 | 75 |
| 8 | 10 | 10 | 5 | 10 | 10 | 5 | 5 | 5 | 0 | 5 | 5 | 80 |
| 9 | 10 | 10 | 10 | 10 | 10 | 5 | 10 | 5 | 0 | 10 | 5 | 95 |
| 合计 | 45 | 45 | 50 | 50 | 45 | 0 | 30 | 5 | 0 | 60 | 45 | |

【试验结果分析】极差分析，其大小顺序为 A>B>C，即在新设计的制粒工艺中关键配合工艺主次为 A、B、C。

139

直观分析：第 9 号试验结果综合评分最好，即最佳工艺条件为 $A_3B_3C_2$。

试验验证：根据最佳工艺方案，经小批量生产 6 次，结果评价均很满意，其直观指标分析如表 4-7、表 4-8。

表 4-7　颗粒质量分析（内控）

| 项目 | 标准 | | 以前生产 | 试验生产 | 试验结果 |
| --- | --- | --- | --- | --- | --- |
| | 过去 | 现在 | | | |
| 水分 | 5% ～ 8% | 3% ～ 5% | 5% ～ 8% | 3% ～ 5% | 合格 |
| 粒度分布 | 无 | 12 ～ 60 目 | 10 ～ 100 目 | 12 ～ 60 目 | 合格 |
| 颗粒形状 | 无 | 类圆形 | 不规则 | 类圆形 | 合格 |
| 流动性 | 无 | $\alpha=25°$ | $\alpha=30° ～ 35°$ | $\alpha=20° ～ 25°$ | 合格 |
| 收率 | 100% | 100% | 99.1% | 99.8% | 合格 |

表 4-8　半成品考核指标分析（内控）

| 项目 | 内控标准 | 以前生产 | 试验产生 | 试验结论 |
| --- | --- | --- | --- | --- |
| 平均片重 | 0.475g | 0.446 8g | 0.447 2g | 合格 |
| 片差 | ± 4% | ± 3% ～ 5% | ± 4% | 合格 |
| 崩解度 | 13min | 12 ～ 40min | 5 ～ 8min | 合格 |
| 外观 | 缺陷片 < 3% | 部分毛边 | 符合规定 | 合格 |
| 含量 | | 符合规定 | 符合规定 | 合格 |

成品稳定性观察对比：将包装后的成品置于各种人工制造的环境观察，一个月时间相当于自然环境的一年，其外观、崩解度、硬度均无变化。

最后结果：确定以 8% 的淀粉浆作黏合剂、每 10 万片加增溶剂 T- 80 80ml 作崩解剂、硬脂酸镁由每 10 万片 0.5kg 提高到 0.75kg，其所得产品质量最好。

【效果检查】通过运用系统方法，改进工艺，全面完成了预定目标。

（1）内控标准：按新工艺生产片剂 10 万片，产品质量各指标均达到或超过企业内控标准，结果如下表 4-9。

表 4-9　按新工艺生产抽样 20 批质量检查情况

| | 片重 | | 崩解度 | 外观 | 含量 | 质量评价 |
|---|---|---|---|---|---|---|
| | 平均片重 | 差异范围 | < 15min | 总缺陷不超过 3% | | |
| | 0.447 5 | ±4% | | | | |
| 20060203 | 0.447 6 | 0.439 6 ~ 0.464 7 | 6min | | | |
| 20060205 | 0.448 2 | 0.429 9 ~ 0.459 1 | 6min | | | |
| 20060210 | 0.449 1 | 0.429 1 ~ 0.495 5 | 5min | | | |
| 20060220 | 0.447 6 | 0.437 6 ~ 0.458 8 | 9min | | | |
| 20060301 | 0.446 7 | 0.432 1 ~ 0.452 1 | 8min | | | |
| 20060302 | 0.448 1 | 0.449 9 ~ 0.463 1 | 6min | | | |
| 20060306 | 0.445 9 | 0.432 1 ~ 0.462 2 | 6min | | | |
| 20060307 | 0.447 9 | 0.437 4 ~ 0.453 6 | 5min | | | |
| 60060308 | 0.449 2 | 0.429 8 ~ 0.451 1 | 7min | | | |
| 20060309 | 0.449 6 | 0.433 1 ~ 0.462 1 | 6min | 符合规定 | 符合规定 | 合格 |
| 20060311 | 0.449 8 | 0.432 7 ~ 0.460 5 | 8min | | | |
| 20060312 | 0.447 5 | 0.432 2 ~ 0.460 1 | 6min | | | |
| 20060315 | 0.447 2 | 0.429 0 ~ 0.458 7 | 6min | | | |
| 20060319 | 0.449 1 | 0.431 1 ~ 0.457 7 | 5min | | | |
| 20060322 | 0.449 5 | 0.429 9 ~ 0.461 1 | 6min | | | |
| 20060401 | 0.446 6 | 0.430 7 ~ 0.450 1 | 5min | | | |
| 20060402 | 0.449 2 | 0.430 6 ~ 0.464 4 | 7min | | | |
| 20060403 | 0.445 3 | 0.430 8 ~ 0.450 6 | 8min | | | |
| 20060406 | 0.447 7 | 0.439 6 ~ 0461 2 | 5min | | | |
| 20060408 | 0.449 6 | 0.429 7 ~ 0.455 4 | 6min | | | |

　　关键工序一次合格率由活动前的 70.7% 上升为平均 93.2%，超过预定的 90% 目标。

　　（2）工艺技术方面：在技术方面，采用新辅料，创造了独特的制粒生产工艺，打破了该厂片剂辅料几十年一贯制的老路。

　　改革前后流程工艺如图 4-7。

××片剂制备生产工艺流程图

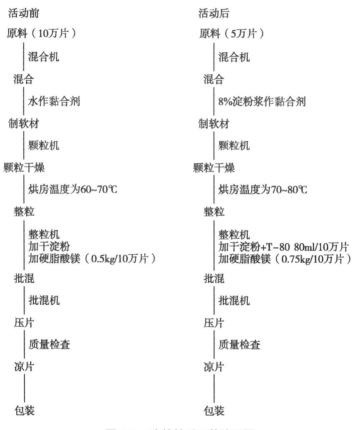

图4-7 改革前后工艺流程图

（3）经济效益方面：由于改进了工艺，解决了质量问题和生产中存在的困难，使生产效率有了明显提高，半成品返工损失降低，取得了一定经济效益，按已生产的10万片计算。结果如表4-10。

表4-10 经济效益折算表

| 节约项目 | | 节约数 | 折合人民币 |
|---|---|---|---|
| 生产效率提高，节约工时费 | 改革前32万片/d<br>改革后40万片/d | 625个工作日：<br>（按每个工日100元工资计算） | 625×100=62 500元 |

| 节约项目 | | 节约数 | 折合人民币 |
|---|---|---|---|
| 节约返工工时费 | 改革前一次合格率70.7%，返工29.3%改革后一次合格率93.2%，返工率6.8% | 差额22.5%×10万片=2.25万片按返工数40万片/d计，共需562.5个工作日 | 562.5×100=56 250元 |
| 节约能源动力费 | 按29.3%的返工率计算 | 返工2.93万片 | 约20 000元 |
| 提高成品率价值 | 改革前成品率97.8%改革后成品率提高99.1%，提高1.3% | 10万片×1.3%=1.3万片，合13万瓶。 | 13万瓶×8.5元=110.5万元 |

【巩固措施】

（1）将试验选择并经批量生产验证的制粒工艺 $A_3B_3C_2$ 正式纳入 ×× 片生产工艺流程中。①加强中间体半成品质量管理，建立颗粒剂中间站、强化管理，认真推行质量否决制；②进一步加强质量第一的质量思想教育，严格执行新的颗粒质量标准，严把质量关，并把指标细则化，检验方法定量化。

（2）本次活动是在采取新辅料、新工艺方面的一次尝试，通过实验推广，将应用与其他品种的生产，使其产生更好的效果。

## 3.2 关键知识梳理：质量监控实施方法

质量监控是确保质量的重要手段，具体是指对按照法定规定的方法和规程对原辅料、包装材料、中间品和成品进行取样、检验和复核等操作过程进行复核与抽检的过程。以保证这些物料和产品的成分、含量、纯度和其他性状符合已经确定的质量标准。常用的具体方法如下。

1. 排列图法 排列图是为了寻找出主要质量问题或影响质量的主要原因所使用的图。排列图最早是由意大利社会经济学家帕累托用来分析财富的分布情况而使用的。他发现多数人占有少数财富，而少数人却占有多数财富。占有多数财富的少数人左右着国家的经济命脉。这一现象在排列图上就被描述为一条累积百分比曲线。为了纪念他，累积百分比曲线又叫帕累托曲线，排列图又叫帕氏图。后来美国质量管理专家朱兰把这个原理应用于质量管理活动，成为了如今常用的方法之一。

2. 分层法　分层法也叫分组法，是把搜集的质量数据按照与质量有关的各种因素加以分类，把性质相同、条件相同的数据归在一个组，把划分的组叫作层。分层的目的是把错综复杂的影响因素分析清楚，以便数据能更加明确突出地反映客观实际。

3. 调查表法　调查表又称检查表，是一种统计图表，利用这种统计图表可以进行数据的搜集、整理和原因调查，并在此基础上进行粗略的分析。在应用时，可根据调查项目的不同和所调查质量特性要求的不同，采取不同格式，来分析不同的质量问题，如废品项目调查表、缺陷位置调查表、质量分析调查表、矩阵调查表等。

4. 因果图法　因果图又称特性要因图、石川图、树枝图、鱼刺图，是表示质量特性与原因关系的图，是用来分析质量特性的因果关系的图。

5. 散布图法　散布图也叫相关图，它是表示两个变量之间关系的图。

6. 直方图法　直方图是通过对数据的加工整理，从分析、掌握质量数据的分布情况和估算工序不合格品率的一种方法。

7. 控制图法　控制图是一种用于分析和判断工序是否处于稳定状态所使用的带有控制界限的图。它的突出特点就是通过图表来显示生产随时间变化的过程中质量波动的情况，有助于分析和判断是偶然性原因还是系统性原因所造成的波动，从而提醒操作者及时做出正确的选择。质量监控工作流程示意图 4-8。

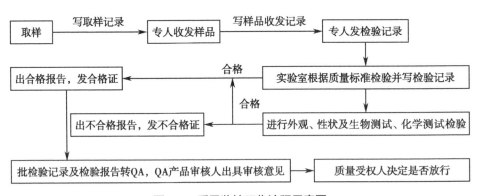

图 4-8　质量监控工作流程示意图

## 3.3 关键知识梳理：质量管控效果

质量管控效果通常是通过某种反馈信息来获得的，作为产品的生产者兼经营者的企业，一定要设置自己的信息反馈渠道，即建立内部质量管控机构和外部（市场）产品质量回馈信息体系。只有这样才能确保产品的质量处在受控状况下，将企业做大做强，处于良性发展的正确轨道。

### （一）监控的层次机构

质量管理（内部监控）部门的一切活动都是与生产经营活动伴随而行，没有生产经营也就没有其中的质量管理。质量管理的费用也要最终计入生产成本。从短期看，这个费用会增加产品的成本，但作为对产品的回报，它将减少不合格产品造成的损失，减少返工的费用，更重要的是它可为一个企业的产品树立或保持品牌形象，赢得更多的顾客。从这个角度讲，质量管理部门是生产经营系统不可或缺的一员。因此，质量管理部门在这个组织中应处于能独立地行使其职权对质量问题做出决定而影响生产经营服务的主导位置。

三个层次的质量管理机构示意图如图 4-9 所示。

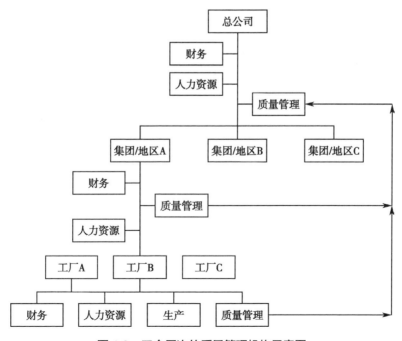

图 4-9　三个层次的质量管理机构示意图

## （二）产品质量效果回馈

为了与国际先进的质量管理水平保持同步，集团公司的质量部必须与一些国家的政府部门、行业法规部门、工业协会、国际标准组织、专家协会等建立密切的联系，以确立本公司的质量政策和所应采用的标准，以使公司的标准与国际先进水平同步。同时集团/地区级的质量管理部门，一般也设在集团公司内，可直接向集团公司的质量总裁汇报。其职责与作用主要有以下3点。

1. 领导区内各地质量　经理审阅区内各地质量部门的预算和人员安排，以保证各地质量部门的资源足以完成其年目标的需求，参与各地质量部门关键位置的人员选拔，评价并批准地方质量部门的改变，参加地方质量经理的业绩评估等。

2. 信息传递指导　对集团公司方针及政策做进一步解释，指导地区内各质量部门和其他区域质量信息和经验的传递，制定最新法规、营销策略等。

3. 支持、协调地方质量　经理帮助地方质量经理进行"独立决策"，提供质量管理工具（如质量审计方案、具体方法），发现潜在质量问题，提供质量改进措施，处理地区同产品质量问题等。

建立了以上两个高层次的质量管理部门，各地的质量管理活动就较容易展开，并与集团公司所采用的管理方法保持一致，便于效果的监控（外部监控质量效果）。

质量部门的交流是非常重要的，因为质量部门的大部分工作是与内外顾客的协作、合作才得以实施完成，因此对于各级质量部门与其他职能部门的交流方式通常在组织内，以责任或规程约定下来，以保证质量部门的职能，通常的交流方式可用参考图4-10所示。

图4-10是质管部门与其他职能部门的交流方式示意图，首先质管部门必须向各职能部门提供尽可能多和新的质量信息。诸如行业法规要求已开发验证的产品生产规程，内部中间控制要求及最终产品的法规质量标准和内部质量标准，再根据情况给予必要的培训，各职能部门根据这些基本的要求制备出能够让操作者操作的具体操作规程及记录文件。这些文件必须经所有涉及的部门传阅修改后，由质量部批准，经厂长终审，然后具体执行。在执行

过程中，质量部及有关职能部门按工艺规程及质量文件严格执行。质量控制结果经核对无误后快速反馈于生产及相关职能部门，直至完成规程，QC 进行最终产品的检验，QA 进行批记录审阅，确认一切操作均符合各项标准或法规要求，由质量管理部门将产品或质量结果发放至顾客（包括内部顾客及外部顾客）。如果这些顾客对产品不满意，他们将意见反馈至质量部，质量部门将意见反馈给有关职能部门并组织调查原因、回复顾客，同时有关职能部门修改规程，进行质量改进。

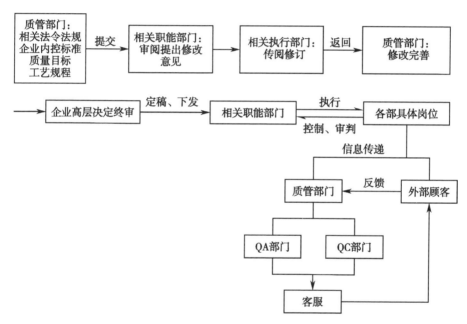

图 4-10 质管部门与其他职能部门的交流方式示意图

这种交流方式是由部门的职能及责任的性质决定的。比如质量部门负责批准发放产品，则所有过程中的异常改变，都应由质量部门批准，一切过程的信息最终归档于质量保证部门。

## 3.4 关键知识梳理：质量改进

质量改进是指为向本组织及其顾客提供更多的受益，在整个组织内所采取的旨在提高活动和过程的效益、效率的各种措施。对质量改进的内涵可以用以下五个方面来加以理解：①质量改进是为了供需双方能提供更多的利益，质量改进既要考虑组织本身利益，又要满足顾客的利益，其结果必须是活动和过程的效益、效率都得到提高。②质量改进是通过过程实现的。组织内的每一项活动或每一项工作都包含一个或多个过程，所以质量改进的范围十分广泛，它贯穿于涉及产品质量的所有过程。③质量改进是一种以追求更高的过程效果和效率为目标的持续活动。从不符合标准到符合标准的活动不能认为是质量改进。④质量改进的性质是创造性的。以创造性的思维方式或措施，使活动或过程获得有益的改变。⑤质量改进是质量管理的灵魂是顾客和组织都得到更多的利益，也是质量管理体系的目标。

### （一）质量改进的机遇与挑战

质量改进的动力来源于企业领导的思维模式、对事物认知态度。只有企业领导认识到质量改进对企业的生存和竞争的重要性，才能努力为企业开创一个进行质量改进的环境，开展对员工进行培训和组织员工进行质量改进的行动。质量改进对企业生存和竞争的重要表现在：①质量竞争日益激烈企业需要持续高效的质量改进。②顾客不断要求他们的供应者改进质量。这种要求被传递至整个供应链，并且将他们对产品的质量改进扩大到供应者的质量管理系统的改进。③"常规损失"是巨大的，决不应该再继续下去，因为它在成本上严重地影响了企业的竞争性。④质量改进应该涉及影响企业绩效的所有方面，包括生产过程和经营过程。⑤质量改进不是零散的积极建议，而应纳入运行系统。⑥若要取得质量的领导地位，高级管理者应亲自参与质量管理。

### （二）质量改进的职责

当领导者认识到质量改进对企业的生存和竞争的重要性时，就应当动员企业内部一切可用资源，使质量改进成为企业管理的主要组成部分；建立通用的程序，适用于任何质量改进；建立常态化质量改进机制，使其常年持续不断。同时完成：①在组织各层次的工作计划中设立质量改进的目标。②设计质量改进的过程，并建立特殊的组织机制实施这个过程。③将质量改进过程既应用于经营过程，又应用于生产过程。④培训包括高级管理人员在内的所有人员，让大家知道如何去完成各自的质量管理的使命。⑤授权现场工作人员参加质量改进。⑥根据改进目标建立测量手段评价改进进展。⑦管理人员包括高级管理人员根据改进目标审阅改进进展情况。⑧广泛表彰成绩获得者。⑨将奖励制度改变为职务提升的动力。

### （三）质量改进的方法与工具

当领导者确定质量改进的方针和策略后，采用怎样的改进方法就显得非常重要了，比较成功的也是常用的方法是 PDCA 循环法。PDCA 循环法是质量管理的一个基本方法，其英文为"plan（计划）—do（执行）—check（检查）—action（处理）"，PDCA 是四个单词第一个字母的缩写。它是美国质量管理专家戴明发明的，又被称为戴明环。如图 4-11，质量环的中心思想是每一件事情都应分为四个阶段——计划、执行、检查、处理去做，在这种循环往复的过程中得到改进和提高。质量管理是一个无休止地不断提高的过程，其最终目标是完美无缺。这是一个不断追求而永无止境的目标。PDCA 循环在企业实施过程中通常分为 4 个阶段、8 个步骤。

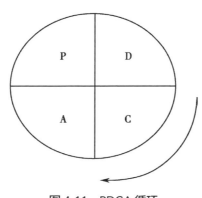

图 4-11 PDCA 循环

1. P 阶段　计划阶段：①分析现状，找出问题。常用排列图查找原因，用直方图、控制图来进行统计分析。②分析产生的原因，常用因果分析图。③确定主要问题，用排列图、散点图进行分析。④针对主要原因，制订改进计划，应包括 5W1H 内容（表 4-11）。

表 4-11　5W1H 的说明

| 5W1H | 说明 | 5W1H | 说明 |
|---|---|---|---|
| what | 要做的是什么,可否取消此任务 | when | 什么时间做此项任务最合适 |
| why | 为什么这个任务必须做 | who | 什么人做此项工作,可否由他人代替 |
| where | 在什么地方做 | how | 如何做此项工作,用何种方法去做 |

2. D 阶段　实施阶段：⑤实施计划，严格按计划进度执行。

3. C 阶段　检查阶段：⑥检查执行情况，是否达到预期目标。常用排列图、直方图、控制图进行分析和验证。

4. A 阶段　处理阶段：⑦总结确认"正确的方法、步骤"，将改进的方法、步骤重修编制，形成新的标准程序批准执行。⑧遗留问题，转入下一个寻找能提高各阶段企业水平的最佳方法。

上述 4 个过程是一个完整的 PDCA 循环，各阶段是紧密相连的，每循环一次质量管理就提高一步，反复循环，螺旋上升，持续改进，永无止境。表 4-12 中列出了质量改进常用的统计方法和分析工具。

表 4-12　用于质量改进的统计工具和分析工具

| 类别 | 名称 | 老七种工具 | 新七种工具 | ISO9004—4 中支撑工具和技术 | ISO9004—1 中的分析方法 |
|---|---|---|---|---|---|
| 统计方法 | 调查表 | √ | | √ | |
| | 排列图 | √ | | √ | |
| | 直方图 | √ | | √ | |
| | 控制图 | √ | | √ | |
| | 散布图 | √ | | √ | |
| | 矩阵式数据分析法 | | √ | | |
| | 故障模式影响分析（FMGA） | | | | √ |

续表

| 类别 | 名称 | 老七种工具 | 新七种工具 | ISO9004—4中支撑工具和技术 | ISO9004—1中的分析方法 |
|---|---|---|---|---|---|
| 统计方法 | 分层法 | √ | | √ | |
| | 标准法 | | | √ | |
| | 各抒己见法 | | | √ | |
| 分析工具 | 因果图 | √ | | √ | |
| | 流程图 | | | √ | |
| | 树形图 | | | √ | |
| | 矢线图 | | √ | | |
| | 过程决策程序图 | | √ | | |
| | 矩阵图法 | | √ | | |
| | 系统图法 | | √ | | |
| | 关联图法 | | √ | | |
| | KJ法 | | √ | | |

除了上述质量改进方法和工具外，还可以通过3个渠道进行识别现行的质量是否需要进行改进。①建立顾客投诉系统，从顾客对产品或服务的反馈识别需要改进的活动或过程。②建立质量审核评价系统，这个系统包括组织内部质量审核和组织外部审核，外部审核又包括官方检查认证及顾客认证机构的审核，从这些审核结论中获得质量改进的诊断信息。③质量经济概念的应用，这是一种对是否需要质量改进的定量分析。

**（四）质量改进的组织与程序**

图4-12是质量改进的组织与程序图，是旨在降低成本的过程。从图4-8可以看出，这是一个涉及企业中各部门和各项活动的质量改进过程的常态化程序工作过程，需有一个强有力的领导支持和一个特殊组织，组织的各成员都认真去履行各自在这个过程中的职责，并积极配合所有过程中所涉及的活动，才能使这个过程达到预期目的。因此，成立一个组织是这个过程的关键之所在。下面通过一个成立这类组织的一般过程来阐明这个组织的组成过程和各自的职责。

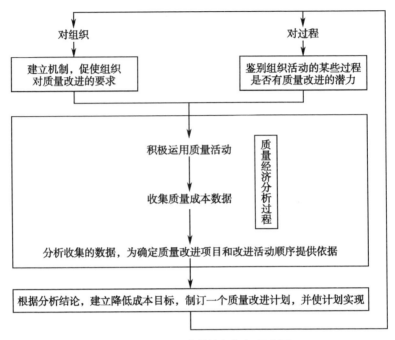

图 4-12　质量改进的组织与程序图

　　质量改进首先是由财务人员通过财务手段，发现和测量由质量问题导致的成本增加而提出的，这是财务人员的工作。一般情况下，首先是由企业的质量负责人或其职能部门的负责人针对其绩效评价指标，认为有必要对某一过程中的某一环节或系统问题进行改进时，财务人员按图 4-13、图 4-14 的质量成本模型进行质量经济分析。但财务人员回答的只是产品成本的增加，不能提出具体是由于什么原因增加的成本，只能提供确切不合格品或返工产品造成的经济损失。质量负责人将这些数据提供给企业的管理层，并建议利用质量、财务和有关职能部门的资源共同做一个质量经济分析，确定是否需为了根除这些不该发生的费用、降低成本，制订改进行动计划和配备资源。

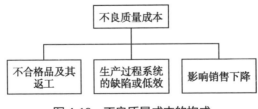

图 4-13　不良质量成本的构成

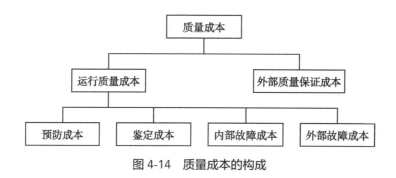

图 4-14　质量成本的构成

　　根据上述过程，进行质量改进的组织及其成员的各自责任可以归纳为表
4-13。其中，质量经济分析在质量改进中承担的角色：①发现特定的问题所
导致的显著损失，帮助查找特定问题的原因；②量化对特定问题进行改进或
补救的有效性，根据质量改进项目组织活动；③定期对改进中或改进后的运
行质量成本提供报告，以确定质量改进是否达到计划的目标；④重复不良质
量成本分析，以评价所有状况，帮助通过这些成员及其在质量经济分析过程
中承担的职责与角色，就可以有组织地开始运用质量概念的过程。

表 4-13　运用质量经济概念的组织及相关责任

| | 组织管理层 | 质量负责人 | 人力资源负责人 | 财务负责人 | 相关职能负责人 |
|---|---|---|---|---|---|
| 建立质量绩效评价机制 | √ | √ | √ | | |
| 收集初始数据、提议质量分析 | √ | √ | √ | √ | √ |
| 对质量成本模型细节定义 | √ | √ | √ | √ | √ |
| 收集数据 | | √ | | √ | √ |
| 分析数据 | | | | √ | |
| 确定质量改进目标、制订计划 | | √ | | | √ |
| 计划批准 | √ | √ | | | |
| 执行计划 | | √ | | √ | √ |

| | 从业人员资质 | 正规化生产 | 验证 |
|---|---|---|---|
| 如何成为一名合格的技术管理人员 | 学历要求、实践经验…… | | |
| | 标准操作规程、生产指导文件…… | | |
| | 质量体系验证…… | | |
| | 验证文件、方案、原始记录、报告…… | | |
| 合格的技术管理人员 | 制药企业属于技术密集型企业,对全体员工的知识水平、学历都有要求,没有相关专业知识是不能从业的,尤其是技术管理人员更需要具有相当的学历和技术职称,同时还需要具备一定的实践经验,才能胜任此项工作。 | | |
| | | | |
| 技术文件的组成 | 制药生产所依据的技术文件,如批生产操作指令、制剂工艺规程等是技术管理人员必须遵循的操作指南。 | | |
| | | | |
| 质量技术体系验证 | 正规化生产、管理需要合格的技术人员,同时也需要按照正规化操作规程来执行,质量保证体系和质量控制体系是需要验证的。 | | |

# 第五章

# 合格的技术管理人员具备的能力

企业管理是一个全方位的管理，这种管理不是靠一个人或一个部门就能完成的，也不是几个部门简单的组合就能实现的，而是需要一个包括组织结构、完整程序、全过程和必要的资源在内的完备的管理体系去完成的。因此，要做好一个企业的管理，就必须在组织范围内建立一个企业管理体系，而这个体系的显著特点就是"文件化"。所以，企业管理体系的最完整的表达形式就是一个组织的文件体系。

## 一、标准操作规程和生产指导文件

### 1.1 案例：未按工艺参数操作引发事故

2006年6—7月黑龙江和山东等省陆续有部分患者使用克林霉素磷酸酯葡萄糖注射液后，出现胸闷、心悸、心慌、寒战、过敏性休克，肝肾功能损害等临床症状。

【事故经过】2006年7月，国家食品药品监督管理局会同安徽省食品药品监督管理局对安徽××药业有限公司进行现场检查，经由中国药品生物制品检定所对相关样品进行检验，结果表明，该公司生产的克林霉素磷酸酯葡萄糖注射液无菌检查和热原检查不符合规定。随即卫生部发出紧急通知要求各地停用其生产的药品克林霉素磷酸酯葡萄糖注射液。

【事故原因分析】安徽××有限公司位于安徽省西北部（阜阳市），经济相对落后。公司疏于质量管理，技术人员（质量监控人员）未按照制药工艺规程的要求进行生产操作，在生产过程中未按批准的工艺参数进行灭菌，私自降低灭菌温度，缩短灭菌时间，增加灭菌柜装载量，影响了灭菌效果。

单纯追求产量，贪图效益，造成如此重大事故。

【事故责任】2006 年 10 月 16 日，安徽省政府通报了国家药监局对"克林霉素磷酸酯葡萄糖注射液"事件的处理意见，并以"质量安全意识淡薄，疏于对企业管理，对'克林霉素磷酸酯葡萄糖注射液'事件负有主要责任"为由，撤销了裴某某的总经理职务。安徽省"克林霉素磷酸酯葡萄糖注射液"事件调查处理督导小组对"克林霉素磷酸酯葡萄糖注射液"事件调查处理，对安徽 ×× 药业有限公司实施行政处罚。

2006 年 10 月底，安徽省"克林霉素磷酸酯葡萄糖注射液"事件调查处理领导小组责令安徽 ×× 药业有限公司认真履行承诺，积极配合调查工作；召回规定批次剩余的"克林霉素磷酸酯葡萄糖注射液"产品；根据对患者造成后果的关联性，积极承担救治和赔偿责任。

【整改措施】药品监管部门根据《药品管理法》有关规定，对安徽 ×× 药业有限公司生产的"克林霉素磷酸酯葡萄糖注射液"药品按劣药论处，并做出如下处理决定：①由安徽省食品药品监督管理局没收该企业违法所得，并处以两倍罚款。②责成安徽省食品药品监督管理局监督该企业停产整顿，收回该企业的大容量注射剂"药品 GMP 证书"。③由国家食品药品监督管理局撤销该企业的"克林霉素磷酸酯葡萄糖注射液"药品的批准文号，委托安徽省食品药品监督管理局收回批件。④对召回的"克林霉素磷酸酯葡萄糖注射液"药品，由安徽省药监部门依法监督销毁。

## 1.2 关键知识梳理：系统构架

企业文件体系构架是为了制造出合格满意的产品而设定的理论保证措施和遵循的原则，故而各个企业虽然体系框架一致，但在具体执行细节上各有不同，图 5-1 即为文件体系构架示意图。

企业文件体系构架内容主要包括质量体系概述、管理文件、技术文件、验证文件和记录文件。

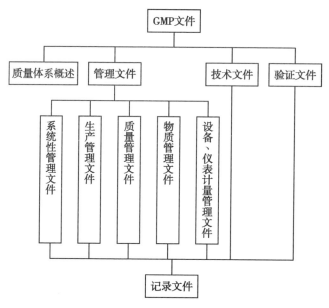

图 5-1　文件体系构架示意图

### （一）质量体系概述

质量体系概述主要根据企业历史与现状，高层管理者承诺的质量方针与目标，组织机构及目前的文件体系来制定。质量体系概述亦称为《质量手册》，通常包括组织质量概况、质量方针、组织机构及职责，以及文件体系构架和目录。

### （二）管理文件

管理文件的依据主要是各国的 GMP 和 GMP 指南。根据 GMP 的具体要求，按部门职责判断这个要求的内容是由哪个部门负责，由该部门负责人组织编写，如果该具体要求关系到多个部门，则由领导者根据各部门力量强弱指定一个部门起草，然后按制备文件规程程序传阅。例如大型集团或跨国公司就是根据各国 GMP 要求，制定本公司的 GMP 操作规范或 GMP 标准。这些规范只能比主要国家和区域的 GMP 严格，而不允许低于有关国家与区域的 GMP 要求。这就为总公司下属各组织的质量体系建设和文件制备带来很大方便，因为这种公司的 GMP 指南比国家制定得更具体，只要按它的条件，根据本组织的具体设备和设施，稍作改动就可以了。

管理文件并不意味着只是一些规章制度，它是有关生产部门所有通用的管理程序和操作规程。比如，文件的起草、制备、发布与管理，全员培训制度等都属于综合性管理；仓库的货物接收程序与操作规程，货物状态的标明和其存放区域等都属于物资管理的规程；注射用水系统的消毒操作，空压机的维护保养等都属于设备管理的规程；文件、工艺变更控制、批记录审阅等都属于物资管理；车间的清场、清扫、更衣及配料管理都属于生产管理。它们共同的特征是：不为某具体产品所用，而为同类产品所通用的操作和管理规程，所以是非产品特异性的规程。

**（三）技术文件**

技术文件的依据主要是根据开发或转让的产品工艺的全套资料和本组织具体的人员和设备设施，制备本组织可操作的工艺规程（包括处方、生产与包装），操作指导和中间体/中间过程控制标准，原料、包材和成品的规格标准与检验方法。经过工艺验证后批准，这些规程就成为被控制的执行规程，任何变动必须按变更控制程序去进行，必要时进行再验证。

**（四）验证文件**

验证文件是用数据证明产品工艺能力或某一个操作方法（比如清洗方法、消毒方法）是否能达到预期的效果。一般都是在一个新产品正式生产的开始或老产品工艺方法或设备环境有变动时做此工作。它包括验证报告批准，验证报告、验证方案所涉及的操作规程和仪器校正规程、验证方法、验证运行记录、验证结果和结果总结等。

**（五）记录文件**

记录文件是除质量体系概述以外，对其他所有文件规程的执行记录情况的记录资料，构成了各领域的记录文件。

## 1.3 关键知识梳理：技术文件组成

技术文件是由原料药工艺规程和制剂工艺规程两部分构成，而这两部分又分别由构成各自的生产管理文件、质量保证文件、产品注册文件、批生产及操作指导书、生产前/后记录及操作指导书等构成，见图5-2。

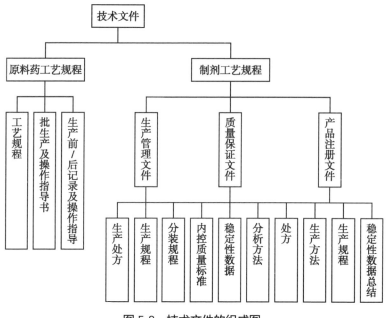

图 5-2　技术文件的组成图

## 1.4 关键知识梳理：原料药工艺规程

原料药工艺规程是企业研发技术人员依据原料药原始开发研制人员提供的开发/转让资料，经过中试和生产验证、试生产，后经由企业质量部经理、总工程师批准后生效的技术文件。

1. 格式　每一页都有固定的格式。包括工艺名称、编号、生效日、版本、批准等，如表 5-1 ×× 产品工艺规程。

表 5-1　××产品工艺规程

| 题目:<br>××产品工艺规程 | 日期:<br>2017.5.8 | | 页数:<br>总 22 页第 2—8 页 |
|---|---|---|---|
| | 前版标准号:<br>QB CFD R5 | | 工艺规程号:<br>PM CFD R5-1 |
| 产品:<br>原始材料(初始原料):<br>中间产品:<br>提供厂商:<br><br><br><br><br><br>准备:<br>车间主任:<br>质量部经理:<br>生产部总监:<br>质量部保证总监: | | 日期:<br>日期:<br>日期:<br>日期: | |
| 备注: | | | |

2. 内容　该类工艺规程的内容通常包括：①产品的概述（product description）；②工艺概述（process description）；③工艺来源（source of process）；④工艺能力（process performance）；⑤工艺设备流程图（process / equipment flow sheet）；⑥设备目录及描述（equipment list an description）；⑦操作指导（operating instruction）；⑧工艺参数表（table of process parameter）；⑨工艺控制（in process control）；⑩工艺周期及生产能力（process time cycle and plant capacity）；⑪标准批生产数据（standard process batch data）；⑫原料标准（raw material specifications）；⑬中间体和产品规格（intermediate & finished product specification）；⑭安全（safety）。

## 1.5 关键知识梳理：批生产操作指导书

制药生产中，对每一次接收的原料、辅料、包装材料和拟生产的每一批产品都必须给定专一性批号。对于该批原料、辅料、包装材料的制药过程要有一个具体的生产操作指导书。

1. 格式　每一页需固有的格式。包括名称、编号、批号、工艺规程号、前版号、生效日期及批准等，如表5-2。

表 5-2 ××产品批生产操作指导书

| 记录及操作指导书 | | | | 编号: | | 生效日期: |
|---|---|---|---|---|---|---|
| | | | | 替换: | 批号: | 页: |
| 日期 | 时间 | | 操作指导 | SOP 号 | 加料记录 | 签名 |
| | 开始 | 结束 | | | | |
| | | | (一)引言<br>1. 按照SOP34-502对生产区域进行清理,对相关设备和器具进行清洗,并做好记录。 | 34-502 | 去离子水:<br>流量计始读数:<br>流量计终读数:<br>净体积: | |
| | | | 2. 最后一批产品从F-1设备卸下后,按照SOP34-516操作。 | 34-516 | | |
| | | | (二)Z-12B处理<br>3. 通过Z-12B管路的中间体,按照SOP34-518操作。 | 34-518 | | |
| 拟稿 | 校对 | | | 批准 | | 终审 |
| 日期 | 日期 | | | 日期 | | 日期 |

2. 内容 该项内容包括：①投料单。②安全及注意事项。③紧急处理。④准备，包括检查溶酶试车结果（如果是连续生产的第一批），洗涤塔是否处于工作状态（用记录表），无用的物料是否已撤离生产区，配好的原料是否有绿标签、投料单是否已批准，取样、加料用具是否无任何污染。

## 1.6 关键知识梳理：生产前/后操作指导书

对于产品的批操作设定指导书，同样对于生产前/后操作亦应设定指导书，其格式与操作指导书相同，只是题目有所变化。如表5-2，由"批生产操作指导书"变为"生产前/后操作指导书"。

其内容主要是更换品种或维修、大修而停止生产时的工作指导。

1. 更换品种 ①生产前水试车，水试车的目的是清洗和检漏，所以在水试车前，除规程规定的清洗工艺外，还需按SOP检查各阀门及主要接口并按设计的表格记录。②生产前溶酶试车，溶酶试车在正常工艺的操作前需按有关SOP检查并记录下列事项：确定温度、压力、流量计在交验期内；称量工具的校准记录（用标准砝码）；管道连接确认记录；所有原料是否已贴绿标签，投料单是否批准。

2. 维修或大修 生产后的清洗需按所规定的规程操作进行，同时必须按照有关SOP的操作并记录以下内容：洗涤塔工作正常与否；清场记录，所有剩余的物料称重后返库；不在线设备及器具的清洗记录，如表5-3。

表5-3 ××设备器具清洗记录表

| 时间 | 内容 | 标准值 | 检测值 | 操作者 | 备注 |
|---|---|---|---|---|---|
| | 干燥器清洗 | | | | |
| | F-2清洗 | | | | |
| | 取药匙 | | | | |
| | 铲子 | | | | |
| | 加料斗 | | | | |
| | 反应罐 | | | | |

续表

| 时间 | 内容 | 标准值 | 检测值 | 操作者 | 备注 |
|------|------|--------|--------|--------|------|
|  | 泵 |  |  |  |  |

## 1.7 关键知识梳理：制剂工艺规程技术文件的组成

制药企业生产通常划分为原料药生产和制剂生产，制剂工艺规程则指制剂生产中的相关文件，包括生产文件、质量保证文件、产品注册文件等。

1. 生产文件　生产文件包括生产处方、生产规程、分装处方、分装规程等，它们的文件格式和批准程序如表 5-4、表 5-5、表 5-6、表 5-7 所示，其格式必须包括产品名称、批号、标准批量、产品代号、失效日期、生产日期、有效期、注册的工艺规程编号、注册的工艺规程生效日期，此处方（规程）需由物资管理部经理、生产经理、质量管理部经理及生产负责人批准。在准备批生产时，处方必须有处方编号、实际批量、制备人、审批、仓库分发人、车间接收人等必要的生产信息。

表 5-4　生产处方

| 产品名称： | 批号： | | 在产品号： | |
| | 标准批量： | | 标准页数： | |
| | 实际批量 | 执行日期： | 生效日： |
| | 生产指导书号： | 修正号： | |
| | 物资管理部经理： | 质量部经理： | |
| | 生产车间主任： | 厂长： | |

| 处方号： | 制备： | 审批： | 称量： | 称量复核： | 接收： |

| 序号 | 原辅料号 | 材料名称 | 规格 | 检验号 | 称量 | | 再检日期 | 复核 | | 备注 |
| | | | | | 标准量 | 实际配料量 | | 称量 | 复核 | |
| | | | | | | | | | | |
| | | | | | | | | | | |
| | | | | | | | | | | |
| | | | | | | | | | | |
| | | | | | | | | | | |
| | | | | | | | | | | |
| | | | | | | | | | | |
| | | | | | | | | | | |
| | | | | | | | | | | |
| | | | | | | | | | | |
| | | | | | | | | | | |
| | | | | | | | | | | |
| | | | | | | | | | | |
| | | | | | | | | | | |
| | | | | | | | | | | |
| | | | | | | | | | | |
| 批总含量： | | 估计收率： | 合计： | 总量 | | | 实际收率 | | | |
| | | | | | | | | | | |

表 5-5　生产规程

| 产品名称: | 批号: | | 在产品号: | | |
| | 批量: | | 标准页数: | | |
| | 实际批量: | | 执行日期: | | 修正号: |
| | 生产指导书号: | | 生效日: | | |
| 物资管理部经理: | | 生产车间主任: | | | |
| 质量部经理: | | 厂长: | | | |

| 制备规程 | 开始 | | 结束 | | 操作者签字 |
| | 日期 | 时间 | 日期 | 时间 | |
| | | | | | |
| | | | | | |
| | | | | | |
| | | | | | |
| | | | | | |
| | | | | | |
| 备注: | | | | | |

表 5-6　分装处方

| 产品名称： | 批号： | | 执行日期： | | 标准页数： | |
| | 生产指导书号： | | 在产品号： | | 修正号： | |
| | 失效日期： | | 有效期： | | 生效日： | |
| | 生产日期： | | 标准批量： | | 厂长： | |
| | 物资管理部经理： | | 生产车间主任： | | 质量部经理： | |

| 处方号 | | 实际批号 | | 制备 | 审批 | | 仓库分发 | | 接收 | |
| --- | --- | --- | --- | --- | --- | --- | --- | --- | --- | --- |
| 原辅料号 | 包装原辅料号 | 标准量辅料 | 实际批用量 | 检验号 | 发放量 | | 追加量 | | 退回量 | | 使用量 | |
| | | | | | 发放量 | 复核量 | 追加量 | 复核量 | 退回量 | 复核量 | 使用量 | 复核量 |
| | | | | | | | | | | | | |
| | | | | | | | | | | | | |
| | | | | | | | | | | | | |
| | | | | | | | | | | | | |
| | | | | | | | | | | | | |
| | | | | | | | | | | | | |
| | | | | | | | | | | | | |
| | | | | | | | | | | | | |
| | | | | | | | | | | | | |
| | | | | | | | | | | | | |
| | | | | | | | | | | | | |
| | | | | | | | | | | | | |
| | | | | | | | | | | | | |
| | | | | | | | | | | | | |
| | | | | | | | | | | | | |
| | | | | | | | | | | | | |
| | | | | | | | | | | | | |
| | | | | | | | | | | | | |
| | | | | | | | | | | | | |
| | | | | | | | | | | | | |
| | | | | | | | | | | | | |

表 5-7　产品质量保证文件

| 产品名称： | 标准号： | | 批号： | | 第　页 |
|---|---|---|---|---|---|
| | 主文件号： | | 批量： | | |
| | 原文生效日： | | 现行文件生效日： | | |
| | 前版生效日： | | 版本号： | | |
| 本批签发 / 日期： | 质量部经理批准 / 日期： | | 生产总监批准 / 日期： | | |
| 产品概述： | | | | | |
| 生产阶段： | | | | | |
| 检验项目 | 方法 | 规格 | 结果 | 检验频次 | 签字 |
| | | | | | |
| | | | | | |
| | | | | | |
| | | | | | |
| | | | | | |
| | | | | | |
| | | | | | |
| | | | | | |
| | | | | | |
| | | | | | |
| | | | | | |
| | | | | | |
| 检验开始时间： | | | 检验完成时间： | | |
| 检验号： | | | 批准： | | |
| 生产日期： | | | 有效期： | | |
| 质量保证部门（QA）终审：<br>　生产和检验的文件已经全部核实，本批将被发放 / 拒收。<br><br>　　　　　　　　　　　　　　　　　　　质量保证督导签字<br>　　　　　　　　　　　　　　　　　　　日期 | | | | | |

2. 质量保证文件 质量保证文件主要是生产实际运行中的实时监控，使用的各种原料、中间体／中间控制过程及产品，内控标准及其检验方法，还包括一年三批长期（生产 10 批以上）的稳定性数据。

3. 产品注册文件 这部分文件适用于产品在国家的政府机关注册，以得到生产批件和产品的批准文号。注册文件中与药品生产有关的文件包括处方、生产方法、注册标准和稳定性数据总结等。

## 二、质量技术体系验证案例

正如技术管理体系文件一样，质量体系文件在质量管理中的地位和作用是显而易见。制药行业属于特殊行业，介于化工制造与食品企业之间，尤其是其产品的特殊性，所以从原料的采购、加工到生产的各个环节，要全过程进行监控，才有可能保证产品质量。质量体系中的验证文件在验证活动中起着十分重要的作用。它是实施验证的指导性文件，也是完成验证，确立生产运行各种标准的客观证据。下面就企业生产中发生的具体案例进行剖析解读。

### 2.1 案例一：违规操作引发事故

无论何种药品的生产，都离不开药品生产质量管理规范的范围，也就是说要有具体的操作规程来遵循，否则就会导致不合格产品的产生，甚至引发事故。下面就叙述一些在操作过程中，由于违规操作造成的不良后果甚至危险。

#### （一）违规操作引发爆炸

1996 年 3 月 28 日，吉林某制药公司甲醇钠车间两名操作工人，由于违规操作引发设备爆炸起火，直接经济损失 2 万余元，操作工人皮肤大面积烧伤。

【事故经过】1996 年 3 月 28 日 9 时，吉林某制药公司甲醇钠车间，两名操作工人从反应釜内抽出甲醇，之后打开反应釜盖，一人解开金属钠袋口，一人向釜内投放。当投到第三块时，为了图省事，两人就托起袋子往反应釜中倾倒。只听"轰"的一声，车间四周玻璃全部炸成碎片，瞬间整个车间一片烟雾。爆炸压力（带火）从釜口喷出，所幸两名操作工未正对釜口，只是面部大面积严重烧伤。

【事故原因分析】两名操作工人严重违反了甲醇钠生产操作规范，反应釜未彻底晾干，内有氯气、氧气、甲醇等混合气体。当金属钠一起投入时，因钠与釜壁碰撞剧烈，产生火花，引起混合气体爆炸。

【事故责任】此次事故明显属于违反岗位安全操作规章的违规操作责任事故，当事人虽然遭到严重伤害，但也给公司造成了 2 万余元的直接经济损失，公司在妥善安排操作工人的治疗救助的同时，也对违规的员工进行了相应的处罚。

【整改措施】公司通过此次事故，全公司范围内职工加强安全知识教育；严格重申了各职能部门对各生产工段、岗位的安全操作规章制度的培训、监督、考核要求，同时尤其提出使用反应釜进行生产时，必须烘干晾干后才能投料；对违反规章制度者进行重罚。

### （二）违规操作引发爆炸

1998 年 3 月 4 日，吉林某制药公司九车间一名操作工人违规操作致使生产设备爆炸，造成直接经济损失近万元、操作工人双目不同程度的损伤。

【事故经过】1998 年 3 月 4 日上午，吉林某制药公司九车间甲氧化工段张某（操作工）在 2 号反应釜投料。投完料反应釜开始升温反应，当釜压升到 0.7MPa 时，"轰"的一声巨响，视盅爆炸，整个视盅破碎，在车间内找不到玻璃碎片。随即物料喷满车间，溅入该操作工双眼。救护人员立即用清水冲洗其双眼，送往市医院，治疗 15 天出院，双眼视力分别有不同程度的下降。

【事故原因分析】该操作工违反工艺操作规程，加料后没有关闭放料阀门，开始升温前未检查高压釜所有阀门是否关闭；上岗没有戴护目镜。

【事故责任】此次事故属于未按岗位操作法进行操作的违规操作责任事故，当事人虽然遭到严重伤害，但也给公司造成了近万余元的直接经济损失，公司在妥善安排操作工人的治疗救助的同时，也对违规操作的员工进行了相应的处罚。

【整改措施】公司吸取此次事故的教训，组织职工认真学习安全操作规程，并严格落实执行岗位操作法；上岗时要穿戴规定的劳保用具；教育职工树立安全第一的思想，工作时要谨慎细心，切勿马虎大意。

## 2.2 案例二：违章操作导致右手伤残

1999 年 12 月 26 日，吉林某制药公司包装车间操作工未按照岗位操作法进行操作导致右手伤残，教训惨痛。

【事故经过】1999 年 12 月 26 日，吉林某制药公司包装车间操作工张某在印袋机前负责输送袋片，印刷了 200 余条后，操作工张某发现胶版上沾了一块杂物，未关机就站起来用拇指和示指夹取，右手被对转的胶辊与铁辊紧紧夹在一起，致使大拇指截肢，示指、中指各截掉一截。

【事故原因分析】操作工未按岗位操作法操作，在不停机的情况下，用手拿取杂物；车间内无安全操作规程，也没有岗位操作法，未设立安全标志警示牌；操作工缺乏安全技术知识。

【事故责任】此次事故明显属于未按岗位操作法进行操作的违规操作责任事故。

【整改措施】公司吸取此次事故的教训，对车间工人进行全面的安全教育，增强安全意识；建立健全各项规章制度，并严格执行；安全操作规程要上墙，安全标志应齐全。

## 2.3 案例三：违规操作酿成火灾

2001 年 9 月 14 日，云南某制药公司三车间一名操作工因粗心大意，未按照安全操作规程和岗位操作法进行操作，导致车间起火、直接经济损失 5 万余元。

【事故经过】2001 年 9 月 14 日 18 时，云南某制药公司三车间回收工段李某（操作工）在中和二步甲醇时开启滴加阀门发现硫酸不滴，去检查原因时，发现高位槽放空阀门未开，便随手打开了阀门，致使硫酸快速滴入釜内同甲醇剧烈反应，使其沸出釜外，溅到了反应釜旁边的数显仪上，从平台上淌到了车间地面，霎时火起，火从平台蔓延到了车间地面。大火遍布整个车间。公司职工闻讯迅速拿来灭火器，铺设消防水带，灭火。经过十多分钟的奋力扑救，终将大火扑灭，避免了一场大的悲剧发生。

【事故原因分析】岗位操作工没有按照岗位操作法进行操作，发现高位槽放空阀门未开的情况，在没有关闭硫酸滴加阀门的情况下（未关闭硫酸滴加阀门就直接打开高位槽放空阀门属于违规操作），就打开高位槽放空阀门，致使硫酸快速滴入反应釜中，反应剧烈，导致沸料；加之数显仪不是防爆型的，引发起火，造成火灾；操作工麻痹大意，操作违规。

【事故责任】此次事故明显属于未按岗位操作法进行操作的违规操作责任事故。

【整改措施】公司吸取此次事故的教训，对车间工人进行全面的安全教育，增强全员的安全意识；建立健全各项规章制度，建立健全各车间制定特殊岗位安全操作规程，并督促职工严格执行，尤其是涉及危险易爆岗位的岗位操作法的严格执行；同时防爆车间必须使用防爆设备、电器等。

## 2.4 案例四：操作失误造成爆炸

2001 年 6 月 14 日，浙江某制药公司二车间一名操作工人因操作失误，造成反应釜爆炸，所幸没有人员伤亡，但造成物料、设备等财产损失 3 万余元。

【事故经过】2001 年 6 月 14 日 15 点 40 分，浙江某制药公司二车间"一勺烩"工段，操作工人章某刚接完班，工位上"蒸油相"正在进行中，章某检查真空度时，发现真空度没有达到要求，就去操作平台下看油相桶，只听"砰"的一声，釜内蒸气冲开釜口垫，釜内蒸气弥漫整个车间，所幸没有人在反应釜旁边（操作工去操作平台下看油相桶），才避免了一场人员伤亡事故，但造成了 3 万余元直接经济损失。

【事故原因分析】操作工没有按照岗位操作法进行操作，在反应釜加热时没有打开出料阀，使本应该是负压蒸馏的反应釜变成了正压蒸馏，导致反应釜爆炸。

【事故责任】此次事故明显属于未按岗位操作法进行操作的违规操作责任事故。

【整改措施】公司吸取此次事故的教训，对车间工人进行全面的安全教育，增强全员的安全意识；建立健全各项规章制度，尤其是加强特殊岗位的安全操作培训，使操作工掌握本岗位应知应会能力；严格执行岗位操作法，贯彻落实交接班制度（做到交接工作细致）；操作工要加强责任心，精心操作。

## 2.5 关键知识梳理：验证文件设计

生产过程遵循操作规程在具体实施前是需要验证的，验证需要文件，验证文件主要是为体系或某一工序提供正常有序工作的规范/标准的操作的客观证据。所以验证文件的设计就要符合被考核/验证的体系/工序。通常包括验证总计划（验证规划）、验证计划、验证方案、验证报告、验证总结及其他相关文档或资料（见图5-3）。

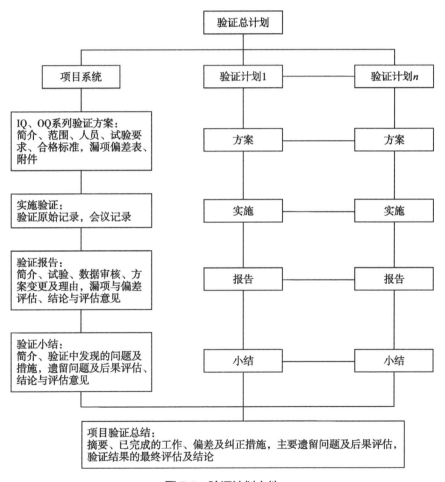

图5-3 验证计划文件

验证总计划又称作验证规划计划，是指导一个项目或某个新建工厂进行验证的纲领性文件。企业的最高管理层需用验证总计划对企业质量定位。执行什么样的 GMP 规范，就有什么样的水平。我国 GMP 是制定验证总计划的最低标准，企业应当根据 GMP 的标准，参照世界卫生组织对 GMP 的要求，结合本企业产品的特殊要求制订验证规划，这将直接决定企业的总体水平。验证总计划包括与药品生产及质量控制相关的各个方面。为了适应不同企业的不同验证要求，它通常需将企业所属的系统，按其与产品质量的相关性分为两个大系统，与产品质量直接相关的系统列入主系统；其他的则列入辅助系统。验证总计划一般包括如下内容。

1. 企业简介　对项目 / 工厂的概述，包括项目的总投资、建筑面积、生产能力和产品等内容。例如，一个新建的大容量注射剂生产厂的项目通常包括以下系统。

（1）厂房及平面布局，包括仓库及称量间。

（2）能源动力系统：包括①氮气系统；②加热蒸气系统；③制备系统（配液）；④净化空调系统；⑤灌装系统；⑥冷冻系统；⑦压缩空气。

（3）制水系统。

（4）灭菌柜。

（5）计算机控制系统。

（6）变电房。

（7）包装线等。

2. 验证的目标及合格标准　即 GMP 和其他法规的要求，以及企业产品及工艺的特殊要求。

3. 组织机构及其职责　验证组织机构的人员组成以及各个人员的职责权限。

4. 验证的原则　要求包括对安装确认（instalation qualification，IQ）、运行确认（operational qualification，OQ）、性能确认（performance qualification，PQ）等一般验证活动的概述、验证文件的管理，偏差及漏项的处理原则等。

5. 验证范围　结合图文对项目的各个需验证的系统及相关验证项目做出的原则性说明。

6. 相关文件　列出项目验证活动所涉及的相关管理及操作规程的名称和代号，如"人员的培训""厂房验证指南""制药用水系统验证指南""湿热灭菌程序验证指南""变更的管理"等，它们是项目验证的支持系统。

7. 验证进度计划。

8. 附录 平面布置图、工艺流程图、系统图以及其他各种图表等。

## 2.6 关键知识梳理：验证方案

从本质看，验证方案的起草是设计检查及试验方案的过程。因此，它是实施验证的工作依据，也是重要的技术标准。验证的每个阶段，如 IQ、OQ、PQ 等都应有各自的验证方案，实施验证活动之前必须制订相应的验证方案。

验证方案遵循"谁用谁起草"的原则，如生产设备由生产车间起草，公用程序由工程部人员起草，检验方法由 QC 起草等。在形式上，方案一般由验证小组组长起草，并由主管经理部门审核，必要时应组织有关职能部门进行会审。如生产工艺的验证方案可由来自生产部门的主管负责起草，生产经理负责审核。验证方案只有经批准后才能正式执行。与产品质量直接相关的验证方案均须由质量经理批准。其他情况下也可采用相关部门经理批准，质量部门会签的办法。

验证方案一般包括简介、背景、验证范围、实施验证的人员、试验项目、验证实施步骤、合格标准、漏项与偏差表及附录。

## 2.7 关键知识梳理：验证原始记录

验证按预先制订并批准的方案实施。验证方案包括指令及记录两大部分，即除了规定了应当如何做、达到什么标准以外，它还规定了应当完成的记录。指令有时只有文件的编号，如清场的标准操作规程，其内容需要从相应的规程中查阅。验证的记录应及时、清晰并有适当的说明。

验证过程中必然会出现一些没有预计到的问题、偏差甚至出现无法实施的情况，这种情况称为漏项。它们均应作为原始记录在记录中详细说明。这部分的内容可作为验证方案的附件，附在验证报告中。

原始记录中还有一些是设备的自动记录。这类记录只有实施验证的人员在记录上做出必要的说明，签名并签注日期后，才能成为文件，进入原始记录。

## 2.8 关键知识梳理：验证报告及总结

某一系统完成所有验证活动后，应同时完成相应的验证报告。这同生产作业一样，每一工序生产作业完成，就得到该工序的批生产记录。验证各个阶段的工作全部完成后，应准备一份验证总结，对所有相关的验证报告进行总结，应包括以下内容。

1. 简介　概述验证总结的内容和目的。

2. 系统描述　对所验证的系统进行简要描述，包括其组成、功能及在线的仪器仪表等情况。

3. 相关的验证文件　将相关的验证计划、验证方案、验证报告列一个索引，以便必要时进行追溯调查。

4. 人员及职责说明　参加验证的人员及各自的职责，特别是外部资源的使用情况。

5. 验证合格的标准　可能时标准应用数据表示，如法定标准、药典标准或规范的通用标准，如洁净区的级别。应注明标准的出处，以便复核。

6. 验证的实施情况　预计要进行哪些试验及实际实施情况如何，如有些系统的自动控制系统作为计算机验证单列，有的则作为系统功能的组成部分在系统验证过程中完成。又如包装线的验证，只需做到 PQ（性能确认），不必进行所谓的产品验证。这些均可在此项中做出简要说明。

7. 验证实施的结果　各种验证试验的结果，必要时应有一份汇总表，如以灭菌程序的验证为例，可列出各个产品灭菌程序的挑战性试验结果，共进行了多少次，标准灭菌时间 $F$ 值的上限与下限。有时此项也可以与上一项合并起来写。

8. 偏差及措施　阐述验证实施过程中所发现的偏差情况及采取的措施。将验证过程中观察到的各种问题及解决办法记录在案，对今后的设备维修及生产运行十分重要。那些对产品质量有直接影响的因素，应予以充分注意，它们是制定常规生产操作规程的重要背景资料。在验证小结中，务必不要遗漏这些内容。工作人员应当将验证总结作为验证的结晶，切实完成，它是使文件转化为生产力的重要途径。例如，某纯水系统用自来水作为源水，源水的氨氮一般不超过百万分之一，验证过程中（通常要一年时间来考察季节变化的影响）有一段时间超过百万分之十，此后离子交换树脂的能力突然下降，而且无法恢复。这种问题很容易与源水的污染联系起来，故分析偏差时，原以为是树脂中毒，需要更换。但最后请有关专家通过多种试验查明，树脂交换能力突然下跌的原因，仅是阳离子树脂床及阴离子树脂床间的隔离网局部破损，但少量的阳离子树脂流入了阴离子树脂床对降低阳床的交换能力尚不是个严重问题。然而，在阴离子树脂再生时，混入阴离子树脂床的阳离子在强碱作用下，由氢型转化成钠型，并在运行中不断释放出阳离子，而出水质量是以电导值控制的，电导值超标时，整个离子交换柱就无法正常运行，造成离子交换树脂中毒、无法再生的假象。之后将隔离网更换，问题很快就解决了。类似此类的偏差、调查的结论及采取的措施如不列入验证小结，则是一种资源的浪费，因为它对系统运行中故障分析的参考价值很大。

9. 验证的结论　明确说明被验证的子系统是否通过验证并能否交付使用。

## 三、清洁验证

现以制药生产中的清洁验证为例，说明验证的工作阶段和过程，在药品生产的每道工序完成后，对制药设备进行清洗是防止药品污染和交叉污染的必要手段。产品生产后，与产品相接触的制药设备总会残留若干原辅料并有可能被微生物污染。微生物在适当的温湿度下以残留物中的有机物为营养可大量繁殖，进而产生各种代谢产物。如果这些残留物和微生物进入下批生产过程，必然对下批的质量产品产生不良影响。因此，必须通过清洗将这些污染源从药品生产的循环中除去。严格地讲，绝对意义上不含任何残留物的清洁状态是不存在的。在制药工业中，清洁的概念就是设备中残留物（包括微生物）的量不影响下批产品规定的疗效、质量和安全性的状态。通过有效的清洗，可将上批药品残留在生产设备中的物质减少到不会影响下批产品疗效、质量和安全性的程度。在液体制剂生产中，清洁除去了微生物繁殖需要的有机物，从而创造了不利于微生物繁殖的客观条件，便于将设备中的微生物污染控制在最低的污染水平。设备的清洁程度取决于残留物的性质、设备的结构、材质和清洗的方法。对于确定的设备和产品，清洁效果取决于清洗的方法。书面的、确定的清洗方法即所谓的清洁规程，它包括清洗方法的所有方面,如清洗前设备的拆卸、清洁剂的种类和浓度、清洗的次序和温度、压力、pH等各种参数。设备的清洗必须按照清洁规程进行,各种版本的GMP都规定必须对清洁规程进行验证。清洁验证就是通过科学的方法采集足够的数据,以证明按规定方法清洁后的设备,能始终如一地达到预定的清洁标准。

科学、完整的清洁验证一般可按以下几个工作阶段依次进行:①选定清洁方法,根据经验及设备情况制定清洁规程草案;②制订验证方案,包括确定最难清除的物质和最难清洁的设备(部位),确立合格标准,确定取样和检验的方法;③按书面的验证方案开展试验获取数据,评价结果,得出结论,确立规程;④如验证的结果表明初定的清洁程序难以达到预定标准,则需修改程序,重新验准,直至最终确定清洁程序。

## (一)清洁方法的选定

工艺设备的清洁通常分为手工清洁、自动清洁或两种方法的结合。手工清洁方法主要是由人工持清洁工具清洗设备,常用的清洁工具一般有能喷洒清洁剂和淋洗水的喷枪、喷淋球、刷子、高压水枪、尼龙清洁块等。清洗前通常需要将设备拆卸到一定程度,并转移到专门的清洗场所。自动清洁的特点是由自动的专门设备按一定的程序自动完成清洗过程的方式。通常只要将清洗装置同待清洗的设备相连接,由清洗装置按预定的程序完成整个清洁过程。生产实践中这两种方式均有采用。清洁方式的选定必须全面考虑设备的结构与材质、产品的性质以及设备的用途。如果设备体积庞大且内表面光滑无死角;生产使用的物料和产品易溶于水或一定的清洁剂,则宜采用自动或半自动的在线清洗方式:清洁剂和淋洗头在泵的驱动下以一定的压力、速度和流量流经待清洗设备的管道,或通过专门设计的喷淋头均匀喷洒在设备内表面达到清洗的目的,大容量注射剂的配制系统往往采用这种方式。如果生产设备死角较多,或生产的产品易黏结在设备表面、易结块等情况,则需要进行一定程度的拆卸,并用人工或专用设备清洗。固体制剂的生产设备如制粒机、压片机等大多采用人工清洗方式。

不管采取何种清洁方式,都必须根据设备说明书的要求、所生产的品种及工艺条件制定一份详细的书面规程,规定每一台设备的清洗程序,从而保证每个操作人员都能以可重复的方式对其清洗,并获得相同的清洁效果,这是进行验证的前提。

**（二）清洁规程的要点**

清洁规程至少包括以下内容：①清洁开始前对设备必要的拆卸要求和清洁完成后的装配要求；②使用清洁溶液的浓度和数量；③清洁剂的名称、成分和规格；④配制清洁溶液的方法；⑤清洁溶液接触设备表面的时间、温度、压力、流速等关键参数；⑥淋洗要求；⑦生产结束至开始清洁的最长时间；⑧设备连续使用的最长时间；⑨已清洁设备用于下次生产前的最长存放时间。

1. 拆卸　应规定清洁一台设备需要拆卸的程度。大多数设备，如大容量注射剂的灌装机、固体制剂的制粒机、压片机接触产品的许多部件都要在清洁前需要预先拆卸到一定程度。应有书面的、内容清晰完整的拆卸指南，最好结合图表和示意图以使操作人员容易理解。

2. 预洗／检查　预洗的目的是除去大量的（可见的）残余产品或原料，为此后的清洁创造一个基本一致的起始条件。由于清洁规程往往不是专用的，它需要适用于生产多种产品和浓度规格的通用设备，以简化管理及操作，进行预洗是有必要的。它可为按通用清洁规程进行的清洗作业提供一个相对一致的起始点，因而有助于提高随后各步的重现性。

预洗所使用的水质不必苛求，通常饮用水或经一定程度净化（如过滤）的饮用水即可。使用水管或手持高压喷枪以新鲜的流水冲洗设备除去残留物。在残留物物理性质差异较大的情况下，有的企业会制定一份产品预洗参数如水温、压力、时间等一一对应的对照表，由操作人员按实际产品选择参数。这种方法在实施时并不十分理想。由于操作人员的素质及习惯，从一大堆方案中去选择应当采用的方案反而容易造成差错。比较简单而切合实际的方法是让操作者检查是否还有可见的残留物，让他们持续喷淋设备直至可见残留物消失，以此作为预洗的终点。因此，操作者判断预洗完成与否的标准必须明确，特别是应检查的部位。例如，可在规程中做出这样的规定：用热的饮用水持续喷淋机器的所有表面，使所有可见的残留颗粒消失，特别注意检查不易清洁的部位。

3. 清洗　此步操作的目的是用清洁剂以一定的程序（如固定的方法、清洗时间等）除去设备上看不到的产品、这种一致性是进行验证的基础。

在预洗后，下一步即对设备或部件进行实际的清洗。如果清洁程序中要使用专用的清洁剂，即在本步使用。为获得稳定的结果，减小偏差的发生，必须明确规定清洁剂的名称、规格和使用的浓度，以及配制该清洁溶液的方法。应明确清洁剂的组成，以便验证时检查是否有残留的清洁剂。

从本质上看，这一步的清洁是溶剂对残留物的溶解过程，而溶解往往随温度的升高而加快，因此，温度是这一过程的重要的参数，必须规定温度控制的范围、测量及控制温度的方法。为提高清洗效率，可采用多步清洗的方式。在这种情形下，两步清洗之间可加入淋洗操作。配制清洁溶液的水可根据需要，采用饮用水或纯水。

4. 淋洗　用水以固定的方法和固定的淋洗时间淋洗设备表面，以除去设备上看不到的清洁剂是本操作的目的。

清洗步骤通常可溶解大部分残留物，但设备上残留的清洗液中含水、清洁剂和残留的产品或原料。本步骤用水对其进行充分的淋洗，使残留物的浓度降至预定限度以下，以不造成新的潜在的污染。为提高淋洗效率，宜采用多次淋洗的淋洗方法。

在淋洗阶段，GMP对水质有明确的要求。应根据产品的类型采用符合药典标准的纯水或注射用水。淋洗最初阶段可以使用质量较低的水如饮用水。如由电脑按预定程序自动执行的淋洗程序进行淋洗，淋洗的结果就比较安全可靠。从确保淋洗效果出发，应尽可能避免人工法对不同水质的切换——由操作者根据淋洗步骤选择水质的方式。

由于本步骤的目的是除去已溶解的低浓度的残留物，并使残留在设备上的水具有尽可能高的质量（最小的可溶性固体，最低的微生物污染水平），在淋洗水的压力、流速、淋洗持续时间及水温等诸影响因素中，水温的重要性相对下降。当然，较高的温度有助于残留水的挥发，并兼有一定的消毒作用。

5. 干燥　根据需要决定是否进行干燥。除去设备表面的残留水分可防止微生物生长，由于水膜有可能掩盖残留物，一定程度上有碍检查，因此对于须暴露保存的设备，应进行干燥。但对于经过验证的清洁程序，如果设备淋洗后要进行灭菌处理，或是采用高温、无菌的注射用水淋洗后并保持密闭的设备则不一定要进行干燥处理。

6. 检查 通常经过验证的清洁程序应保证清洁后的设备不残留可见的残余物。进行目检可在发生意外时，仍能及时发现而采取补救措施，不得有残余物。如发现残余物，向工段长汇报以采取纠偏措施。

7. 储存 规定已清洁设备和部件的储存条件和最长储存时间，以防止再次污染。

8. 装配 应规定将被拆卸部件重新装配的各步操作，附以图表和示意图以利于操作者理解。此外，要注意装配期间避免污染设备和部件。

### （三）清洁剂的选择

清洁剂应能有效溶解残留物，不腐蚀设备，且本身易被清除。随着环境保护标准的提高，还应要求清洁剂对环境尽量无害或可被无害化处理。根据这些标准，对于水溶性残留物，水是首选的清洁剂。不宜提倡采用一般家用清洁剂，因其成分复杂，生产过程中对微生物污染不加控制，质量波动较大，且其供应商不公布详细组成。使用这类清洁剂后，还会等来另一个问题，即如何证明清洁剂的残留达到了标准。应尽量选择组成简单、成分确切的清洁剂。根据残留物和设备的性质，企业还可自行配制成分确切的清洁剂，如一定浓度碱溶液等。企业应有足够灵敏的方法检测清洁剂的残留情况，并有能力回收或对废液进行无害化处理。

### （四）清洁验证的合格标准

清洁验证方案必须符合一般验证方案的共性要求。验证方案中最关键的技术问题为如何确定最难清洁物质、最难清洁部位和取样部位、最大允许残留限度和相应的检测方法。

1. 最难清洁物质 一般药品都由活性成分和辅料组成，复方制剂则含有多种活性成分。所有这些物质的残留物都必须除去。在清洁验证中为所有残留物都制定限度标准并——检测，这是不切实际且没有必要的。由于相对于辅料而言，活性成分的残留物对下批产品的质量、疗效和安全性有更大的威胁，通常的做法是将残留物中的活性成分确定为最难清洁物质。如果某种辅料的溶度非常小，则应根据具体情况决定是否也应将该辅料列为最难清洁物质进行考察。如存在两个以上的活性成分，其中最难溶解的成分即可作为最难清洁物质。以复方氨基酸注射液为例，它有 18 种氨基酸均为活性成分，其中最难溶解的为胱氨酸，仅微溶于热水，因此可将其作为最难清洁物质。

2. 最难清洁部位和取样点 在确定最难清洁部位前,首先应当对清洗过程的机理有所了解。除手工擦洗主要依靠机械摩擦力将附着在设备表面的残留物除去外,常规的清洗主要依靠溶剂对残留物的溶解作用,以及流动的清洁剂对残留物的冲击。而溶解的速度取决于单位时间内由溶质表面进入溶液的溶质分子数与从溶液中回到溶质表面的分子数之差。一旦差值为零,表面溶解过程达到动态平衡,则此溶液即为饱和溶液。溶解过程中溶质表面很快形成薄层饱和溶液,饱和溶液中的溶质分子不断向溶液深处扩散,形成从溶质表面到溶液深处的一个递减的浓度梯度。如果处于饱和层的溶质分子不能迅速进入溶液深处,则会降低溶解的速度,因此可以观察到,即使是溶解度很大的物质,静止状态下的溶解过程也是非常缓慢的。提高溶解速度的方法是使溶液流动以迫使溶质表面的饱和层离开。

在清洗过程中,必须使清洁剂在运动中与残留物接触。清洁剂与残留物的相对运动从宏观上可分解为垂直方向和水平方向的运动。相对垂直的运动可将已溶解的物质迅速带离溶质表面,而水平方向的相对运动根据流体力学的基本原理,又可分为层流和湍流两类情况。

如果清洁剂在待清洗设备中形成层流,会很迅速地在残留物表面形成一层稳定的饱和溶液层,残留物的溶解速度会急剧下降,这与静止状态下的溶解过程非常相似,从而清洁效率也随之明显下降,因此在清洁中应避免层流的产生。

流体以湍流形式流动时,总有部分质点的运动方向相对垂直于管轴或管壁。这样残留物表面不会形成稳定的饱和层,溶解的速度大大提高,清洁的效率也随之提高。因此,在清洗过程中,必须保证清洁液以湍流形式流动。

此外,切不可忽视那些似乎不直接接触产品的部位,如复方氨基酸注射液配置系统一般需安装防爆安全阀(膜)的歧管、降气管、充氮管、抽真空管等,这些管道或由于投料时物料微粒的飞扬,或以为配制罐内雾化的小液滴随充氮、抽真空等工艺过程四处飘散而可能被污染。有时这种污染很轻微,但如果清洁程序未能考虑这些管路,日积月累可能产生严重的后果。

综合而言,凡是死角、清洁剂不易接触的部位(如带密封垫圈的管道连接处,压力、流速迅速变化的部位如有歧管或岔管处、管径由小变大处),容易吸附残留物的部位(如内表面不光滑处)等,都应视为最难清洁部位。

3. 残留量限度的确定　如何确定残留物限度是个相当复杂的问题，但却是验证方案无法回避，是必须解决的问题。FDA 在《清洁规程验证检查指南》中指出："FDA 不打算为清洁验证设立一个通用方法或限度标准。那是不切实际的，因为原料和制剂生产企业使用的设备和生产的产品千差万别，确立残留物限度不仅必须对所有有关物质有足够的了解，而且所定的限度必须是现实的，能达到和可被验证的。"也就是说，鉴于生产设备和产品性质的多样性，由药品监督机构设立统一的限度标准和检验方法是不现实的。企业应当根据其生产设备和产品的实际情况，制定科学合理的、能实现并通过适当的方法检验的限度标准。

目前企业界普遍接受的限度标准基于以下原则：①分析方法能达到的能力，如浓度限度为百万分之十；②生物活性的限度，如正常治疗剂量的 1/1 000；③以目检为依据的限度，如不得有可见的残留物（为定性标准，是定量标准的补充）。

4. 微生物含量限度　微生物污染水平的制定应满足生产和质量控制的要求。发达国家的 GMP 一般明确要求控制生产各部的微生物污染水平，尤其对无菌制剂，产品最终灭菌或除菌过滤前的微生物污染水平必须严格控制。如果设备清洁后立即投入下批生产，则设备中的微生物污染水平必须足够低，以免产品配制完成后微生物项目超标。微生物的特点是在一定环境条件下会迅速繁殖，数量急剧增加，且空气中存在的微生物能通过各种途径污染已清洁的设备。设备清洗后存放的时间越长，被微生物污染的概率越大。因此，企业应综合考虑其生产实际情况的需求，自行制定微生物污染水平应控制的限度，及清洗后到下次生产的最长储存期限。

（五）取样与检验方法学

成批的产品要想逐件进行检查是无法做到的，所以只能取一部分（很少一部分）产品去检验，这就是被称为"取样"，取样是要按照一定的规定和大家都认可的方法进行的，下面列举了验证规范认可的方法。

1. 最终淋洗水取样　本法为大面积取样方法，其优点是取样面大，对不便拆卸或不宜经常拆卸的设备也能取样，因此，适用于擦拭取样不宜接触到的表面，尤其适用于设备表面平坦、管道多且长的液体制剂的生产设备。

淋洗水取样的缺点是上述溶解与流体力学原理，当溶剂不能在设备表面形成湍流进而有溶解残留物时，或者残留物不溶于水"干结"在设备表面时，淋洗水就难以反映真实的情况。

取样的方法为：根据淋洗水流经设备的线路，选择淋洗线路相对最下游的一个或几个排水口为取样口。分别按照微生物检验样品和化学检验样品的取样规程收集清洁程序最后一步淋洗即将结束时的水样。也可以在淋洗完成后在设备中加入一定量的工艺用水，用量必须小于生产用量，使其在系统内循环后在相应位置取样。如在验证试验中采用后一种方法，其结果的可靠性要好一些，这是可以预见的。

对淋洗水样一般检查其残留物浓度和微生物污染水平，如生产有澄明度与不溶性微粒要求的制剂，通常还要求淋洗水符合相关剂型不溶性微粒和透明度的标准。

2. 擦拭取样　优点是能对最难清洁部位直接取样，通过考察有代表性的最难清洁部位的残留物水平评价整套生产设备的清洁状况。通过选择适当的擦拭溶剂、擦拭工具和擦拭方法，可将清洗过程中未溶解的，已"干结"在设备表面或溶解度很小的物质擦拭下来，能有效弥补淋洗取样的不足。检验的结果能直接反映出各取样点的清洁状况，为优化清洁规程提供依据，擦拭取样的缺点是很多情况下须拆卸设备方能接触到取样部位。

（1）擦拭工具和溶剂：擦拭取样时应注意擦拭工具和溶剂对检验的干扰。常用的擦拭工具为药签，即在一定长度的尼龙或塑料棒的一端缠有不掉纤维的织物。药签应耐一般有机溶剂的溶解。棉签容易脱落纤维，故在使用前用取样用的溶剂预先清洗，以免纤维遗留在取样表面。

溶剂用于擦拭时溶解残留物，并将吸附在擦拭工具上的残留物萃取出来以便检测，用于擦拭和萃取的溶剂可以相同也可不同。一般为水、有机溶剂或两者的混合物，也可含有表面活性剂等以帮助残留物质溶解。

选择溶剂的原则：不得在设备中遗留有毒物质；应使擦拭取样有较高的回收率；不得对随后的检测产生干扰。

药签的选择原则：能被擦拭溶剂良好地润湿；有一定的机械强度和韧性，足以对设备表面施加一定的压力和摩擦力，并不易脱落纤维；能同擦拭溶剂和萃取溶剂相兼容，不对检测产生干扰。

（2）擦拭取样操作规程

1）计算所要擦拭表面的面积，每个擦拭部位擦拭的面积应以获取残留物的量在检测方法的线性范围内为原则，通常可取 $25cm^2$ 或 $100cm^2$。

2）用适宜的溶剂润湿药签，并将其靠在溶剂瓶上挤压除去多余的溶剂。

3）将药签头按在取样表面上，用力使其稍弯曲，平稳而缓慢地擦拭取样表面，在向前移动的同时将其从一边移到另一边。擦拭过程应覆盖整个表面，翻转药签，将药签的另一面也在取样表面上擦拭，但与前次擦拭移动方向垂直，如图 5-4。

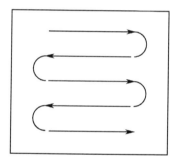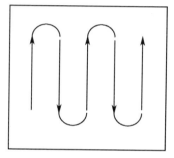

图 5-4　药签擦拭取样示意图

4）擦拭完成后，将药签放入试管，并用螺旋盖旋紧密封。

5）按照下述方法制备对照样品：按步骤 2）湿润药签，将药签直接放入试管并旋紧密封，将该样品与其他样品一起送至实验室。

6）取样完成后应在试管上注明有关取样信息。

擦拭取样也用于微生物取样，应使用无菌的擦拭棒，按取表面微生物样本的要求取样。

（3）检验方法：检验方法应经过验证，除要求检验方法对待检测物质应有足够的专属性和灵敏度外，验证还包括精密度、线性范围和回收率试验。对用于清洁验证的检验方法的定量要求不必像成品质量检验那样严格：一般要求其线性范围达到残留物限度的 50%～150%，代表精密度的相对标准差小于 10% 即可，检验方法的回收率可与取样的回收率结合进行。

（4）取样验证：取样过程需经过验证，通过回收率试验验证取样过程的回收率和重现性，要求包括取样回收率和检验方法回收率在内的综合回收率不低于50%，体现重现性的多次取样回收率的相对标准差不大于20%。

取样过程的验证实际上是对药签、溶剂的选择，取样人员操作、残留物转移到药签和样品溶出（萃取）过程的全面考察。

验证的具体方法如下：

1）准备一块500mm×500mm的平整光洁的不锈钢板。

2）在钢板上用钢锥划出400mm×400mm的区域，每隔100mm划线，形成16块100mm×100mm的方块。

3）配制含待检测物浓度为0.016%的溶液，定量装入喷雾器。

4）将约10ml溶液尽量均匀地喷在400mm×400mm的区域内。

5）根据实际喷出的溶液体积计算单位面积的物质量（约$1\mu g/cm^2$）。

6）自然干燥或用电吹风温和地吹干不锈钢板。

7）用选定的擦拭溶剂润湿擦拭工具，按前述擦拭取样操作规程擦拭钢板，每擦一个方块（$100cm^2$）换一根擦拭棒，共擦6～10个方块。

8）将擦拭棒分别放入试管中，盖上试管盖，加入预定溶剂10ml，加塞，轻摇试管，并放置10分钟，使物质溶出。

9）用预定的检验方法检验，计算回收率和回收率的相对标准差。

## （六）清洁方法的优化及验证

在实际生产中，一台（组）设备用于多种产品的生产是非常普遍的现象，有时各种产品的物理、化学性质有很大差异。清洁规程的制定者是否要为每个产品分别制定清洁规程呢？实践经验证明，为一台（组）设备制定多个清洁规程并不可取。这不仅由于为每个规程进行验证的工作量过于庞大，更主要的是操作者要在多个规程中选择适当的清洁方法很容易造成差错。比较可行的方法是：在所有涉及的产品中，选择最难清洁的产品为参照产品，以所有产品/原料中允许残留量最低的限度为标准（最差条件），优化设计足以清除该产品/原料以达到残留量限度的清洁程序。验证就以该程序为对象，只要证明其能达到预定的要求，则该程序就能适用所有产品的清洁。当然，从环保和节约费用的角度考虑，如果实践证明该清洁程序对大多数产品而言过于浪费，也可再选择一个典型的产品进行上述规程制定和验证工作。这时，在规程中必须非常明确地规定该方法适用于哪些产品，还须明确为防止选择时发生错误所需要采取的必要的措施。

参照产品的选择原则如下：①将所有产品列表。②确定产品的若干物理、化学性质为评价项目，如主要活性成分的溶解度、黏度、吸附性等，其中最主要的性质为溶解度。③对每个产品的评价项目打分，如将溶解度分为1级、2级、3级、4级，依次表示难溶、微溶、可溶、易溶。④根据经验和产品性质，拟定适当的清洁剂种类。⑤计算各产品的最大允许残留限度。⑥将表格按照溶解度由小到大排序，选择溶解度最小的产品作为参照产品。⑦如果表格中使用的清洁剂可分为以水或水溶性清洁剂（包括酸、碱溶液）和有机溶剂有两类，分别选择一种参照产品。⑧将表中允许残留限度最小的数值确定为验证方案的允许残留物限度标准。⑨将与参照产品对应的清洁剂确定为清洁方法使用的清洁剂。

根据设备的情况、已确定的清洁剂和残留限度，设计清洗方法。在生产后依法清洗并验证。清洁验证试验至少进行三次，每批生产后按清洁规程清洁，按验证方案检查清洁效果、取样并化验。重复上述过程三次。三次试验的结果均应符合预定标准。如果出现个别化验结果超标的情况，必须详细调查原因。如果有证据表明结果超标是因为取样、化验失误等原因，可将此数据从统计中删除。否则应判验证失败，不得采用重新取样再化验直至合格的做法。验证失败意味着清洁规程存在缺陷，应当根据化验结果提供的线索修改清洁规程，随后开展新一轮的验证试验。

在发生下列情形之一时，须进行清洁规程的再验证：①清洁剂改变或清洁程序做重要修改；②增加生产核对更难清洁的产品；③设备有重大变更；④清洁规程有定期再验证的要求。

| | 企业量产 | 计量器具 | 计量仪器管控 |
|---|---|---|---|
| **如何管控企业生产中的量产** | 计量器具标准化管理…… | | |
| | 计量器具的送检…… | | |
| | 计量器具的种类…… | | |
| | 计量器具的管控方法…… | | |
| **计量检定相关内容** | 制药企业中的量产是指计量中的标准化管理与控制。通过对"衡器不准导致损失"案例进行解读，使企业管理者到从业人员充分认识到制药企业的计量检定以及相关的国家计量检定系统的重要性。 | | |
| **计量器具的送检、校对** | 计量器具在日常生活中十分常见，是一种衡量标准，殊不知无论在流通领域还是在制造行业这种计量器具是需要遵循法规进行周期送检、校对的，否则是要负法律责任的。 | | |
| **标准与标准化** | 通过对标准和标准化含义案例进行解读，使从业人员了解标准及标准化在行业内(生存)的重要意义。 | | |

# 第六章

# 企业生产中量产的管控

企业生产过程中是离不开物料的"量"化的，而且这个"量"必须非常准确，否则就会在产品（药品）质量上出现问题。这个"量"合格了，才有资格谈"产"，也才能说到效益层面，才能谈到为企业、为社会作出贡献，否则都是空话。下面就以两个常见的案例，说明没有按期送检和超期请检给企业带来的损失。

## 一、计量器具的送检

### 1.1 案例：衡器不准导致损失

1992 年 10 月 18 日，吉林省某中药制药股份有限公司的一批牛黄安宫丸在市场上被药品检验所质量监督站季检抽查"重量差异限度"指标超限，判定为不合格，为此该企业将损失数万元。

【事情经过】依照《药品管理法》及药品监督的法律法规，属地药品检验所将委托属地药品监督站按照计划对进入属地药店的药品及医疗器械等进行季度抽检，并将抽检结果上报属地药品检验所，同时通知药品生产企业（如药品出现不合格情况）。1992 年 10 月 18 日，吉林省某中药制药股份有限公司收到属地药品监督站对该公司产品（牛黄安宫丸）的季度抽检报告书，指出其公司产品质量（"重量差异限度"指标超限）出现问题，要求按照药品送检样要求，将被药品监督站抽检批号再次送样与药品监督站进行复检。

【事故原因分析】该公司生产该产品已有多年，从未出现过质量问题，牛黄安宫丸属于中药中的贵细药（成药），故而从投料到生产过程均按照全过程监控的生产工艺流程进行操作。既然这样为什么还会出现这么大的失误呢？公司责成生产、技术、质量、供应等相关部门人员组成专案组，进行分析查找原因，逐条排查（尤其是重点查找生产原始记录等第一手资料记录）。最终发现生产车间用于称重的衡器（称）没能按期进行校检，用于监控质检（化验室）的称重的衡器（称）也没能按期进行送检是导致此次事故的主要原因。

【事故责任】此次事故属于生产管理部门的管理性责任事故。

【整改措施】此次事故警示公司应加强公司内部质量管理的力度，建立健全公司规章制度，尤其是产品质量管理的相关制度，落实岗位职责，实施责任制度，确保生产管理各环节的工作质量和产品质量。

## 1.2 关键知识梳理：衡器的涵义

衡器属于计量器具范畴，计量这一词源于商品交换，由于人们生活中需要测量长度、容积和质量，所以在古代中国，人们把计量称为度量衡。随着生产、科学技术和社会的不断发展，计量的范围逐渐扩大，内容不断充实，已远远超出度量衡的范畴。根据国家计量技术规范 JJF1001—2011《通用计量术语及定义》，计量定义为"实现单位统一、量值准确可靠的活动"。人类为了生存和发展，必须认识自然，而自然界的一切现象、物体或物质，是通过一定的"量"来描述和体现的。因此，要认识大千世界和造福人类社会，就必须对各种量进行分析和确认，既要区分量的性质，又要确定其量值。而在不同时间、地点，由不同的操作者用不同仪器所确定的同一个被测量的量值，应当具有可比性。只有当选择测量单位遵循统一的准则，并使所获得的量值具有必要的准确度和可靠性时，才能保证这种可比性。显然，对测量的这种要求不会自发地得到满足，必须由社会上的有关机构、团体包括政府进行有组织的活动才能达到。这些活动主要包括进行科学研究、发展测量技术和建立计量基准、标准等用于保证测量结果具有溯源性的物质技术基础，以及制定计量法规、开展计量管理等。

## 1.3 关键知识梳理：计量检定的术语

计量检定是指评定计量器具的计量特性，确定其是否符合法定要求所进行的全部工作。检定是由计量检定人员利用计量标准，按照法定的计量检定规程要求，包括外观检查在内，对新制造的、使用中的和修理后的计量器具进行一系列的具体检验活动，以确定计量器具的准确度、稳定度、灵敏度等是否符合规定、可供使用，计量检定必须出具证书或加盖印记及封印等，以标志其是否合格。计量检定有以下特点：①检定对象是计量器具。②检定目的是判定计量器具是否符合法定的要求。③检定依据是按法定程序审批发布的计量检定规程。④检定结果是检定必须做出是否合格的结论，并出具证书或加盖印记（合格出具"检定证书"，不合格出具"不合格通知书"）。⑤检定具有法制性，是实施国家对测量业务的一种监督。⑥检定主体是计量检定人员。

计量检定术语与计量器具的检定类似的计量术语有校准、测试、计量确认等，必须正确理解它们含义并加以区分。

1. 校准 校准是指在规定条件下，为确定测量仪器或测量系统所指示的量值或实物量具或参考物质所代表的量值，与对应的由标准所复现的量值之间关系的一组操作。校准结果既可赋予被测量以示值，又可确定示值的修正值。校准还可确定其他计量特性，如影响量的作用；校准结果可出具"校准证书"或"校准报告"。

从该定义中可看出，校准与检定一样，均属于量值溯源的一种有效合理的方法和手段，目的都是实现量值的溯源性，但两者有如下区别：

（1）检定是对计量器具的计量特性进行全面的评定；而校准主要是确定其量值。

（2）检定要对该计量器具做出合格与否的结论，具有法制性；而校准并不判断计量器具的合格与否，不具有法制性。

（3）检定应发"检定证书"、加盖检定印记或"不合格通知书"，作为计量器具进行检定的法定依据；而校准是发"校准证书"或"校准报告"，只是一种无法律效力的技术文件。

2. 测试 测试是指具有试验性质的测量。一般认为，计量器具示值的检定或校准，有规范性的技术文件可依，可以通称为测量或计量，而除此以外的测量，尤其是对不属于计量器具的设备、零部件、元器件的参数或特性值的确定，其方法具有试验性质，一般就称为测试。

3. 计量确认　计量确认是指为确保测量设备处于满足预期使用要求的状态所需的一组操作。计量确认一般包括校准或检定，各种必要的调整或修理及随后的再校准，与设备预期使用的计量要求相比较以及所要求的封印和标签。只有测量设备已被证实适合于预期使用并形成文件，计量确认才算完成。预期使用要求包括量值、分辨率、最大允许误差等。

从定义中可以看出，计量确认概念完全不同于传统的"检定"或"校准"，它除了有校准含义外，还增加了调整或修理、封印和标签等含义。

## 1.4 关键知识梳理：计量的强制与非强制检定

计量强制检定是指由政府计量行政主管部门所属的法定计量检定机构或授权的计量检定机构对社会公用计量标准器具、企业的最高计量标准器具以及用于贸易结算、安全防护、医疗卫生、环境监测等方面列入国家强制检定目录的工作计量器具必须实行定点定期检定。其特点是由政府计量行政部门统管，指定法定的或授权的技术机构具体执行；固定检定关系、定点送检；检定周期由执行强制检定的技术机构按照计量检定规程来确定。

强检标志：CV（Compulsory Verification of China）、《中华人民共和国计量法》（简称《计量法》）对强制检定的规定，不允许任何人以任何方式加以变更和违反，当事人和单位没有任何选择和考虑的余地。

计量非强制检定是指由计量器具使用单位或自己委托具有社会计量标准或授权的计量检定机构，依法进行的一种检定。

计量强制检定与非强制检定均属法制检定，是对计量器具依法管理的两种形式，都要受法律的约束。不按规定进行周期检定的，都要负法律责任。

## 1.5 关键知识梳理：衡器监控管理

我国计量立法的基本原则之一是"统一立法、区别对待"。这一原则体现在计量检定管理上，就是要从我国的具体国情出发，根据各种计量器具的不同用途以及可能对社会产生的影响程度，加以区别对待，采取不同的法制管理形式，即强制检定和非强制检定。

### （一）强制检定

强制检定由政府计量行政部门强制实行。任何使用强制检定的计量器具的企业或者个人，都必须按照规定申请检定。不按照规定申请检定或者经检定不合格继续使用的，由政府计量行政部门依法追究法律责任，给予行政处罚；强制检定的检定执行机构由政府计量行政部门指定。被指定单位可以是法定计量检定机构，也可以是政府计量行政部门授权的其他计量检定机构；强制检定的检定周期，由检定执行机构根据计量检定规程，结合实际使用情况确定；对强制检定范围内的计量器具实行定点定周期检定。

（二）非强制检定

非强制检定是由企业对强制检定范围以外的其他依法管理的计量器具自行进行的定期检定。

（三）强制检定与非强制检定的主要区别

强制检定由政府计量行政部门实施监督管理；而非强制检定则由企业自行依法管理，政府计量行政部门只侧重于对其依法管理的情况进行监督检查；强制检定的检定执行机构由政府计量行政部门指定，企业没有选择的余地；而非强制检定由企业执行，企业自己不能检定的，可以自主决定委托包括法定计量检定机构在内的任何有权对外开展量值传递工作的计量检定机构检定；强制检定的检定周期由检定执行机构规定；而非强制检定的检定周期则在检定规程允许的前提下，由企业自己根据实际需要确定。

（四）强制检定计量器具的范围

强制检定的计量器具的范围根据《计量法》第九条第一款、《中华人民共和国强制检定的工作计量器具检定管理办法》和《中华人民共和国强制检定的工作计量器具明细目录》（以下简称《目录》），我国实行强制检定的计量器具的范围如下：

1. 社会公用计量标准器具。

2. 企业使用的最高计量标准器具。

3. 用于贸易结算、安全防护、医疗卫生、环境监测等四个方面，并列入《目录》的工作计量器具，共计 55 项 111 种。

4. 用于行政执法监督用的工作计量器具。

5. 随着国民经济和科学技术的发展，国家明文公布的工作计量器具，如电话计费器、棉花水分测量仪、验光仪、验光镜片组、微波辐射与泄漏测量仪等。

贸易结算方面强制检定的工作计量器具，是指在国内外贸易活动中或者单位与单位、单位与个人之间直接用于经济结算、并列入《目录》的计量器具。安全防护方面强制检定的工作计量器具，是指为保护人民的健康与安全，防止伤亡事故和职业病的危害，在改善工作条件、消除不安全因素等方面直接用于防护监测，并列入《目录》的计量器具。医疗卫生方面强制检定的工作计量器具，是指为保障人民身体健康，在疾病的预防、诊断、治疗以及药剂配方等方面使用，并且列入《目录》的计量器具。环境监测方面强制检定的工作计量器具，是指为保护和改善人民的生活、工作环境和自然环境，在环境质量因素的分析测定中使用，并且列入《目录》的计量器具。

国家公布的强制检定的工作计量器具目录，是从全国的实际出发并考虑社会的发展而制定的。各省、自治区、直辖市政府计量行政部门可以根据当地的具体情况，视其使用情况和发展趋势，制订实施计划，积极创造条件，逐步地对其实行管理。

**（五）非强制检定的计量器具的范围**

2020 年 10 月 26 日，国家市场监督管理总局发布《实施强制管理的计量器具目录》，列入该目录且监管方式为"强制检定"和"型式批准、强制检定"的工作计量器具，使用中应接受强制检定，其他工作计量器具不再实行强制检定，使用者可自行选择非强制检定或者校准的方式，保证量值准确。即凡是列入该目录的计量器具，从用途方面考虑，只要不是作为社会公用计量标准器具，企业的最高计量标准以及用于贸易结算、安全防护、医疗卫生、环境监测四个方面，虽列入该目录，但属于非强制检定的范围。

**（六）强制检定的实施**

强制检定的实施可分为监督管理和执行检定两个方面。监督管理是按照行政区划由县级以上政府计量部门在各自的权限范围内分级负责；检定任务是采取统一规划、合理分工、分层次覆盖的办法，分别由各级法定计量检定机构和政府计量部门授权的其他检定机构承担。

各级政府计量行政部门在组织落实检定机构时应当遵循的基本原则是"经济合理、就地就近"，既要充分发挥各级法定计量检定机构的技术主体作用，保证检定和执法监督工作的顺利进行，同时也要调动其他部门和企业、事业单位的积极性，打破行政区划和部门管辖的限制，充分利用各方面现有的计量技术条件，创造就地就近检定的条件，方便生产和使用。

### （七）非强制检定管理的基本要求

非强制检定的计量器具是企业事业单位自行依法管理的计量器具。根据计量法律、法规的规定，加强对这一部分计量器具的管理，做好定期检定（周期检定）工作，确保其量值准确可靠，是企业计量工作的主要任务之一，也是计量法制管理的基本要求。为此，各企业应当做好以下基础工作：

1. 明确企业负责计量工作的职能机构，配备相适应的专（兼）职计量管理人员。

2. 规定企业管理的计量器具明细目录，建立在用计量器具的管理台账，制定具体的检定实施办法和管理规章制度。

3. 根据生产、科研和经营管理的需要，配备相应的计量标准、检测设施和检定人员。

4. 根据计量检定规程，结合实际使用情况，合理安排好每种计量器具的检定周期。

5. 对由企业自行检定的计量器具，要制订周期检定计划，按时进行检定；对企业不能检定的计量器具，要落实送检单位，按时送检或申请来现场检定，杜绝任何未经检定的、经检定不合格的或者超过检定周期的计量器具流入工作岗位。

## 1.6 关键知识梳理：国家量传系统

国家量传系统是指国家检定系统表的简称，在国际上则称为计量器具等级图。它是国家统一量值的一个总体设计，是国务院计量行政部门统一组织制定颁布的有关检定程序的法定技术文件。我国《计量法》规定，计量检定必须按照国家计量检定系统表进行，明确了其法律地位。

制定检定系统的根本目的是保证工作计量器具具备应有的准确度。在此基础上，考虑到我国国情，量值传递应符合经济合理、科学实用的原则，它既能为各级计量部门在机构设置、设备分配和人员配备等方面提供依据，又能为研制标准和精密仪器、生产规划和计划提供指导。而且可以指导企业编制科学合理的检定系统并安排好周期检定。编制好计量检定系统，可用最少的人力、物力，实行全国量值的统一，发挥最大经济效益和社会效益。

## 1.7 关键知识梳理：计量检定规程

计量检定规程属于计量技术法规。它是计量监督人员对计量器具实施监督管理、计量检定人员执行计量检定的重要法定技术检测依据，是计量器具检定时必须遵守的法定文件，因此，《计量法》第十条作了明确规定：计量检定必须执行计量检定规程。

计量检定规程是指评定计量器具的计量特性，由国务院计量行政部门组织、制定并批准颁布，在全国范围内施行，作为确定计量器具法定地位的技术文件。其内容包括计量要求、技术要求和管理要求，即适用范围、计量器具的计量特性、检定项目、检定条件、检定方法、检定周期以及检定结果的处理和附录等。

计量检定规程的主要作用在于统一检定方法，确保计量器具量值的准确一致。它是协调生产需要、计量基准（标准）的建立和计量检定系统三者之间关系的纽带。这是计量检定规程独具的特性。从某种意义上说，计量检定规程是体现计量定义的具体保证，不仅具有法制性，而且具有科学性。因此，我国在2010年修订通过了JJF 1002—2010《国家计量检定规程编写规则》，作为统一全国编写计量检定规程的通则。

部门、地方计量检定规程是在无国家检定规程时，为评定计量器具的计量特性，由国务院有关主管部门或省、自治区、直辖市计量行政主管部门组织制定并批准颁布，在本部门本地区施行，作为检定依据的法定技术文件。部门、地方计量检定规程如经国家计量行政主管部门审核批准，也可以推荐在全国范围内使用。当国家计量检定规程正式发布后，相应的部门和地方检定规程应即行废止。

## 1.8 关键知识梳理：计量检定主体

计量检定的主体是检定人员，在计量检定中发挥着重要的作用。为了将计量检定人员纳入正常管理，2007年12月28日由国家计量局通过了《计量检定人员管理办法》，作为我国从事计量检定的检定人员的管理依据。

国家法定计量检定机构的计量检定人员必须经县级以上人民政府计量行政部门考核合格，并取得计量检定证件，方可从事计量检定。被授权单位执行强制检定和法律规定的其他检定、测试任务的计量检定人员，授权单位组织考核；根据特殊需要，也可在授权单位监督下，委托有关主管部门组织考核。无主管单位由政府计量行政部门考核。

企业计量标准管理，要严格执行建立计量标准中规定的现行有效的计量检定规程的规定，选取计量标准主标准器及主要配套设备。一般选取计量标准器具设备的综合误差（测量不确定度）为被检计量器具允许误差的 1/10 ~ 1/3。

计量标准主标准器及主要配套设备均要经有关法定计量检定机构或授权检定机构检测合格，即不得超期使用或不送检。使用过程中，有条件的必须做好"检查"，以确保量值准确、可靠一致。计量标准主标准器及主要配套设备经检定或自检合格，分别贴上彩色标志。如合格证（绿色）、准用证（黄色）和停用证（红色）。

## 1.9 关键知识梳理：计量检定客体

计量检定客体通常是指计量检定环境条件和检定后期的检定原始记录、计量检定印、证以及检定周期的确定和调整等。

1. 计量检定环境条件　该检定条件是对检测结果提供客观依据的文件，应符合现行有效的计量检定规程或技术规范中的要求。也就是按照《计量标准考核办法》中"考核内容和要求"的规定，应该"具有计量标准正常工作所需要的温度、湿度、防尘、防震、防腐蚀、抗干扰等环境和工作场所"。不仅要有正常工作的环境条件和工作场所，还必须符合建立标准中配备的鉴定规程要求。

2. 检定原始记录　该记录是对检测结果提供客观依据的文件，作为检定过程及检定结果的原始凭证，也是编制证书或报告并在必要时再现检定的重要依据。因此，计量检定人员要在检定过程中如实地记录检定时所测量的实际数据。检定原始记录由检定人员按一定数量或一定时间汇集并分别装订后，分类管理，由计量管理人员统一保管。计量检定原始记录应保存不少于三个检定周期，即符合"计量标准证书"中有效期内要求，以便用户查询及计量标准复查过程提供必要的检定原始记录。原始测量数据对企业来说尤为重要，测量数据的准确可靠是重中之重，必须严格检定。

3. 计量检定印、证按《计量检定印、证管理办法》（1987 年 7 月 10 日国家计量局发布）中有关规定执行。计量器具经检定机构检定后出具的检定印、证，是评定计量器具的性能和质量是否符合法定要求的技术判断和结论，是计量器具能否出厂、销售、投入使用的凭证。计量检定印、证的种类：检定证书、不合格通知书、检定印记、检定合格证和注销印。

4. 计量检定周期的确定和调整　为了保证计量器具的量值准确可靠，必须按国家计量检定系统表和计量检定规程，对计量器具进行周期检定。在计量器具检定规程中，一般对需要进行周期检定的计量器具都规定了检定周期，对于不需进行周期检定的计量器具，如体温计、钢直尺等可以在使用前进行一次性检定。经检定不合格（含超期未检）的计量器具，企业将不得使用。

## 二、计量标准与标准化

### 2.1 案例：强检计量器具超期酿成事故

1993 年 12 月 6 日，吉林省某中药制药有限公司接到法院传票（行政处罚罚款单），内容是该企业强检计量器具超期未检，处以罚款并强制限期送检，否则实施停业整顿处罚。

【事故经过】该企业属于中药制药企业公司，在其中药前处理车间和制剂生产车间使用大量的压力表（属于强检计量范畴，我国计量法规定，这种计量器具需要一年送检一次，检验合格后，取得合格证方可继续使用，次年在到期日以前再行检查，否则即属于违法行为）。就在收到法院传票的前一个月，省计量监督所的巡检抽查员突击检查来到企业，对公司的中药前处理车间及制剂生产车间中使用的压力表进行了突击性检查，发现了许多已过使用期限的压力表，故而上报，按照正常程序对该企业实行处罚。

【事故原因分析】该企业的标准化计量工作归属于质量监控部，由于企业规模较小，该项工作属于兼职（一人管理多项工作）。适时正值这批强检计量器具到时间（该送检的时间），原本负责该工作的同志临产，临时接手的同志没能及时上报送检（临时接手的工作较多）导致事故发生。

【事故责任】此次事故属于员工责任心不强（渎职）的责任事故。

【整改措施】此次事故虽然事出有因，但也可见相关工作人员对工作的认真负责程度。公司通过此次事故做出进一步完善公司规章制度，各级管理部门要认真贯彻执行，不得打折扣，谁出错谁负责、谁承担，以保证公司正常工作的工作质量及产品质量。

## 2.2 关键知识梳理：标准与标准化的含义

我国国家标准 GB/T 3935.1—1996《标准化和有关领域的通用术语第 1 部分：基本术语》把"标准"表述为："为在一定的范围内获得最佳秩序，对活动或其结果规定共同的和重复使用的规则、导则或特性的文件。该文件经协商一致制定并经一个公认机构的批准。"

我国国家标准 GB/T 20000.1—2014《标准化工作指南第 1 部分：标准化和相关活动的通用术语》把"标准化"表述为："为了在既定范围内获得最佳秩序，促进共同效益，对现实问题或潜在问题确定共同使用和重复使用的条款以及编制、发布和应用文件的活动。"上述活动主要包括编制、发布和实施标准的过程。

（1）标准化是一项有组织的活动过程。其主要活动内容就是制定标准，发布与实施标准，非对标准的实施进行监督检查，进而再修订标准，如此循环往复不断改进，螺旋式上升，每完成一次循环，标准化水平就提高一步。

（2）标准化是一个包括制定标准、组织实施标准和对标准的实施进行监督或检查的过程，标准是标准化活动的成果，标准化的效能和目的都要通过制定和实施标准来体现。

（3）将标准大而化之、广而化之的行动就是标准化。标准化的效果，只有在标准付诸共同与重复实施之后才能表现出来。标准化的全部活动中，"化"即实施标准是个十分重要不容忽视的环节。

（4）标准化的对象和领域，在随着时间的推移不断地发展。如过去只制定产品标准、技术标准，现在又要制定工作标准、管理标准；过去主要在工农业生产领域，现在已扩展到安全、卫生、环保、人口普查、行政管理等领域；过去只对实际问题进行标准化，现在还要对潜在的问题实行标准化。

（5）标准化的目的是在一定范围内获得最佳秩序。即追求效益最大化，通过建立最佳秩序来实现效益最大，使最佳秩序的实施范围最广。标准化活动不能局限于一时一地的需求，而要追求其成果最大化。

## 2.3 关键知识梳理：标准化的作用

ISO/IEC 第 2 号指南在"标准化"术语的注解中明确提出"标准化的主要作用是在于改进产品、过程和服务的适用性，以便于技术协作，消除贸易壁垒"。此外，还可以实现品种控制、兼容互换、安全健康、环境保护和提高经济效益等目的。具体地说，企业标准化的主要作用表现在以下几个方面。

### （一）标准化促进制药装备产品开发

标准化的精髓可理解为是一种优化了的思维或优化了的方法的实践活动。从事机械产品研究、设计、制造的人都知道，每一个产品中都要应用大量的标准化成果以保证产品的研制水平。设计人员具备标准化素质时，会使产品设计周期缩短、零件通用性提高、图纸量减少、引用成熟技术多、功能得到优化、成本降低、投产快、经济效果好，易形成技术、生产、服务和质量的竞争优势。而制药装备行业是一个特殊的行业，制药机械产品集制药工艺、化工机械、自动控制、制造技术等专业于一身，又必须符合 GMP 的要求，并且紧密联系最新的科学技术。制药装备的研发思路就是要将这些相关专业、技术及规范贯穿于整个设计创新过程中，而先进设备的研发过程就是各专业中的高新技术转化和应用的过程。如此，标准化工作在制药装备产品开发中势必成为引用成熟技术、功能优化、技术创新、降低成本、增强竞争优势的载体。

### （二）标准化促进制药装备产品技术进步

制药装备行业标准的发展相对制药装备产品的发展较为缓慢，标准不被企业重视是主要原因。然而，随着世界贸易组织和贸易技术壁垒的影响及市场竞争转向技术型竞争的影响，标准已不再看作是原先单纯的质量标准，标准已融到市场竞争中，开始受到企业的格外关注。事实上，制药装备激烈的市场竞争在警示和教育着企业。随着标准作用在市场竞争领域和范围的延伸，标准不再是可有可无的了，标准要成为制约落后技术、工艺和产品的有力手段，要代表先进的产品和技术，这样标准就必然成为领军企业争相制定的目标。而在积极制定标准的过程中，产品很多技术方面、生产方面和管理方面的问题也将被贯穿进来，产生了较大的市场竞争优势，与此同时，也会使一些同类产品企业相对形成产品竞争中的劣势，而产品标准的一个小小的变化也都可能会引起诸多制药装备企业产品生产的一系列变动。正因如此，制药装备标准化就必然会促使制药装备生产企业思考如何用更先进的技术超过别人，如何使自己的产品性能好、投入小，以符合甚至超越行业标准的技术指标赢得用户的青睐。

随着生产和使用制药设备的企业对产品标准重要性的认识的提高，标准的"要求"也越来越多、越来越细、越来越高，这对快速提升行业产品水平非常有利，因为产品新功能的出现、新工艺的改变、新原理的运用、节能指标、安全性能等都将会作为标准修订的理由，标准的更新速度将加快，标准将会成为制药装备企业促进产品技术进步的催化剂。

**（三）标准化提升企业的经营管理水平**

标准是从事生产、建设等各项工作的一种共同的技术依据，是在一定范围内共同遵守的技术规定，是新技术信息源、科技成果的结晶、公认统一的质量水准、合同缔约的要素、法律仲裁的依据、市场竞争的条件。所以，在企业运行和发展中，标准制定及实施具有事半功倍的工作效果，是管理企业的最好手段。重视与运用标准化会给企业和社会带来更多的利益，因为标准化可直接为企业的各项生产、经营活动、质量监控等各方面提供共同遵循和重复使用的准则，是企业从全局的利益出发，以实现最佳经济效益为目标，有组织地制定、修订和贯彻各种标准的整个活动过程。因此，标准化工作是企业组织生产、管理生产的保证，是企业发展的一项重要的基础工作，特别是在增强自主创新能力中，更具有重要的地位和作用。标准就如常说的"规矩"，没有规矩不成方圆，事物按照一定的"规矩"发展，才能有良好的秩序，有协调、优化、高效的局面。标准化与企业经营是相辅相成、互相依托的，企业不能脱离了标准去谈质量、谈竞争、谈发展。标准作为联系企业内各部门的纽带，它使企业的各种产品、各项管理、各类人员都有"标准"可循，使整个生产过程按照科学的规律进行运行，同时为企业建立起系统的、符合客观经济规律和行为科学的最佳秩序，实现企业科学的、体现于"全员、全程、全面"的质量管理，因为"三全"管理就是以标准化工作为基础的，是以技术标准、管理标准和工作标准为依据的。所以，标准化工作能使企业的整体素质得到提高，使企业从传统的管理水平提高到现代化的管理水平，构建起"以人为本"的管理理念，将企业的目标转化为员工的自觉行动，实现员工目标和企业目标的高度一致，使企业能进行高效率生产，降低产品经营成本，提高生产效益和经济效益，确保企业快速稳定发展。

**（四）标准化是提高产品质量，保障安全、卫生的技术保证**

产品质量是指产品适合一定用途并能满足国家建设和人民生活需要所具备的质量特性。这些特性包括使用性能、寿命、可靠性、安全性和经济性五个方面。标准就是衡量这些质量特性的主要技术依据。没有了标准或者有了标准不认真实施，产品质量往往得不到保证。

安全、卫生、环境保护方面的标准化工作虽然起步较晚，但已对人类的身体健康产生了显著的影响。《中华人民共和国环境保护法》《中华人民共和国食品卫生法》等安全、环保和卫生方面的法律法规实施过程就是强制执行环保标准和食品卫生标准的标准化过程。

**（五）标准化是推广新工艺、新技术、新科研成果的桥梁**

标准化是科研与生产之间的桥梁。任何一种科研成果，只有当它被纳入标准贯彻到生产实践中去之后，才会得到迅速的推广和应用，否则就不能发挥应有的作用。

另外，还应通过引进先进标准大力推广先进技术。标准本身是各种技术和经验的结晶，采用和推行先进标准是难得的"技术转让"，国际标准中间包含了许多先进技术，采用和推广国际标准是世界上一项重要的"技术转让"。这些先进标准起到了推广、外先进技术的桥梁作用。

**（六）标准化可以消除贸易障碍，促进国际贸易的发展**

在国际贸易中，一种很重要的贸易壁垒就是技术壁垒，它主要是以商品质量标准和商品生产企业质量体系限制不需要的商品进口和限制销售。我国可以通过高的标准及其生产企业质量体系标准筑起技术壁垒限制不合格商品进口，保护我国利益；还可以通过采用国际标准和国外先进标准打破国外的技术壁垒，开拓我国商品销售的国际市场。

## 2.4 关键知识梳理：标准级别

标准的分类与分级是科学管理和信息交流所要求的。因为标准的类别较繁杂，不能只用一种分类法对所有的标准进行分类。所以可以按标准的目的和用途分类，也可以按层次和属性分类。

按标准审批权限和作用范围对标准进行分类的方法叫层级分类法。国际上有两级标准即国际标准和区域性标准。根据《中华人民共和国标准化法》（简称《标准化法》）的规定，我国的标准化体系分为国家标准、行业标准、地方标准和企业标准四个级别，在每一级中，根据标准的约束性又分为强制性标准和推荐性标准两种类型。

此外，根据标准的对象和性质，还可以将标准分为技术标准、管理标准、工作标准、行为标准（准则）等。

现将我国《标准化法》中对国家标准、行业标准、地方标准和企业标准四种级别的分类方法介绍如下。

**（一）国家标准**

根据《标准化法》的规定，对需要在全国范围内统一的技术要求为国家标准。国家标准是我国标准体系中的主体，由国务院标准化行政主管部门制定。国家标准一经批准发布实施，与国家标准相重复的行业标准、地方标准即行废止。

国家市场监督管理总局于2022年9月9日发布了《国家标准管理办法》，其中对国家标准所包含的内容作了如下明确规定。

1. 通用的技术术语、符号、代号（含代码）、文件格式、制图方法等通用技术语言要求和互换配合要求。

2. 保障人体健康和人身、财产安全的技术要求，包括产品的安全、卫生要求，生产、储存、运输和使用中的安全、卫生要求，工程建设的安全、卫生要求，环境保护的技术要求。

3. 基本原料、材料、燃料的技术要求。

4. 通用基础件的技术要求。

5. 通用的试验、检验方法。

6. 工农业生产、工程建设、信息、能源、资源和交通运输等通用的管理技术要求。

7. 工程建设的勘察、规划、设计、施工及验收的重要技术要求。

8. 国家需要控制的其他重要产品和工程建设的通用技术要求。

国家标准中的强制性标准，要求一切从事科研、生产、经营的单位和个人都必须严格执行，凡不符合强制性标准的产品，禁止生产、销售和进口，违者将依法处理。法律或行政法规未作规定的，则由工商行政管理部门没收其产品和违法所得，并处以罚款；凡造成严重后果构成犯罪的，将对直接责任人员依法追究刑事责任。

下列国家标准属于强制性国家标准。

1. 药品、农药、食品卫生、兽药国家标准。

2. 产品及产品生产、储运和使用中的安全、卫生国家标准，劳动安全、卫生国家标准，运输安全国家标准。

3. 工程建设的质量、安全、卫生国家标准以及国家需要控制的其他工程建设国家标准。

4. 环境保护的污染物排放国家标准和环境质量国家标准。

5. 重要的涉及技术衔接的通用技术术语、符号、代号（含代码）、文件格式和制图方法国家标准。

6. 国家需要控制的通用的试验、检验方法国家标准。

7. 互换配合国家标准。

8. 国家需要控制的其他重要产品国家标准。

其他的国家标准属于推荐性国家标准。对于这类标准，由企业自行决定是否使用，但国家将采取优惠措施来鼓励企业采用。

国家标准的审批、编号和发布工作由国务院标准化行政主管部门负责。

**（二）行业标准**

所谓行业标准是对没有国家标准而又需要在全国某个行业范围内统一的技术要求所制定的标准。行业标准一般为基础性、通用性较强的标准，是我国标准体系中的主体，是专业性强的标准。行业标准不得与有关的国家标准以及相应的国家法律相抵触，一旦有相应的国家标准实施，该行业标准即予以废止。

需要在行业内统一的下列技术要求，可以制定行业标准（含标准品的制作）。

1. 技术术语、符号、代号（含代码）、文件格式、制图方法等通用技术语言。

2. 工农业产品的品种、规格、性能参数、质量指标、试验方法以及安全、卫生要求。

3. 工农业产品的设计、生产、检验、包装、储存、运输、使用、维修方法以及生产、运输过程中的安全、卫生要求。

4. 通用零部件的技术要求。

5. 产品结构要素和互换配合要求。

6. 工程设计的勘察、规划、设计、施工及验收的技术要求和方法。

7. 信息、能源、资源、交通运输的技术要求及其管理技术要求。

行业标准也分为强制性标准和推荐性标准。下列行业标准属于强制性的。

1. 食品卫生行业标准、药品行业标准、兽药行业标准、农药行业标准。

2. 工农业产品及产品生产、储运和使用中的安全、卫生行业标准。

3. 工程建设质量、安全、卫生行业标准。

4. 重要的涉及技术衔接的技术术语、符号、代号（含代码）、文件格式和制图方法行业标准。

5. 互换配合行业标准。

6. 行业范围内需要控制的产品通用试验方法、检验方法和重要的工农业产品行业标准。

其他行业标准是推荐性行业标准。

行业标准由国务院有关行政主管部门制定、审批、编号和发布。

### （三）地方标准

所谓地方标准是指没有国家标准和行业标准而又需要在省、自治区、直辖市范围内统一的技术要求所制定的标准（含标准品的制作）。

有下列要求的可以制定地方标准。

1. 工业产品的安全、卫生要求。

2. 药品、食品卫生、兽药、环境保护、节约能源、种子等法律、法规规定的要求。

3. 其他法律、法规规定要求。

在地方标准中，凡由当地（省、自治区、直辖市）政府标准化行政主管部门制定的，对工业产品的安全和卫生要求的地方标准，在本行政区域内为强制性标准。

地方标准不得违反有关法律、法规和强制性标准。

地方标准由省、自治区、直辖市标准化行政主管部门统一制定，并报国务院标准化行政主管部门和国务院有关行政主管部门备案。在公布国家标准或者行业标准后，该项地方标准即行废止。

**（四）企业标准**

企业标准化工作是企业科学管理的基础，其基本任务是执行国家有关标准化的法律、法规，实施国家标准、行业标准和地方标准、制定和实施企业标准，并对标准的实施进行检查。

所谓企业标准是指对企业范围内需要协调统一的技术要求，管理要求和工作要求所制定的标准。

企业标准是企业组织生产经营活动的依据。

企业标准分以下五种。

1. 企业的产品在没有国家、行业、地方标准的情况下，制定的企业产品标准。

2. 为提高产品质量和技术进步，制定的严于国家、行业或地方标准的企业产品标准。

3. 对国家标准、行业标准的选择或补充的标准。

4. 工艺、工装、半成品和方法标准。

5. 生产、经营活动中的管理标准和工作标准。

企业标准由企业制定，由企业法人代表或法人代表授权的主管领导批准、发布，由法人代表授权的部门统一管理。报当地政府标准化行政主管部门和有关行政主管部门备案。

企业在自行制定企业内部标准时，一定做到各标准协调一致，但又不能与国家和地方的有关方针、政策、法律、法规以及国家、行业和地方标准相抵触。

需要指出的是标准本身的高低并不一定与标准的级别成正比，即企业标准不一定就比国家标准要求低。这是因为国家标准主要是根据总体最优的原则，从全国宏观角度出发来制定的，它不一定是某个企业的最优边界。因此，有的企业为保证产品质量和技术进步，对某些产品制定了在国家标准基础上甚至高于国家标准的企业内控标准。以过硫酸铵为例，国家标准中并没有规定对酸度值的控制，但实践证明，如果该产品的酸度较大，容易导致产品不稳定，因而北京某化工厂在本厂执行的内控标准中增加了酸度控制项，从而使该产品的总体质量达到了世界先进水平。

## 2.5 关键知识梳理：标准管理

标准的管理是通过标准的代号与编号来实现的。标准的代号与编号因标准的级别与层次不同，而有不同的规定。尽管在我国的标准化体系中只有四个级别，但是每级的标准所包含的数量却是很多的，有的数以万计，为了便于管理标准和实施标准，根据我国国家技术监督局的规定，每一个标准那必须按照规定的格式进行编号。

（一）国家标准的代号与编号

1. 国家标准的代号　我国国家标准的代号由大写的汉语拼音字母构成。其中，强制性国家标准的代号为"GB"，推荐性国家标准的代号为"GB/T"，如图 6-1、图 6-2。

2. 国家标准的编号　该编号由国家标准的代号、国家标准发布的顺序号和国标准发布的年号构成。

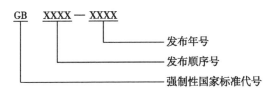

图 6-1　强制性国家标准的代号和编号示意图

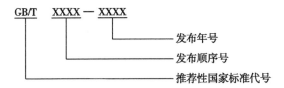

图 6-2　推荐性国家标准的代号和编号示意图

例如，工业用甲醇标准也是一种强制性国家标准，其标准号为 GB 338—2004。食品卫生微生物学检验标准是一种推荐性国家标准，其标准号为 GB/T 4789—2003。

### （二）行业标准的代号和编号

1. 行业标准的代号　各行业标准的代号，按国务院标准化行政管理部门规定，目前已公布的行业标准代号和主管部门见相关文件资料。例如，教育部门的标准代码为 JY，医药行业代码为 YY 等。

2. 行业标准的编号　行业标准的编号由行业标准的代号，标准顺序号及标准年号组成。与国家标准编号区别在代号上。其格式如图 6-3、图 6-4。

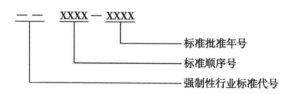

图 6-3　强制性行业标准的代号和编号示意图

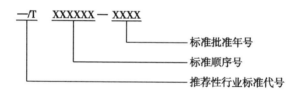

图 6-4　推荐性行业标准的代号和编号示意图

例如，乙酰甲胺磷乳油所采用的标准为强制性行业标准，其编号为 HG 2212—2003；水处理剂结晶氯化铝所采用的标准为推荐性行业标准，其编号为 HG/T 3541—2003。

### （三）企业标准的代号和编号

1. 企业标准的代号　企业标准的代号为"Q"。某企业的企业标准的代号由企业标准代号 Q 加斜线，再加企业代号组成。其格式如图 6-5。

图 6-5　企业标准的代号示意图

其中，企业代号可以用汉语拼音或阿拉伯数字或两者兼用组成。企业代号按中央所属企业和地方企业分别由国务院有关行政主管部门和省、自治区、直辖市政府标准化行政主管部门会同同级有关行政主管部门规定。

2. 企业标准的编号 企业标准的编号方法基本上和前几种标准的编号方法相同，但必须用企业标准代号"Q"以及企业的代号来标识，如图6-6。

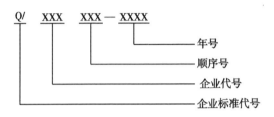

图 6-6 企业标准的编号示意图

## 2.6 关键知识梳理：标准体系表

一定范围内标准按其内在联系形成的科学有机整体称之为标准体系（GB/T 13016—91）。而把该标准体系内的标准按一定规则和形式排列成的图表，就是标准体系表。它是标准体系的表述形式。"一定范围"可以指一个企业、一个专业、一个行业乃至全国。"内在联系"指的是指定范围内的各个标准，它们并不是孤立的，而是按一定的关系有机地联系在一起的。

（一）标准体系的层次结构

标准体系是标准化工程的基本要素，一个国家的标准体系包括国家标准体系、行业标准体系、专业标准体系与企业标准体系四个层次。

与实现一个国家的标准化目的有关的所有标准形成了这个国家的标准体系。我国的国家标准体系是以国家标准为主体，行业标准与地方标准为补充，企业标准为基础的标准体系。它反映了我国标准化的水平。

与实现某个行业的标准化目的有关的标准形成了该行业的标准体系。行业是生产同类产品或提供同类服务的经济活动基本单位的总和。

与实现某个专业的标准化目的有关的标准形成了该行业的标准体系。

企业内的标准按其内在联系形成的科学有机整体就是企业标准体系（GB/T 13017—1995）。显然，某企业（或事业）单位的标准体系应该受该企业（或事业）单位所在国家、行业及专业标准体系的制约，但它可以直接采用相关的国际标准与国外先进标准，因此，应提倡企业标准体系的水平高于国家、行业或专业标准体系的水平。

它们的层次结构示意图如图6-7。

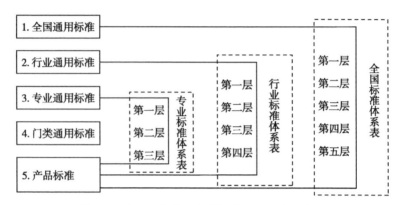

图 6-7　全国、行业和专业标准体系层次示意图

**（二）标准体系表及其编制原则**

标准体系表是"一定范围的标准体系内的标准按一定形式排列起来的图表"（GB/T 13016—91《标准体系表编制原则和要求》）。

标准体系表一般由标准体系结构图、标准明细表及必要的文字说明，汇总表构成。编制标准体系表要遵循下列原则。

1. 全面成套　标准体系表内所列的标准应是在一定时期内能够制定，同时又有条件制定的标准。对于促进技术进步和生产发展有重大作用的，只要创造条件就能制定的标准，力求全面成套。只有全面才能充分体现体系的整体性。

2. 层次恰当　根据标准的适用范围，恰当地将标准安排在不同的层次上，应在大范围内协调统一的标准不应在多个小范围内各自制定，达到体系组成尽量合理简化。

3. 明确划分标准的归属关系（即应属于哪个行业、专业或门类）　应按社会经济活动的同一性原则划分明确，而不是按照行政管理系统进行划分，以避免标准在各行业、专业内的重复制定和有的标准无人制定的现象。同一标准不能同时列入两个以上体系或分体系内，以避免同一标准由两个以上单位同时重复制定；要按标准的特点划分，而不是按产品或服务的特点划分，以免把标准体系表编成产品或服务的分类表。

4. 科学先进　标准体系表中已有的标准均应是现行有效的标准，采用国际标准和国外先进标准的或严于上级标准的标准数量较多，2~3年内要制定的标准项目应符合客观发展需要，能起到指导标准化工作的作用。

5. 简便易懂　标准体系表的表现形式应简便明了、通俗易懂，不深奥也不繁杂。不仅要标准化专业人员能理解掌握，还应使有关管理人员也能看懂应用。

6. 实用有效　标准体系表要既能反映行业、专业或企业的客观实际情况，同时又行之有效，即付诸实施后能产生较明显的标准化经济效益。

### （三）标准体系表的层次结构

全国标准体系表由若干个行业标准体系表组成，行业标准体系表又由若干个专业标准体系表组成。行业、专业标准体系表一般由一个总层次结构方框图和若干个与各方框相对应的标准明细表组成。

企业标准体系表是国家、行业、专业标准体系的落脚点，国家标准、行业标准都要在企业标准体系表中得到贯彻。这样就组成了一个全国标准体系表的层次结构图，如图6-8所示。

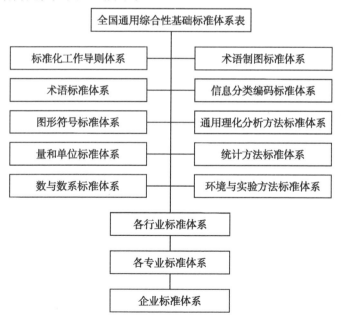

图 6-8　全国标准体系表层次结构图

### （四）行业和专业标准体系表

20 世纪 70 年代中期，我国电子行业标准化部门首先开始有组织地研究和编制电子行业标准体系表，历经近十年，到 80 年代中期完成，而后迅速推广到其他行业，至今已基本完成了各大、中、小行业的标准体系表。

行业和专业标准体系表中的标准明细表一般均按层次或类别依次陈列，其格式参见表 6-1。

表 6-1　标准明细表

| 序号 | 标准类别 | 标准号 | 标准名称 | 采标程度 | 备注 |
|------|----------|--------|----------|----------|------|
|      |          |        |          |          |      |

注：对未制定的标准可不填写标准号。

标准体系表应有简单的编制说明，其内容一般包括：

1. 标准体系表的编制依据及要达到的目标。

2. 国内、外的相关标准的概况。

3. 与国内外标准水平对比分析，找出差距和薄弱环节，明确今后标准化工作方向。

4. 专业划分依据及标准分类情况。

5. 与其他标准体系的交叉、协调情况等。

### （五）企业标准体系表

企业标准体系表是促进企业单位的标准组成达到科学完整的基础，是推进企业产品开发、优化生产经营管理、加速技术进步和提高经济效益标准化的指导性技术文件。

研究和编制企业标准体系表是企业标准化的一项基础性科研工作。企业标准体系表一般由企业标准体系结构图、标准明细表、统计汇总表及编制说明构成。企业标准体系结构图一般由两种层次结构图表述（见图 6-9）。标准明细表、统计汇总表及编制说明可以与行业标准体系表相同，也可由企业自行设计确定。

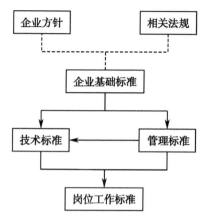

图 6-9　企业标准体系层次结构图

| | 人员资质 | 岗位职责 | 避险机制 |
|---|---|---|---|
| 如何成为制药企业中的新药研发人员 | 新药研发的避险战略…… | | |
| | 知识产权的申请、保护…… | | |
| | 新研人员的资质、职责…… | | |
| | 从业人员专业、学历背景…… | | |
| 新药研发人员条件和职责 | 作为企业要想占领市场、长期盈利，在市场中有一席之地，就需有叫得响的产品、过硬的质量，不断研发新产品，做到生产一代、储备一代、研发一代；确保人无我有，人有我优。如何成为合格的企业新药研发人员，具有一定专业知识的就业新人，如何能将所学专业知识运用到制药企业的新药研发中去，将书本知识转变成实战能力是本书设立这章的目的。 | | |
| 新药研发知识产权 | 新药研发人员需具备一定的知识产权相关知识(专利申请、专利保护等是只有在实际工作中才能有的经历)，掌握医药专利的相关知识。 | | |
| 新药研发避险机制 | 通过历史案例的解读，使从业新人从中认识到新药研发项目的风险以及对风险防范控制的方法和策略，为成为合格的新药研发人员奠定理论基础。 | | |

# 第七章 制药企业中的新药研发人员具备的能力

新产品开发决定了企业的战略地位，且推动着企业的战略方向。新药的研发对药企至关重要，它决定着药企的发展方向和前景。随着全球经济的发展，越来越多的活性化合物被发现、药物作用靶点研究越来越明确，世界各国对新药研发的重视程度逐步提高。近年来，我国医药产业发展迅速，已成为培育发展战略性新兴产业的重要领域，新药研发作为医药产业发展过程中最为重要的环节，是我国从"制药大国"向"制药强国"转型的关键。

## 一、新药研发的避险策略

### 1.1 案例：新药研发避险战略案例

新药研发具有高投入、高风险、周期长等特点，研发项目中充满了不确定性和多因素风险，因此新药研发的风险控制有着至关重要的作用。新药研发的风险控制是研发项目不可或缺的重要组成部分，是一个主动的、系统的管理过程。如何提高药物研发质量是现代制药企业面临的共同课题。

【事件简介】在 2005—2010 年，某国际制药公司遭遇了严重的研发成功率危机。根据国际药品研究中心（CMR）的统计数据显示，当时医药产业的平均成功率为 5%（以新药Ⅲ期临床完成率来定义），而该公司的指标仅为 4%。

该公司通过分析 142 个项目，找到项目终止的主要原因，对新药研发的策略进行了全面审查并做出了相应改进，不再坚持以量取胜的策略，注重新药研发质量，提出了"5R 框架"理论，该理论具体包括以下内容。①正确的靶点（right target）：靶点不在多而在精，项目成功的首要条件是需要选择正确的靶点，深刻理解靶点的生物学功能和"成药性"，即靶标与疾病的是否强关联。启动项目前对靶点的差异化、市场价值及可预测的生物标记物等维度进行全面评估。②正确的组织（right tissue）：包括药代动力学特征和药效评价两方面。正确理解化合物的吸收、分布、代谢、排泄、安全性以及化合物在靶组织的暴露及相应生物标志物与药物动力学属性之间的关系。③正确的安全性（right safety）：安全是药物的前提条件，也是"5R 框架"的核心要素。通过整合临床前候选化合物的体外和体内安全性数据，有助于及早发现安全性信号，以量化药物对人体风险系数。可通过计算机辅助、生物工程芯片和体外的实验（细胞、3D 肝脏和人类干细胞生成的心肌细胞模型等）对化合物进行安全性评价，以预测对正常的细胞或组织产生安全风险的潜在可能性。④正确的患者（right patient）：在药物发现项目的早期阶段采用生物标志物进行患者分层，将正确的药物与正确的患者相匹配。⑤正确的商业潜力（right commercial potential）：在研发项目的临床早期，聚焦于如何产生更好安全性和有效性的数据以推出一个具有差异化的药物。只有当项目进入Ⅲ期临床时，才进行完整的商业评估，分析患者群体的大小，未满足的医疗需求，竞争环境和可能的商业销售预测等。

【事件结果】该公司在"5R 框架"理论指导下缩减研发项目，专注研究的深度，加强对项目质量的提升。通过"5R 框架"策略的实施，2012—2016 年，该公司启动的研发项目只有 76 个，远低于 2010—2015 年的 287 个，但完成Ⅲ期临床试验的药物比例从 4% 提高到了 19%，提高了近 5 倍。5 年间有 15 个新药进入Ⅲ期临床试验，6 个成功上市。其中奥希替尼（Osimertinib，AZD9291）成为最快完成研发和上市的药物之一，2018 年的全球销售额达到 18.6 亿美元。

该公司"5R 框架"策略的成功说明药物研发策略对提升药物研发质量的重要性，这对其他制药公司的新药研发也有一定的启发和借鉴意义。

## 1.2 关键知识梳理：新药项目风险识别

药品研发风险控制首先要对药品研发进行风险识别，需要从事新药研发的项目管理者和专家的参与，充分发挥专家委员会的作用。可以运用系统分解法、流程图法、头脑风暴法、情景分析法等来分析药品研发风险有多大，从不同角度看会有不同的风险。

1. 从药品研发阶段角度　新药研发阶段分为靶标研究、发现研究、临床前研究、临床研究和产业化研究五个阶段，其中每个阶段都含有众多风险因素，如图7-1。

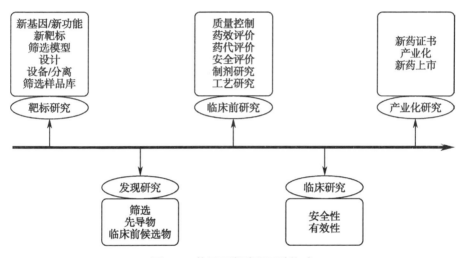

图 7-1　药品研发阶段风险构成

2. 从研发项目要素角度

（1）市场风险：如客户对新技术所带来新性能的认识风险，进入新市场的风险、对潜在市场容量和商业模式的认识风险。

（2）技术风险：技术不成熟，失败可能性会增加；技术不先进，不具经济上的可行性；技术难度与复杂性；技术能力和所需互补能力的可获得性，互补技术可能并不成熟；性能指标可实现性，一项技术能否实现预期目标，在项目开始之前或研究过程中是不能肯定的；技术效果的不确定性，研发项目在研究过程中还难以估计其最终技术效果，如因毒副作用而召回的药品等。技术寿命的不确定性，技术更新的周期越来越短。

（3）政策法规风险：注册管理办法、技术指导原则、标准，新技术和产品的审评尺度、申报审批时间、注册流程等。

（4）知识产权风险：专利问题、行政保护、中药品种保护、新药保护、过渡期、监测期。此外，还有资金风险和管理风险等。

3. 从研发主客观原因角度

（1）客观原因引起的风险：科研固有风险、政策法规导向、新药项目合作者等。

（2）主观原因引起的风险：缺乏风险管理体系、项目团队管理不利、项目沟通不畅、专利意识不足、工作疏漏和失误、人员经验不足等。

## 1.3 关键知识梳理：新药研发项目风险控制策略

药品研发过程中面临诸多风险，为确保新药研发的成功，必须科学识别、评估研发风险，制定相应的风险管理规划，采取有针对性的风险控制措施，并实施连续性的风险监控，最大程度地降低研发风险，提高风险控制水平，以提高药品研发的成功率，促进制药企业的可持续健康发展。

1. 新药基础研究阶段的风险控制　化合物活性筛选是创新药物研发的基础性工作。准确定位研究目标，化学结构的大量筛选工作就显得尤为重要。但研究人员对新化学实体的具体情况难以准确预测。一般情况下，研究人员平均需要筛选 5 000 ~ 10 000 个化合物才能筛选出一个新化合物获得批准上市。因此，为加强基础研究阶段的风险控制，一方面，应进一步加强对化合物活性筛选的广度和力度，增加可预先排出的药物结构，提高筛选的科学性。另一方面，应做好药物合理设计与筛选工作，将药物设计、化学合成、生物筛选三者密切结合形成一个有机整体，以减少化学合成和生物筛选的工作量，提高成功率。但目前我国新药设计和筛选的基础仍然比较薄弱，为改变这一现状，建议采用"仿创结合的方法"，在科学分析利用已知药物的化学结构、作用机制和构效关系的基础上，进行该药物的衍生物、结构类似物和结构相关化合物的研究，以提高研发成功率。

2. 新药临床前研究阶段的风险控制　新药疗效、新药安全、新药质量、新产品和技术的出现等因素都增加了新药研发临床前研究阶段的风险。为加强新药临床前研究阶段的风险控制，应从以下几个方面贯彻落实。

（1）研究人员应充分利用新技术实现传统的药物工艺改造，借助药代动力学进行新型制剂开发，重视药品研发的先进性、科学性、适用性、经济可行性等，有效提升药品质量，降低治疗周期成本，最大程度地减少或避免药物不良反应，以提升新药的竞争力。同时时刻关注新药研发的相关学术信息和竞争信息以及医药同行的研发进展，以有效地规避新药研发技术风险。

（2）建立和完善风险评估控制体系，评估的内容主要包括所使用原料及辅料、工艺流程及参数对产品关键质量特性的影响；设备及生产场地；市场分析；成本分析；临床研究的可行性；专利是否侵权以及预期的专利保护分析；药物工艺流程中是否有环境污染和职业健康危害的风险及控制措施。以上评估内容应确定相应的风险系数，利用以上风险评估表，对药品研发的立项阶段、小试完成阶段、中试完成阶段进行风险评估，评估后的分值可作为准入下一阶段研发的重要参考依据，一般建议遵循"宽进严出"的原则，即在立项阶段的准入分值上限最高，接着依次为小试完成阶段、中试完成阶段。

（3）药品研发过程中，由于各种因素的影响，很容易出现研发过程变更的情况，即新药研发偏离原定的试验设计，在此情况下，有必要科学地分析变更引起的影响，并对其进行风险分析，将后续的研发风险降到最低。

3. 新药临床试验阶段的风险控制　虽然新药在进入临床试验前，研究人员经过了多项试验和验证，且药品管理部门对新药的有效性、安全性和质量可控性也做了严格的把关，但由于人体试验的不可预知性，新药的不良反应无法预测，新药临床试验阶段仍然存在一定的风险。因此，应加强新药临床试验阶段的风险控制，密切观察新药有无可疑不良反应的发生，如出现严重不良反应，应果断停止试验，减少后续费用的产生。另外，可借鉴人用药品技术要求国际协调理事会（The International Council for Harmonisation of Technical Requirements for Pharmacenticals for Human Use，ICH）的研发阶段安全性更新报告（development safety update report，DSUR）制度，即要求临床试验方提供一份年度报告，其内容主要包括以下几个方面：①总结目前对新研发药物的观点及对单体和潜在风险的管理；②描述可能影响临床受试者安全的新因素；③验证之前的有关药品安全性的认知与所收集的安全性信息是否一致；④对临床研究和发展提供更新计划。这一制度始终贯彻"风险管理及评价"的思想理念，要求试验者以报告为基础对试验计划及安全性评价进行更新，可对新药临床试验阶段的风险控制体系起到很好的补充作用，有利于加强新药临床试验阶段的风险控制。

4. 新药上市阶段的风险控制　医药企业花费大量的资金进行新药研发，其意义和终极目标就是要占领市场，从市场中获取高额回报。但如果医药企业进行新药研发前未能清楚地明确拟研发新药的市场定位，未能准确估算拟研发新药的市场竞争力、拟占有的市场容量，未能准确掌握新产品的生命周期，导致新药上市后缺乏竞争优势，不能很好地占领市场，直接导致医药企业失去获利机会，甚至连投资成本也难以收回。因此，在新药研发时，及时分析、识别可能出现的市场风险并加以回避、控制，对于从事新药研发的企业来说意义重大。应对市场风险主要有如下策略。

（1）价格风险规避：适宜的价格是新药销售获得成功的关键。医药企业要为新药制定适宜的市场价格，就必须严格估算新药研发各阶段可能发生的费用，调查相似药品的定价状况，详细分析新药市场开发潜力与投资回报率。并在关注新药有效性与安全性的同时，运用"成本 - 效果分析""成本 - 效用分析""成本 - 收益分析"等一些药物经济学方法充分论证新药的经济性。研发主体若能推出疗效好且价格相对惠民的新药，则更有可能赢得消费者的认可，从而扩大市场占有率。

（2）尽可能地延长药品专利保护期：一些专利药品上市销售前，在实验室研究、临床研究、新药审批期间花费了较长时间，使得新药真正获得专利保护的时间严重缩短，专利保护时间缩短就意味着新药上市销售的垄断期变短。专利保护期一结束就会被其他企业仿制，新药的生命周期就会提前结束，医药企业想依靠专利药品回收研发资本、获益的难度就会大大增加。因此，医药企业应在申报专利前对拟报内容先采用其他方式（如商业秘密）进行保护，对拟申请专利保护的产品制订合理的专利申请方案（选择好专利申报时机、申报内容、申报区域等），并充分做好新药审批申报前的各项准备工作，尽可能地延长专利的实质保护期。

（3）充分认识市场的需要，准确定位市场不同国家地区，不同年龄、人种、性别的人群所患疾病存在较大个体差异，对药品的需求也会存在较大差别。一种新药要想占有非常理想的市场容量，就必须充分考虑不同消费人群的市场需求问题。规避市场容量风险的一个重要方法就是提前做好市场调研与预测分析，详细、准确的市场调研与分析是新药研发成功的关键。

医药研发企业应充分了解疾病的发生、演变规律，了解患者的群体特征，了解所研品种在治疗方案中的地位，了解相关药品市场的现状及发展趋势，了解国内外同行业竞争对手的发展状况。只有在这种条件下进行的新药研发才能更具针对性，研发出来的产品才能更具市场竞争力。

（4）合理降低产品自身风险：合理降低产品自身风险可以从以下三点加以考虑。①要系统研究新药的各种适应证、确保新药疗效。由于消费市场顾客接受能力难以准确预测，新药上市后的前景存在很多不确定因素。研发主体若想降低产品自身风险，需系统地研发此新药的各种适应证，以适应多变的市场需求，确保新药的疗效。美国 Amgen 公司原本针对严重肾功能衰竭患者研制出促红细胞生成素（erythropoietin，EPO），后来发现 EPO 还可以用于治疗癌症、风湿性关节炎、贫血等疾病，并且确有疗效，最后癌症、风湿性关节炎、贫血也列入了 EPO 的主要适应证。②要严格控制药品质量，建立新药不良反应的监督管理机制。医药企业应通过一些必要的手段来保证研发阶段的质量控制水准，之后还要针对研发出来的新药建立一套专门的药品不良反应监管机制。保证药品的高质量，需要企业拥有相对完备的资源（包括人才、技术、设备等），在研发过程中，企业应聘请高素质的科研人员、引进齐全的设备来严格监控药品质量。在药品投放市场后，企业应继续进行Ⅳ期临床试验研究，时刻关注药品的安全性、有效性，一旦发生了不良反应，应及时启动应急机制来应对。当查明是由于技术或生产等企业方面的原因造成不良反应发生时，应及时召回所销售的药品，停止该药品的生产，并给予受害人相应的赔偿，尽最大努力挽回企业的经济损失和声誉。③要尽量延长产品生命周期。制药企业应针对药品生命周期各个阶段的特点，根据自身实际情况着手制定一套行之有效的市场营销策略，以延长产品生命周期。例如，在导入期，药品开始引入市场，销售量缓慢增长，制药企业可以根据商品市场容量、药品适应证、消费者对商品的了解程度，以及潜在的竞争等情况，采用不同的促销策略；成长期产品被市场迅速接受、利润大幅增加，制药企业要制定一套适宜产品发展的价格策略、渠道策略及促销策略；成熟期的药已被大多数的潜在购买者所接受，销售较成长期减慢，企业应适时地进行市场及营销组合的调整；衰退期的销售及利润下降的趋势进一步加强，企业应根据情况，选择维持、缩减或撤市的策略。

（5）进行成本风险评估，预测、降低研发成本：在新药研发前，制药公司需对研发过程的每一环节进行成本及风险评估，将评估结果作为研发决策和项目选择依据。全面考虑每个阶段的费用支出，做出详细、合理的预算。在研发时，要对资金合理运用，严格控制每个环节的成本，做到有计划的投入。许多制药公司为了缩短新药上市时间、减轻资金上的压力，开始寻求、整合优越的外部资源，将新药研发中的部分甚至全部工作以合作的方式委托、外包给专业的研究组织和机构进行运作。

美国昆泰公司（Quintiles，2016 年与 IMS Health 合并后更名为 IQVIA），在全球 100 个国家开展业务，通过其庞大的网络帮助它与监管机构打交道，找到患者参加试验，聘请医师进行监控，这种方式的运用极大地减少了药物临床试验成本。欧洲的风险投资公司 Index Ventures 投资的制药企业每家只有少数员工，这些员工仅负责监督药物的开发，而其大部分工作则由雇用的外部实验室和制造商来完成。由于在固定基础投资中沉淀的资金较少，当发现拟研发的药品前景不甚乐观时，公司的管理者则更有可能较早地放弃，将资源转移至更有前途的品种。

## 二、新药研发知识产权策略

### 2.1 案例：知识产权意识淡薄致使开发经费等投资化为乌有

知识产权是 21 世纪知识经济时代知识竞争的核心要素和经济发展的重要推动力，作为以高科技、创新性为主要特征的医药产业，其知识产权的保护具有重要的意义。2001 年中国加入世界贸易组织（World Trade Organization，WTO）后，药品的知识产权保护将在增强我国医药产品竞争能力、促进药品国际贸易的发展方面发挥重要的作用。

【事件简介】马来酸桂哌齐特是一种钙通道阻滞剂，用于心脑血管疾病和外周血管疾病的治疗，是心脑血管疾病的一线畅销药。该药于 1974 年在法国首次上市，2002 年 4 月北京 A 制药公司获得了马来酸桂哌齐特注射液的生产批件，成为该药品在我国的首仿企业，并获得 6 年的新药行政保护期。近几年，该药的年销售额均达到数亿元，成为 A 公司的重要收入来源。鉴于马来酸桂哌齐特重要的市场价值，A 公司在专利行政保护期到期前后进行了外围专利的布局，包括制备方法、晶型、氮氧化物、组合物等。

2015 年，山东 B 制药公司在向 A 公司寻求相关专利实施许可遭拒后，仍参加了内蒙古自治区的药品招标并入围。为此，A 公司于 2015 年 11 月向呼和浩特市中级人民法院提起侵权诉讼，提出 B 公司侵犯其晶型、氮氧化物、组合物的三项专利权。而 B 公司针对上述三项专利向国家知识产权局专利复审委员会提出无效宣告请求，结果是晶型专利被宣告全部无效，但是氮氧化物和组合物专利均维持有效。

【事件结果】2017 年 1 月，呼和浩特市中级人民法院作出判决，认定 B 公司构成专利侵权并同时颁发禁令，判令其立即停止制造、使用涉案马来酸桂哌齐特原料药；立即停止制造、许诺销售涉案马来酸桂哌齐特注射液；立即停止制造桂哌齐特氮氧化物、立即停止使用桂哌齐特氮氧化物作为对照品。B 公司对于一审判决不服，提起上诉。2017 年 8 月，内蒙古自治区高级人民法院作出二审（终审）判决，认定 B 公司构成侵权，除立即停止制造、使用、许诺销售、销售马来酸桂哌齐特原料药和注射液产品外，并支付 A 公司经济损失及合理费用支出共计 1 000 余万元。B 公司由于对知识产权调研不足，除了赔付 1 000 余万元以外，前期的研发投入以及设备、厂房等生产投入也都损失。

## 2.2 关键知识梳理：知识产权的法律保护制度

所谓知识产权的法律保护，是指以一个国家的知识产权立法为核心，通过司法体系、行政执法体系和有关协调机构的有机结合，形成有效运作执法系统，进行知识产权的保护，这是知识产权保护的主要手段。目前世界各国知识产权保护制度主要有三大体系，即专利制度、版权制度和商标制度。

1. 专利制度 专利制度是知识产权保护最主要的制度。它是一种利用法律、行政与经济手段保护和鼓励发明、创新的管理制度。其基本内容是：根据《中华人民共和国专利法》（简称《专利法》），对申请专利的发明创造经过审查和批准，授予专利权；同时通过司法、行政和民事途径对确认的专利权予以保护，对侵权予以打击。《专利法》是专利制度的法律基石和核心内容，但一个完善的专利制度不仅包括立法体系，还包括相应的专利代理体系、专利文献服务体系、专利管理体系和专利实施体系。

2. 商标制度　所谓商标制度，是指以商标法为核心，对工商业的商标进行法律保护和管理的制度。其基本内容包括商标的选择、使用和保护，以及商标的注册、变更、转让和续展许可等。

3. 版权制度　版权（著作权）制度是指利用著作权法及其他相关行政规章、国际公约对著作权进行保护的管理制度。其宗旨为依据保障版权所有者的利益，通过独占权、特许权的授予和对侵权行为的惩处，鼓励和保护人们的创作活动。

20世纪以来，随着世界经济、科技一体化进程的加快，知识产权在国际贸易和文化交往中的地位日益突出；但由于知识产权的保护具有"地域性"特点，人们的智力劳动成果很难在本国以外得到保护，因此，通过成立国际组织以及签订国际条约等方法进行知识产权的国家保护，已成为知识产权保护的另一个重要途径。

知识产权国际保护制度的建立始自1883年的《保护工业产权巴黎公约》和1886年的《保护文学艺术作品伯尔尼公约》。经过130余年的发展，知识产权的保护制度已日趋完善，保护的内容趋于合理公正，知识产权保护的对象和范围进一步扩大，越来越多的国家、国际组织参与到知识产权的国际保护行列中。目前对国际社会影响较大的知识产权保护公约和国际组织有以下几个。

1. 世界知识产权组织　世界知识产权组织（World Intellectual Property Organization，WIPO）是目前国际社会中处理国际性知识产权问题的唯一管理机构，隶属于联合国，根据1967年7月14日由51个国家在斯德哥尔摩签署的《建立世界知识产权组织公约》成立。WIPO的主要宗旨是通过国与国之间的合作和与其他国际组织的合作，促进全世界对知识产权的保护，具体职责有7个方面。WIPO成立后，在知识产权领域的国际合作中发挥了极其重要的作用。

2. 知识产权国际公约　目前国际社会缔结的知识产权保护公约、条约、协定有 20 余个，其中比较重要的公约有如下。

（1）《保护工业产权巴黎公约》（简称《巴黎公约》）：于 1983 年 3 月 20 日在巴黎签订，是保护工业产权最早也是主要的国际公约，截至 2022 年已有 179 个公约成员国。《巴黎公约》的实质性内容，主要是在国民待遇、优先权待遇、专利和商标的独立性、共同规则强制许可等方面形成共识。

（2）《保护文学艺术作品伯尔尼公约》与《世界版权公约》：《保护文学艺术作品伯尔尼公约》简称《伯尔尼公约》，于 1886 年 9 月 9 日在瑞士首都伯尔尼缔结，1992 年 10 月 15 日中国成为该公约成员国。截至 2022 年 11 月，已有 181 个国家批准了该条约。《伯尔尼公约》的宗旨是尽可能有效、尽可能一致地保护作者对其文学和艺术作品所享有的权利。《世界版权公约》于 1952 年 9 月 6 日在瑞士日内瓦缔结，由联合国教科文组织管理其日常工作，1992 年 10 月 30 日中国成为该公约成员国，截至 2022 年已有 100 个成员国。《世界版权公约》保护的权利主体较《伯尔尼公约》广泛，包括作者及其他版权所有者，但保护水平较后者低。

（3）《商标国际注册马德里协定》：该协定于 1891 年 4 月在西班牙马德里签订（1967 年修订），其主旨是解决商标的国际注册问题，主要内容包括商标国际注册的程序、国际注册的效力、国际注册的有效期。

（4）《专利合作公约》（Patent Cooperation Treaty，PCT）：于 1970 年 6 月 19 日在美国华盛顿签订，1978 年 1 月 24 日正式生效，是继《巴黎公约》之后又一个重要的国际性专利，该条约于 2017 年进行了修订，截至 2022 年已有 156 个成员国。《专利合作公约》的宗旨是简化国际间申请国际注册专利的手续，加快信息传播，加强对发明的法律保护，促进缔约国的技术进步和经济发展。

3. 世界贸易组织　世界贸易组织（World Trade Organization，WTO）于 1995 年 1 月 1 日建立。WTO 是世界各国、地区间管理贸易政策的国际机构，在商品、服务以及知识产权等的国际贸易、交流与协作方面发挥着经济联合国的作用，是 20 世纪以来新的世界性多边贸易体制的典型体现。截至 2022 年，WTO 已有 164 个成员国家或地区。

《与贸易有关的知识产权协定》（Agreement on Trade-Related Aspects of Intellectual Property Rights，TRIPs）草案于 1991 年在《关税与贸易总协定》

缔约国的乌拉圭回合谈判中获得通过。WTO 正式成立后，专门成立了知识产权理事会监督和管理该协定的实施，使其成为世界知识产权组织外另一个管理知识产权的国际经济贸易组织。《与贸易有关的知识产权协定》作为建立世界贸易组织马拉喀什协议的一个部分，于 1995 年 1 月 1 日起生效。《与贸易有关的知识产权协定》的目标和宗旨是：减少对国际贸易的扭曲和阻塞，促进对知识产权国际范围内更充分、有效的保护，确保知识产权的实施及程序不会对合法贸易构成壁垒。因此与其他国际公约相比，《与贸易有关的知识产权协定》的内容涉及更广，几乎涉及知识产权的各个领域，保护水平更高，并且强化了知识产权的执法程序和保护措施，强化了协议的执行措施和争端解决机制，把履行协议保护产权与贸易制裁紧密结合在一起。

由于 WTO 管辖的范围及对各成员国的约束和影响较其他国际经济组织及公约更宽、更严、更深，TRIPs 的签订和实施不仅强化了知识产权与贸易的关系，而且使知识产权国际保护体系从以往以世界知识产权组织管理的众多国际公约为核心，转变为以 TRIPs 为核心；另外还改变了知识产权国际保护与国内保护两种方式的关系，使知识产权的国际保护带有了更多的强制性，将知识产权保护按国内立法实施的传统原则让位给优先按国际法实施的新规则。

## 2.3 关键知识梳理：专利权人的权利和义务

有权申请专利和取得专利权，并承担相应义务的自然人和法人被称为专利权人。根据《专利法》规定，专利权人除自然人外，还可以医药服务发明创造的专利权人为单位；非职务发明创造的专利权人为自然人或设计人；医药发明创造的专利权人还包括共同发明人，合法受让人以及依照其所属国同中国签订的协议或共同参加的国际条约，或依照互惠原则，成为专利权主体的外国人、外事企业或外国其他组织。

1. 专利权人的权利　依据《专利法》，专利权人对其专利拥有独占实施权、转让权、许可权和标记权。专利权人的权利受法律保护。

2. 专利权人的义务　专利权人在享有权利的同时，负有实施其专利发明创造的义务和缴纳年费的义务。为保证发明创造能够得到及时实施和应用，《专利法》规定了"强制实施和应用"和"指定许可"的制度。专利权人未以合理的条件在合理的时间内许可他人实施其专利时，国务院专利行政部门可给予实施专利的强制许可。在国家出现紧急状态或非常情况时，或为了公共利益的目的，国务院专利行政部门可给予实施专利的强制许可。一项专利较以前的专利具有显著经济意义的重大技术进步，其实施有赖于前一项专利的实施，国务院专利行政部门可根据后一项专利权人申请对前者实施强制许可。国有企、事业单位的发明专利，对国家利益或公共利益具有重大意义时，经国务院批准，可在批准范围内推广使用，允许指定单位实施。

## 2.4 关键知识梳理：医药知识产权保护的意义

作为高新科技和信息技术运用最为广泛的领域之一，医药行业不仅是绝大多数国家重要的工业产业支柱，也是无形资产集中的主要领域。因此，世界各国对医药领域的知识产权保护问题都十分重视。医药知识产权保护的意义主要体现在以下几个方面。

1. 鼓励医药科技创新 新药的研究开发是一项高投入、高风险、费时长、效益大、复杂的系统工程，需要进行新药的设计与筛选、临床前研究、临床研究、生产工艺优化、申报、审批及市场开发等大量、长期的工作。发达国家成功研制一种创新药品，平均需历时 10～12 年，耗资 5～10 亿美元。高额投入的回报是新产品所带来的巨大经济利益，但其前提必须是对新产品的有效保护，避免其他企业无偿仿制造成的市场和利润的损失。只有通过《专利法》等法律或行政手段有效实施知识产权保护，才能保护研究开发者的积极性，保证医药科技创新的不断发展。

2. 推动医药科技产业化发展 由于知识产权的无形性和可复制性特点，医药科技创新必须及时转化为产品，才能创造财富和价值。发达国家往往将其药品销售额的 15%～20% 用于新药的研究与开发，其目的正是获得新药研制产业化后的高额利润。知识产权保护制度的实施，可以从法律和行政等各方面促使高新技术转化为生产，有利于加强科研与生产管理，解决科研与生产相脱离的问题。

3. 加强医药国际交流与贸易 我国已经加入大多数主要的知识产权保

护国际公约，知识产权保护的法律体系也基本完善。良好的知识产权保护氛围可以吸引更多的国家和企业在我国进行医药开发的技术投资与科研合作，也有利于我国医药产品与技术，尤其中医药产品的对外出口与贸易。

4. 提高企业竞争意识与能力　中国加入世界贸易组织后，医药知识产权保护得到了更加严格的实施，我国长期以来以仿制无自主知识产权药品为主的绝大多数医药企业面临着更加严峻的竞争形势。医药企业能否在残酷的国际与国内竞争中立于不败之地，很大程度上将取决于是否拥有更多的医药知识产权。

## 2.5 关键知识梳理：医药知识产权的种类

医药知识产权是人们对在医药领域中所创造的一切智力劳动成果依法享有的权利的统称。按照知识产权的范围划分，医药知识产权大致有以下几种。

1. 发明创造类

（1）医药专利包括依法取得专利权的新医药产品、生产工艺、配方、生产方法、新剂型、制药装备、医疗器具和新颖的药品包装、药品造型等。

（2）未申请专利的新药及其他产品主要是指依据新药保护有关规定和中药品种保护有关规定取得行政保护的新药和中药品种等。

2. 商标类　主要是已注册或已经依法取得认定的医药产品商标、原产地名称、计算机网络域名等。

3. 版权类　医药领域涉及的版权主要是由医药企业或人员创作或提供资金、资料等创作条件或承担责任的医药类百科全书、年鉴、辞书、教材、摄影、录像等作品的著作权和邻接权；以及医药计算机软件或多媒体软件，如药物信息咨询系统、药厂 GMP 管理系统、药事管理学教学课件等。

4. 商业秘密　根据《反不正当竞争法》（2019 年修订）规定，商业秘密是指不为公众所知悉、能为权利人带来经济利益、具有实用性并经权利人采取保密措施的技术信息和经营信息。如中药复方制剂的秘方、制药企业的商业情报等。

## 2.6 关键知识梳理：医药专利的类型

我国药品专利保护起步较晚，1985 年开始实施《专利法》，1993 年才开始有实质性的药品专利保护。《中华人民共和国专利法》（2020 年修订）规定，专利包括发明、实用新型和外观设计三类。发明是指对产品、方法或者其改进所提出的技术方案，包括产品发明和方法发明两类；实用新型指对产品的形状、构造或其结合所提出的适于实用的新的技术方案；外观设计指对产品的形状、图案、色彩或其结合所做出的富有美感并适于工业上应用的新设计。根据《专利法》的规定，医疗领域的专利包括以下类型。

1. 医药发明专利　医药领域可授予专利权的发明主要有合成药物及合成方法发明，药物制剂及制备工艺、配方发明，生化药物及生物技术发明，天然药物及提取方法发明等，医药设备发明等。按照一般发明专利的划分，可分为下面两大类。

（1）产品发明：产品发明指人工制造的各种有形物品的发明，是人们通过研究开始开发出来的关于各种新产品、新材料、新物质等的技术方案。医药产品发明包括以下几种。①新物质，包括有一定医疗用途的新化合物；新基因工程产品（生物制品）；用于制造药品的新原料、新辅料、中间体、代谢物和药物前体；新的异构体；新的有效晶型；新分离或提取得到的天然物质。②已知化合物，包括首次发现其有医疗价值，或发现其有另外医疗用途者。③药物组合物，由两种或两种以上物质组成，至少一种是活性成分，组合后具有协同作用或增强疗效作用者，主要是复方制剂和药物新剂型。④微生物及其代谢产物，当其经过分离成为纯培养物，并且具有特定工业用途时，可申请产品发明专利。⑤制药设备及药物分析仪器、医疗器械等。

（2）方法发明：方法发明包括所利用自然规律的所有方法，是人们对制造产品或解决某个技术课题而研究开发出来的操作方法、制造方法及工艺流程等技术方案。方法发明可分为制造方法和操作使用方法两种类型。医药方法发明主要有两类：①制备方法、生产工艺如上述产品的合成、制备、提取、纯化等方法。现实领域中，医药企业和科研机构往往在申请产品专利的同时申请其制备方法的专利。②药物新用途药物的新适应证等。

2. 实用新型专利　医药领域的实用新型专利主要是某些与功能有关的药物剂型、形状、结构的改变，如新的药物剂型；诊断用药的试剂盒与功能有关的形状、结构；某些药品的包装容器的形状、结构；某些医疗器械的新构造等。

3. 外观设计专利　外观设计专利主要是指药品外观或包装容器外观等，包括有形药品的新造型或其与图案、色彩的搭配和组合；新的盛放容器，如药瓶、药袋、药品瓶盖等；富有美感和特色的说明书、容器等；包装盒等。

## 2.7 关键知识梳理：医药专利的授予条件

授予专利权的发明和实用新型应具备新颖性、创造性和实用性，这是《与贸易有关的知识产权协定》中以及各国《专利法》公认的授予专利权的必要条件。

新颖性指在申请日期以前没有同样的发明或者没有在实用新型国内外出版物上公开发表过、在国内公开使用过或者以其他方式为公众所知，也没有同样的发明或者实用新型由他人向国务院专利行政部门提出过申请并且登记在申请日期以后公布的专利申请文件中。新颖性一般以申请日为准，凡在申请日以前已经公开的发明创造，就成为现有技术的一部分，不能再取得专利权。但我国《专利法》规定，申请专利的发明创造在申请日以前六个月内，有下列情形之一的，不丧失新颖性：①在中国政府主办或承认的国际展览会上首次展出的。②国务院有关主管部门或者全国性学术团体组织召开的学术会议或者技术会议上首次发表的。③他人未经申请人同意而泄露其内容的。

创造性是指同申请日以前已有的技术相比，该发明或实用新型有突出的实质性特点和显著的进步。

实用性指该发明或者实用新型能够制造或者使用，并且能够产生积极效果。

授予专利权的外观设计应同申请日以前在国内外出版物上公开发表过或

国内公开使用过的外观设计不相同和不近似，并不得与他人在先取得的合法权利相冲突。

对于科学发现、智力活动的规则和方法、疾病的诊断和治疗方法、动物和植物品种以及用原子核变换方法获得的物质等，不授予专利权。但动物和植物品种的生产方法可依照《专利法》规定授予专利权。

## 2.8 关键知识梳理：医药专利的申请原则

根据《专利法》中专利的申请遵循以下基本原则：

1. 书面原则　即办理专利申请手续时，必须采用书面形式。

2. 申请单一性原则　即一件专利申请只限于一项发明创造。属于一个总的发明构思的两项以上的发明或者实用新型，可以作为一件申请提出。用于同类别并且成套出售或者使用的产品的两项以上的外观设计，可以作为一件申请提出。

3. 先申请原则　即两个或两个以上申请人就同样的发明申请专利时，专利权授予最先申请的人。判断申请先后的标准为申请日。我国《专利法》规定，国务院专利行政部门收到专利申请文件之日为申请日。如果申请文件是邮寄的，以寄出的邮戳日为申请日。

4. 优先权原则　即申请人自发明或者实用新型在外国第一次提出专利申请之日起十二个月内，或者自外观设计在外国第一次提出专利申请之日起六个月内，又在中国就相同主题提出专利申请的，依照该外国同中国签订的协议或者共同参加的国际条约，或者依照相互承认优先权的原则，可以享有优先权。申请人自发明或者实用新型在中国第一次提出专利申请之日起十二个月内，又向国务院专利行政部门就相同主题提出专利申请的，可以享有优先权。优先权须以书面形式提出。

## 2.9 关键知识梳理：医药专利的申请与审批

1. 医药专利的申请　申请医药发明或实用新型专利的，需提交请求书、说明书及其摘要和权利要求书写等文件；申请外观专利设计的，应当提交请求书以及该外观设计的图片或者照片等文件，并且应当写明使用该外观设计的产品及其所属类别。关于当前很多医药专利涉及的国际申请，我国

《专利法》规定，中国单位或者个人将其在国内完成的发明创造向外国申请专利的，应当先向国务院专利行政部申请专利，委托其指定的专利代理机构办理，并遵守有关保密的规定。

2. 医药专利的审批　依据《专利法》，发明专利申请的审批程序包括受理、初审、公布、实审以及授权五个阶段。实用新型或者外观设计专利申请在审批中不进行早期公布和实质审查，只有受理、初审和授权三个阶段。

## 2.10 关键知识梳理：医药专利权的保护范围、终止和无效

1. 专利权的保护范围　与其他专利一样，医药发明或者实用新型专利权的保护范围以其权利要求的内容为主，说明书及附图可用于解释权利要求；外观设计专利权的保护范围以表示在图片或者照片中的该外观设计为准。

2. 专利权的期限　医药发明专利权的期限为 20 年，实用新型专利权和外观设计专利权的期限为 10 年，自申请之日起计算。

3. 专利权的终止　专利权在期限届满时终止。没有按规定缴纳年费的，或专利权人以书面声明放弃其专利权的，专利局可在期限届满时终止其专利权。

4. 专利权的无效　自国务院专利行政部门公告授予专利权之日起，任何单位或个人认为该专利权的授予不符合《专利法》有关规定的，可请求专利复审委员会宣告该专利权无效。专利复审委员会对请求及时审查，做出决定，并公告专利权无效的决定，由国务院专利行政部门登记公告。宣告无效的专利权视为自始即不存在。

# 三、新药研发人员的职责

## 3.1 案例：研发人员人为因素导致研究失败

创新药物研发是一项技术、知识、人才和资金高度密集的创新活动，其本质是知识的创新。研发人员需要凭借自身所拥有的专业知识，发挥主观能动性，展开创造性思维，通过不断的分析、判断综合形成新的知识成果。创

新人才是新药研发的技术保证，也是提高医药产业行业，乃至国际竞争力的核心要素。

【事件简介】Stimuvax（L-BLP25）是一种癌症疫苗，德国 Merck 公司从 Oncothyreon 公司授权获得其在全球开发和商业化的权利，2013 年更名为 Tecemotide。Stimuvax 可刺激人体免疫系统识别与攻击 MUC1 表达的肿瘤细胞，MUC1 为一种在肿瘤细胞表面的抗原，在乳腺癌、非小细胞肺癌、多发性骨髓瘤、结直肠癌、前列腺癌与卵巢癌的肿瘤细胞上都存在。Stimuvax 一旦开发成功，将可获得广阔的国际市场，但 Stimuvax 在非小细胞肺癌（NSCLC）中的Ⅲ期临床研究中惨遭失败。

【事件结果】出现这样的结果，公司重新组织人员对数据再次进行核查、分析后，发现其失败是由于研发人员的（粗心）失误（公司对粗心的研发人员进行了严厉的处罚）。随后 Merck 公司再次将 Stimuvax 项目推上临床，遗憾的是，在日本开展的Ⅲ期临床研究中，Stimuvax 再次失败，Merck 公司最终忍痛放弃了这一项目。Stimuvax 的失败给投入大量人力和资金的 Merck 公司造成了至少数亿美元的直接损失，对 Merck 公司无疑是一个重大的打击。

## 3.2 关键知识梳理：新药研究人员应具备的条件

创新药物研究越来越呈现多学科交叉融合的特点，药学领域中基础研究、应用基础研究和应用研究的结合日益紧密，转化显著加快。药物化学、药理学、信息科学、技术科学等学科之间的界线日益模糊，多学科综合集成的趋势不断增强。因此，对于从事现代药物研发人员来说，首先需要具备扎实的药学基础，其次还需具有利用多学科知识协同创新的能力。

## 3.3 关键知识梳理：研发部门及岗位职责

当前，我国医药产业总体创新能力不足，创新效率相对低下，要实现我国医药产业的跨越式发展，组建合理的研发团队是提升药物研发创新能力的重要基础。制药企业研发人员一般包括研发部经理、研发主管、研发工程师、知识产权管理员、研发信息情报员等，具体的岗位职责如下。

## （一）研发部工作职责

研发部的主要工作职责是负责新产品开发和研制工作，为企业不断提供新技术、新产品，以保持企业竞争力。

1. 参与研发管理　提出对企业发展需要的新产品立项建议；制订产品开发计划、费用预算并组织实施；组织与实施新产品的工艺研发；负责新产品与合作单位研发过程的跟踪管理工作；负责技术档案的管理工作。

2. 提供技术支持　负责企业新产品的生产批文与企业科技项目申报工作；负责企业引进技术的衔接、试验工作；组织起草有关研发、技改及工艺技术优化等相关技术资料；协助质保部开展质量事故调查、分析、处理等质量管理工作，审核工艺规程等技术性文件。

3. 信息情报搜集　负责新药研发动态的信息收集；根据企业的发展规划，积极参与市场调研，掌握医药行业的发展动态，制订切实可行的新产品开发研究的长、短期计划；组织收集、整理有关新产品的信息、技术资料，建立新产品及技术档案，并执行技术档案管理制度；负责有关技术资料征订管理工作；负责组织参加专业部门组织的有关技术活动。

4. 知识产权管理　负责企业新产品的专利检索、专利申请以及专利纠纷处理等专利事务工作（包括国内专利、国外专利、行政保护）。

## （二）研发部经理岗位职责

研发部经理主要负责组织企业有关专业技术材料申报、注册工作；完成新项目、新产品等的引进和应用工作；开展企业产品研发计划的编制、实施及参与企业产品工艺优化的活动。

1. 制订新产品研发计划　负责根据企业的发展规划要求，掌握医药行业的发展动态，制订切实可行的新产品研发的长、短期计划。

2. 新产品的注册和引进　按药品注册相关要求组织新产品的研制工作，并按药品注册相关要求组织申报；负责新项目、新产品的引进、注册工作，并提供技术服务；负责组织科研项目及产品的申报、验收、结题、鉴定；承办相关成果及相关知识产权的申报工作。

3. 企业技术改进　有计划地组织技术人员起草有关研发、技术改进及工艺优化等相关技术资料，参与编制、建立健全和修订相关技术规程，协助质保部审核工艺规程等技术性文件；组织收集、整理技术资料、技术情况和工艺文件，建立工艺技术档案，执行技术档案管理制度，保证文件完整、正确、清晰，实行技术档案的统一管理；参与技术改造、生产工艺条件的确定工作；参加产品工艺改进试验，会同有关人员进行新产品试产工作。协助产品注册质量标准的修订和提高工作。

4. 内部组织管理　制定和完善研发管理的各项制度，监督检查执行情况；指导和培训下属岗位人员的业务工作；负责协调本部门与其他部门间的关系；负责本部门预算方案的编制。

**（三）研发主管岗位职责**

研发主管主要负责企业有关专业技术材料申报、注册工作；参加企业产品研发计划的实施，完成新项目、新产品等的引进和应用工作。

1. 参与新产品研发计划的制订　承担新项目的可行性研究；收集新药信息，关心医药动态，不断丰富在研项目的信息情报，并根据新药信息指导研发工作。

2. 研发项目管理　负责企业科研项目和新产品研制开发的具体工作，并制订合理的试验方案；随时掌握项目的进展和费用的使用情况，做好项目费用预算；根据新产品研制计划，合理采购试验需用的试剂、仪器及技术资料；开展新项目、新产品的引进、注册工作，并提供技术服务；参与各项实验工作并监督做好试验记录，复核实验记录、整理实验数据，做好实验数据的统计分析，并根据实验结果安排好下一步的工作；参与新产品的中试放大试验；负责新产品技术资料的移交工作；组织起草有关研发、技改及工艺技术优化等相关的技术资料；了解和掌握生产中的技术和产品质量问题，及时参与研究解决；负责科研项目及产品的申报、验收、结题、鉴定；承办相关成果及相关知识产权的申报工作。

3. 研发人员管理　按相关要求及法规规定，负责对本部门人员进行相关法规的宣贯工作，对企业产品进行相应的申报、注册。

**（四）研发工程师岗位职责**

研发工程师参与新产品的试制及工艺改进，整理生产技术档案，并对技术档案进行统一管理。研发工程师应负责本企业科研项目和新产品研制开发，根据新产品研制计划，合理制订采购计划；按规范做好各项试验记录，建立并完善相关技术档案；参与新产品的中试放大试验以及产品工艺改进试验并移交相关资料；正确使用各种仪器和设备，根据工作情况进行保养；及时了解和掌握生产中的技术和产品质量问题，并参与研究解决；负责知识产权的相关工作。

**（五）研发信息情报员岗位职责**

研发情报信息工作是影响研发决策的重要环节，所提供的信息资源是否准确、及时、可靠，直接影响新药研发决策的效果，是进行新药研发的重要导向。研发信息情报员主要负责调研国内外新药研发动态，对在研的各类新药开发及注册现状进行信息情报跟踪、汇总和总结；通过对信息情报的分析，根据企业的研发策略，寻找有潜力的项目进行评估论证，并形成报告；负责对拟立项项目的国内外开发情况、市场情况、专利情况等进行初步的分析及报告；参与外部项目引进，包括与外部合作方的沟通和跟进项目进度等；负责对外事务，包括与科研院所、当地政府等机构进行有关项目合作、项目支持和人才政策等方面的交流；负责项目检索调研资料的归档管理；负责有关技术资料征订管理工作以及情报相关数据库的管理与维护；负责组织参加专业部门组织的有关技术活动。

**（六）知识产权管理员岗位职责**

知识产权管理员负责完成公司知识产权日常管理工作。

1. **专利管理**　制定并完善专利管理制度，将其纳入企业经营发展规划中；负责对员工进行《专利法》和专利知识的宣传培训；鼓励员工开展发明创造活动，为职工提供有关专利事务的咨询服务；办理本企业专利申请、专利资产评估、专利合同备案、认定登记和专利权质押合同登记以及专利广告证明等事宜；保护企业专利权和防止侵犯他人的专利权，办理有关专利纠纷、专利诉讼事务；管理企业专利资产，防止专利资产的流失；组织专利技术实施，管理专利实施许可贸易；管理、利用与本企业有关的专利文献和专利信息，为科研、生产、贸易经营全过程服务；研究制定企业的专利战略，为经营决策服务；做好技术和产品进出口中有关的专利工作；依法办理对职务发明创造的发明人或者设计人的奖励与报酬；筹集和管理企业的专利发展专项资金。

2. **商标管理**　负责制定和完善本企业商标管理的规章制度；负责企业商标的申请、注册、续展、转让、评估、异议、变更、使用许可的审核及办理；负责对印制前的商标标识的样板进行审批；指导或参与解决本企业商标侵权纠纷；指导和监督企业的商标使用工作，以核准注册的文字、图形或其组合为准；负责企业商标的档案管理、信息处理；向企业有关人员提供商标专业知识咨询、宣传与培训；负责与政府商标行政管理部门的联络工作。

| | 药品营销策划书 | 调查问卷设计 | 营销方案 |
|---|---|---|---|
| 如何成为一名成功的营销人员 | 营销策划书撰写方案…… | | |
| | 调查问卷设计、抽样设计…… | | |
| | 品牌营销、分层营销…… | | |
| | 代理制营销、学术营销…… | | |
| 营销策划主要工作内容 | 围绕帮助营销策划新人快速在职场中找准自己的位置，并且能够迅速上手来执行营销策划工作而展开。通过撰写药品营销策划书，列举了具体的书写方案供新入职人员操作参考借鉴。 | | |
| | | | |
| 调查问卷的设计及注意事项 | 通过案例描述了调查问卷设计题型及调查内容等；介绍调查问卷的常用设计方法和题型、抽样设计等，为职场营销新人提供指导。 | | |
| | | | |
| 营销策略 | 通过对具体的营销方案案例的描述逐级地讲述了营销的战略预测、战术预测效果；销售渠道的基本模式、中间商、直复销售；广告战略、人员推销战略、特种推销策略、公关战略；营销组织的设计、营销人员配备、市场营销计划等项内容。 | | |

# 第八章 成功的营销人员具备的能力

营销活动是指以出售、租赁或其他任何方式向第三方提供产品或服务的行为，包括市场调查、方案设计、效益分析等方面，是实现企业生产成果的活动，是服务于客户的一场活动。

企业营销是指为了实现企业或组织目标，建立和保持与目标市场之间的互利的交换关系，而对设计项目的分析、规划、实施和控制的活动。

营销人员就是为实现上述目的的行为主体。每个人、每个社会团体在社会上生存和发展，都有需要，并愿意付出一定的报酬来满足部分需要，于是这部分需要就形成了社会需求。这种需求可以通过很多方式来满足，有自行生产、交换、乞讨、抢夺等方式。市场营销的出发点是通过交换满足需求。也就是说，市场营销是个人、企业通过交换，满足自身需求的过程。

一名成功的营销人员是企业亟需的，也是从业人员事业有成的一个标志，本章将通过下述案例，为从业者提供一些参考。

## 一、药品营销策划方案

药品营销策划是营销活动的起始点，也可以说是总体设计，如果设计不切实际、或不可行将不会得到满意的结果的。要想使药品营销策划达到预期目的就必须提高策划书撰写的准确性与科学性，首先要把握其撰写的几个主要原则。

1. 逻辑思维原则 策划的目的在于解决企业营销中的问题，按照逻辑性思维的构思来编制策划书，具体策划内容详细阐述，明确提出解决问题的对策。首先是设定情况，交代策划背景，分析产品市场现状，再把策划中心目的全盘托出。

2. 简洁朴实原则　要注意突出重点，抓住企业营销中所要解决的核心问题，深入分析，提出可行性的相应对策，针对性强，具有实际操作指导意义。

3. 可操作原则　编制的策划书是要用于指导营销活动的，其指导性涉及营销活动中的每个人的工作及各环节关系的处理。

4. 创意新颖原则　要求策划的创意新、内容新、表现手法也要新，给人以全新的感受。新颖的创意是策划书的核心内容。

## 1.1 案例一：增强免疫力类保健品营销策划方案

以旅游城市大连为例，就增强免疫力类保健产品做一个市场策划方案。大连是一个知名的旅游城市，企业设计的这款增强免疫力类保健产品作为一种具有特殊功能的保健品，市场档次高，同时该产品又是取自于无污染的深山老林，因此企业着力将其打造成为大连优秀的旅游纪念品和高档礼品。目前最亟需解决的问题是整合优势，对产品进行整合优势营销包装，加快产品市场知名度，培育和开发市场。

【营销诊断方案】针对该产品的适用（消费）人群，结合该产品的生产及综合费用等因素对营销情况做出如下分析。

1. 市场背景分析　现代生活节奏加快，有些人群精神紧张，压力大，加之过量饮酒、吸烟、吹空调，长期缺乏户外运动等因素，使其免疫功能紊乱，抵抗力降低。免疫功能是人体重要的生理功能，免疫功能失调就会造成体质虚弱，抵抗疾病能力下降，易感冒；同时并发其他病症。为了增强机体的抵抗力，加强免疫力，增强免疫力类保健产品就受到广大民众的青睐，保健品市场前景广阔。

2. 产品特点分析　增强免疫力类保健品具有一定的滋补性。属于纯天然无污染深山老林的多年原生态来源的天然植物，经现代生物技术加工而成，其中含人体需要的多糖、多肽等诸多功效成分，可提高细胞免疫水平，增强巨噬细胞吞噬能力，有一定的免疫调节保健作用，可增强人体免疫力，提高机体抵抗力，适宜于体质虚弱、免疫力低下及亚健康人群，尤其是肿瘤及肝病患者，因此该增强免疫力类保健产品市场潜力极大。

3. 营销状况分析　独特的产品优势及良好的市场前景，使该增强免疫力类产品保健业商家云集，竞争也日趋激烈，目前该行业已有几个强势品牌出现于市场，因此企业要想树立自己的品牌，需要解决以下几个问题：①提升品牌知名度。②产品定价定位合理。③包装设计显现特色。④打通营销渠道。⑤寻找广告宣传支持。

【营销运作方案】确立营销目标，促进销售，提高市场占有率及品牌知名度，树立行业强劲品牌。明确营销策略是运作方案的基本出发点。

1. 市场营销目标　近期目标：一年之内开发其所在城市市场，使所在城市市场目标销售网络渠道铺货率达 60%，并且在所在城市市场的选择目标铺货率达 100%。远期目标：五年内将所推销产品培育成全国知名品牌，成为该类产品的主导品牌。

2. 营销模式　包括终端直销、渠道分销、建立和实行会员制。

3. 推广方案　立足本市，建立市场，以此为试点，总结经验，逐渐扩大推广范围，创建行业品牌，逐步走向国际市场。

【营销实施步骤】由企业销售、管理及终端市场、文案策划、设计制作等专业人士组成，分工合作，逐步实施。

1. 产品市场　进行充分的市场调研，通过市场调研为该产品找到合适的市场定位，锁定目标消费群体，制定最佳推广策略。市场调查的内容主要包括竞争对手调查和产品市场诊断。

（1）竞争对手调查：对所研发产品的主要竞争对手在市场的营销状况进行调研，采用竞争对比法，将行业内主要竞争品牌及企业状况进行比较，从而对目前企业在行业内的状况及产品品牌优劣势有个充分的认识，主要包括竞争对手的产品定价、包装设计、市场定位、广告支持、营销渠道、销售管理、品牌知名度等内容。

（2）产品市场诊断：对原来的产品市场状况做市场调查，运用便利抽样以及配额抽样法，结合消费者深度访谈、营业员深度访谈、经销商深度访谈的方法调查清楚；设计市场调查问卷，主要包括企业内部的相关的管理人员，企业内部相关的市场营销人员，产品原来的经销商，产品原来的零售商，产品的消费者。

通过以上的市场调查，做出科学的分析，从而得出合理、科学、系统的市场调查报告，特别要确认价位、功能特点、独特卖点销售渠道等问题，从而为下一步的工作提供科学的依据。

2. 产品定位  为所生产的产品进行市场定位和功能定位，生产地所处的城市是一座旅游城市，也是一处旅游、文化胜地，该产品的原植物又是该地区独特的道地药材，可见该产品极具地域、产品优势，配合本市旅游城市及人们日益增长的保健、延寿需求，应将其定位为极具特色的旅游保健礼品和具有特殊功效的保健品。

3. 找出目标消费群体  根据以上的产品定位，该产品目标消费群体的构成大体应包括 50 岁以上的体弱多病、急需提高身体体质的患者；工作压力大、缺乏锻炼、身体免疫力差，易感染流行病的人群；重视保健、追求健康生活的退休老年人（高档保健品）；到本市旅游的人群；礼尚往来较多的人群（高档礼品）。

4. 设置相应的营销网络  根据以上的定位和目标消费群体，考虑设置相应的营销网络包括作为具有特色的保健品进入各大医药公司的保健品专卖店、超市保健品专柜，同时进入他们的网络；作为旅游纪念"打卡纪念品"推广给信誉较好的旅游公司，作为旅游团的特色推出；高档酒店、旅馆等场所。

5. 加强销售渠道的管理  任何产品的成功市场运作，都离不开科学系统的市场管理，离不开市场一线的消费者和终端销售员及时的信息反馈，因此，建立有效的销售网络和销售渠道必须做好建立客户档案和对销售人员进行产品、业务的培训工作。

（1）产品的培训：通过市场调查，找出消费者针对此产品最可能提出的关键问题（通常为 10 个问题），由公司组织统一的标准答案，要求销售人员特别是专柜的促销统一回答。

（2）业务的培训：销售人员必须每天填写日市场拜访计划，周工作计划和工作总结，月工作计划和工作总结。

（3）对所负责的经销商做定期的分析和总结。

（4）对市场上的竞争对手做定期的分析和总结。

（5）对销售人员进行成绩的考核：将以上的要求作为每月考核销售人员的标准。

6. 考虑设计包装  根据产品的市场定位，需要设计出体现该产品自身特点、又要体现出该产品内在蕴含的悠久的文化内涵，其包装规格建议分为两档，即经济装（大众保健消费）、精品装（高档健康赠品），但是基调必须一致，保持相同的标识。

经济装面向普通消费者，包装盒材料采取一般的白板纸；而精品装必须采用高档礼品装盒子，设计时内铺高档丝绸，外盒材料必须用高档铜版纸。整个系列的包装设计必须大气、漂亮、陈列效果好、具有浓重的传统地域风格。

7. 产品定价　价格是产品市场成功的重要因素之一，定价过高，消费者难以接受；定价过低，中间渠道商业贸易差太低，挫伤中间商的积极性。因此，市场调查的重要工作之一就是要确认产品的正确定价（零售价），结合市场及物价局的参考定价确定合适的定价。

8. 塑造公司或店铺形象　建立形象视觉识别系统，以配合品牌传播及统一店铺形象，通常包括建立标识，统一店铺视觉形象；制作店铺宣传画册；制作店铺形象及产品宣传片等。

9. 加强广告宣传，进行整合传播　在对外宣传之前，要确认产品的宣传定位。为了使铺货工作顺利进行，前期可以投入适量的广告，例如宣传单、小册子、说明书、该产品的系列科普知识讲座文章和专题讲座电视片、报纸小版面等。有了广告支持，可以给销售人员信心支持，铺货工作才可以顺利进行。为配合整体销售工作，还应该设立完善的服务体系，建立促销点促销队伍，在重点商场、药店开展产品宣传、推荐。

当铺货工作达到预定目标的 60% 时，全套的媒体投放方案全面运行，即直接对经销商和终端用户公关和现场促销全面展开。直接对经销商和终端用户公关包含：召开新产品上市会，邀请各医药公司、旅游公司和保健品商店，在会上请专家详细介绍产品的功能；公司营销部门介绍最新的价格以及与市场上的竞争对手的利润分析；广告公司介绍市场支持计划，包括媒体和公关活动。根据地区的媒体特点和在达到较好宣传效果的同时又有效控制成本的前提下，建议选择以下媒体。

（1）短视频软件等新媒体平台——针对媒体可以宣传的范围仅限于OTC（非处方药品）和保健品。针对流量时代选择合适的主题，打造产品在区域内的专属 IP，并围绕该主题做宣传或系列广告；环环相扣，引起消费者的购买欲望。①树立品牌及店铺在大连市的知名度及美誉度，同时诚招代理商。②树立品牌及店铺在当地的良好口碑，直接促进销售；采取发放传单和社区条幅等动销手段直对目标客户。以加深当地人对该产品的了解和认知，吸引代理商的注意。③利用网络宣传。

（2）户外广告：在市区主要景点设立广告牌；向高档酒店、旅馆、旅游景点、高档写字楼等场所赠送店铺画册；在各大经销处放置宣传品，统一促销形象，并且在每个店开业时，都用统一形象的拱形门。

（3）重视公关活动及现场促销：请专家对该产品的医疗保健功能进行讲解，并且赠送该产品说明的宣传彩页。并且赠送相关产品提示物，例如：①印有产品名及商标的小礼物；②含产品说明视频的U盘。

## 1.2 案例二：皮肤科OTC药品营销策划方案

我国的OTC产品按其种类可分为十四类，包括皮肤科用药、消化系统用药、眼科用药、一般外用药等。由于皮肤科OTC产品常用品种繁多，消费者自主选择的空间很大，品牌的知名度往往成为消费者购买该类药品的原因，往往几个知名品牌占据市场的大半江山，一些不知名的中小品牌只能凭借个性化优势、靠特色填补市场空白，或凭借通路优势占领区域市场。

面对竞争，所有的企业都要将生存和发展摆到第一位。一方面，企业必须迅速调整、转换经营思路、营销战略和营销组织架构，进行广泛的联合；另一方面，必须大力提升现有的产品，培养、推广和维护品牌，开拓新市场，实现经营目标。

【营销诊断方案】无论是皮肤科OTC产品的新产品开发、卖点确立、市场进入，还是老产品二次开发、品牌提升，一切都必须以市场研究为基础。唯有通过对市场进行全面的分析、了解、把握，才能知己知彼、有的放矢。除了对宏观环境、行业动态、科研方向、供求信息等的把握之外，作为一个继续提升产品、品牌的企业而言，更要做好前期的市场调研工作。

1. 市场调研 西安杨森等外资或合资企业，称调研为必做的home work（家庭作业），与国内常见的"某某药厂大大超额完成计划"之类的报道不同，杨森、史克等外企的战略目标与实际结果之间的差距一般不会超过10%，其关键就在于对市场准确的把握。

市场调研一般分成产品研发调研、新产品上市测试调研、营销策略调研三大类。主要内容包括消费者研究、市场需求研究、产品研究、竞争策略研究、广告研究、价格研究、市场销售研究、促销组合研究等，每一项研究都要尽最大可能细化，以确保调研结果的科学性、精确性，贴近市场。同时注意调研的先后步骤。

企业做好市场调研关键在于两方面，一是要树立科学的市场调研意识；二是要建立一套系统、科学的市场营销信息决策系统，包括内部报告系统、市场营销情报系统、市场调查系统、市场营销决策系统，从组织上给予保证，同时加强与相关的专业机构的密切合作。

2. 皮肤科 OTC 产品消费的特征　皮肤科 OTC 产品是一个特殊的产品类别。既有消费品的特征，由消费者自主决策和购买，又有药品的特征，消费者高度理性决策，有高参与性和不安全感。除此之外，皮肤科 OTC 产品消费还具备如下特征。

（1）皮肤科 OTC 产品直接面对消费者，以消费者为中心。皮肤科 OTC 产品与处方药最大的区别在于，前者以消费者为中心，后者以医师为中心。皮肤科 OTC 产品是一种需要通过市场营销手段进行推广的药品类商品，所以，消费者的意见具有至关重要的作用。

（2）皮肤科 OTC 产品多为常备药，品牌众多。皮肤科 OTC 产品多为治疗一般疾病的常备药，这些药品一般在生产技术上都比较成熟，不具有专利技术方面的竞争优势。而正因为如此，技术进入壁垒低，又使此类药品的生产厂家众多，市场上同一种皮肤科 OTC 产品往往有多个品牌，市场竞争异常激烈。

（3）专业人士的建议对皮肤科 OTC 产品市场有一定的影响力。尽管皮肤科 OTC 产品无须医师处方即可购买，但是有些皮肤科 OTC 产品正确使用所需的药学知识的专业性较强，而且不是一种普及性知识，所以消费者在购买和使用皮肤科 OTC 产品时，会十分关注专业人士如医师、药师等人的意见。

3. 三种皮肤科 OTC 产品消费行为模式　消费者选择药品的自主权越来越大，针对消费者的营销活动显得更为重要。通过对消费者行为进行细分，寻找出自己产品的目标消费群体，分析其消费心理类型，并针对不同的消费类型采取更有针对性的定位、宣传策略，将使整个营销推广更加有效，同时也将大大减少成本。皮肤科 OTC 产品消费存在三种消费行为模式，即习惯型、逻辑型和需求型。

（1）习惯型消费者：是指消费者在购买此类药物时只认准自己常用的一个品牌，对其他品牌不关心、不留意。从习惯型消费者的品牌消费特征来看，要改变这些消费者的习惯是很困难的事，需要大量的市场工作和市场投入，才能从思想、习惯上改变这些消费者。一项数据显示，消费者使用某一个品牌成为习惯，其中 66% 的消费者是受医师的影响，29% 的消费者则是由于家人 / 朋友一直在使用，受此影响而形成的消费习惯，只有 5% 的消费者的习惯养成是由于其他因素的影响。

（2）逻辑型消费者：是指消费者在购买过程中会注意收集信息，用自己的价值指标去衡量，从而指导购买的消费者。逻辑型消费者在购买药物时，关注的主要因素依次为疗效、价格、品牌等。由于消费者购买时注重疗效，而疗效很大程度上来源于对品牌的认同度，因此树立高品质品牌形象对影响这部分消费者的购买作用明显。

（3）需求型消费者：是指那些有相关症状，但还没有意识到需要用药治疗的消费者，他们会根据接触的信息进行判断，进而收集更多的相关信息，最后决定购买。需求型消费者会根据症状的突出、轻重不同，决定其需求的强烈与否。对需求型消费者，教育、培养和刺激其消费需求是关键。

根据统计分析，一般皮肤科 OTC 产品消费中以习惯型消费占主导地位，习惯型消费者和逻辑型消费者成为皮肤科 OTC 产品的主要消费群，但具体比例受药品不同、区域不同影响有相应变化。另外，部分针对新需求的新药和部分医疗保健意识较差的区域往往以需求型消费者为主。逻辑型消费者较易改变，所需费用也较小，但容量不大；习惯型消费者市场容量大，但所需的营销费用会较高，起效时间也长，企业应根据自身实力，选准自己的目标消费群，制定策略。

【市场定位与经营定位】企业参与皮肤科 OTC 产品市场的目的和动机不同，市场开发的方式也就不同。长线投资的产品一般通过建立品牌的优势来带动企业的发展，在短期投资的情况下，企业人为缩短产品生命周期，换来最大的利润或皮肤科 OTC 产品市场的操作经验。

作为一个皮肤科 OTC 产品企业为自己进行经营定位时，必须注意两点，一是要准确把握行业市场的发展状况，二是要清醒自己的资源、实力情况，同时又要充分认识到当前形势的紧迫，果断决策。

【营销实施步骤策略】由于一般消费者难于识别药品质量的优劣，品牌因而成为消费者购买决策的一个重要依据。一个成功的皮肤科 OTC 产品品牌可以为企业带来长期且丰厚的利润，但同时也需要不断的维护和宣传推广，关键是广告投入的背后需要有雄厚的资金作后盾。因此，决定一个皮肤科 OTC 产品企业生存与发展的能力有三个，资本实力、科研创新能力、营销能力，而营销能力又集中体现在对品牌、通路的运作。

皮肤科 OTC 产品作为一种特殊的商品，包含三个层次的内容：一是核心产品，指皮肤科 OTC 产品的疗效和质量；二是形式产品，指皮肤科 OTC 产品的剂型、商标、品牌和包装；三是延伸产品，指皮肤科 OTC 产品提供给患者的附加价值和服务。皮肤科 OTC 产品在技术方面的特殊性，将促使更多的同质同类的产品出现。这也意味着，实现销售的工作只能围绕第二层次和第三层次展开。为了实现产品与品牌的双重提升，打开市场，牢牢地占领市场，结合以往的营销经验，归纳出"两定、两广、创新求异"的营销实施步骤策略。

1. 两定　一是企业定位，二是产品市场定位。通过企业定位明确发展思路，经营战略，通过产品定位找准市场，有效切入。

2. 两广　一是广告传播，二是广建通路。通过广告传播提升产品和品牌，通过通路运作促进销售，巩固市场和消费群。

3. 创新求异　在皮肤科 OTC 产品企业，创新是市场发展最具价值的推动力，也是实现企业产品、品牌永续提升、发展的重要保证。创新过程应是产品创新和企业创新的有机结合。其关键在于在充分了解市场信息的前提下，建立具备竞争优势的产品体系和营销体系，增强企业竞争优势。

（1）创新的三种形式

1）进攻型：企业通过开发或引入新产品，全力以赴追求产品技术水平的先进性，抢先占领市场，在竞争中力争保持技术与市场强有力的领先地位。其特点是风险大、投入大、回报高，可获得规模垄断利润，较适合大型的皮肤科 OTC 产品企业或新型科技企业采用。

2）防御型：企业不抢先研究开发新产品，而是当市场上出现某种成功的新产品时，立即进行跟踪研发，并迅速投入，占领市场。即"一眼看市场，一眼看大厂"，这种以逸待劳的策略要求企业有高效的情报系统和吸收创新能力，其优点是规避了前期的投资风险和新产品最初形态的缺陷，而使企业能够后来居上，适合科研能力较强的中型企业采用。

3）引进型：企业利用别人的科研力量，替代自身去开发新产品，收效快、成本低、风险小，但回报亦小，易受牵制。适合中小型企业采用。

（2）重视研发才能创新成功：研发是创新的基础。世界各大著名药企基本都以研发为导向，其研发的投入至少要占年销售利润总额的 10%～15%，而我国制药企业研发的费用投入一般不超过 3%。以葛兰素 - 威廉公司为例，其销售额在 100 亿美元以上，每年拿出 10 多亿美元用于研究开发新项目，每年公司都能开发出几种新药用化学结构和剂型，新产品储备充足，使公司始终能保持科技优势。

（3）差异求生存，特色求发展：消费需求永远是有差异的，特别是今天的个性化时代。对皮肤科 OTC 产品市场而言，空隙和机会是同样存在，关键在于企业能否发现、挖掘、满足需求，把握机会。而创新的目的是寻求差异，实现差异，树立特色，最后转化为目标消费者的购买，这既是整个营销活动的实质，也是一种产品、一个企业生存和发展的真谛。

## 1.3 案例三：健脾消食类药物营销方案

在中医理论中，健脾消食类药物可治疗脾虚证，即由于脾虚、脾不健运导致的胃肠消化不良而出现的一系列临床症状。一些没有品牌的"淘汰产品"，如酵母片、乳酶生、多酶片、乳酸菌素片等销售数量惊人，各地市场普遍存在区域产品，其中用于治疗儿童消化不良的产品更是成千上万，健脾消食类药物的广泛存在和销售良好，预示着市场上有大量的未被开采的"空白"之地。另外，消化不良用药率较低，多数消费者出现消化不良症状（肚子胀、不消化）时常常置之不理，其中，儿童用药率低的情况尤为突出。总之，消费者需求未能得到充分满足为健脾消食类药物的研发、销售提供了"用武"之地。

【营销诊断方案】

1. 消费者市场分析　国内药品销量 80% 都在医院，长期以来，中国药品零售渠道的不畅，使大多外资、合资药企从一开始就非常重视医院渠道的销售，一般都是通过医师开处方销售，来带动零售市场。医药消费与健康意识、经济收入等密切相关，区域差异非常大。

2. 消费者群体分析　消费者出现消化不良症状时，常用揉揉肚子或散散步等方法解决。对于儿童与中老年人，他们购买消食药物主要是用来解决日常生活中多发的"胃胀""食欲不振"症状。其中，儿童用药率低的情况尤为突出。儿童由于脾胃尚未发育完全，消化不良的发病率高于其他人群，主要表现症状是挑食、厌食。同时，儿童正处在长身体阶段，家长担心消化不良会影响其生长发育，所以解决消化不良的需求更为迫切。然而，家长担心药品毒副作用会伤害到儿童的身体健康，在用药选择上非常谨慎。因此，很多家长因为找不到合适的药，而多采用一些民间土方、食疗等方法。以上原因造成了儿童消化不良发病率高，需求迫切，但用药率低的现象。

3. 影响消费者想法的因素　消费者看法与医师大相径庭，在消费者看来，胃炎或胃溃疡才叫"胃病"，"消化不良"则是另一种"病"。"胃药"是用来治胃病的，即胃炎、胃溃疡，其表现症状主要是胃酸、胃痛，当然也能解决部分胃胀。而消化不良则是平时饮食不当引发的，是一种常见的小毛病，甚至不能算病，这个时候就要吃助消化药来帮助消化，解决其"胃口不好""肚子胀"的问题。

4. 影响消费者购买的因素　消费者往往看重药品的包装，尤其是不同的年龄段对服用助消化药的重视程度差别极大；从另一个角度看，对于广告与品牌效应方面在消费者中的导向作用也是不可忽视的重要购买因素。

【营销运作方案】营销运作方案也可以说是销售策略，就是企业以顾客需要为出发点，根据经验获得顾客需求量以及购买力的信息、商业界的期望值，有计划地组织各项经营活动。一旦销售过程全面展开，就需要依赖一定市场营销策略，从而更好地接触目标客户，达到目的及利益所需。营销策略包括产品差异化策略以及产品定位策略，营销策略的合理应用对销售活动起着至关重要的作用。

1. 产品差异化策略　所推销的产品（健脾消食类药物）的差异性体现在外在设计及功效，适用于不同偏好的人群。并需要随市场的需求调整包装、色彩、形状、口味等。另外，企业根据自身的优势，根据人群特点，以占领不同的细分市场。

2. 产品定位策略

（1）品牌定位：规划打造完整的品牌之路，把所推销的产品（健脾消食类药物）定位为"日常助消化用药"，避开与市场上其他药物（如多潘立酮片等已有药物）的直接竞争，向无人防御且市场容量巨大的消化酶、地方品牌夺取市场（据权威机构的全国统计数据来看，酵母片、乳酶生、多酶片的销售数量与销售金额均排名靠前，三者合计数超过多潘立酮片），同时也在地域上填补多潘立酮片的空白市场，从而满足所推销的产品的现实需要。

（2）产品年龄定位：所推销的产品（健脾消食类药物）的年龄定位是儿童与中老年人，患者主要是用来解决日常生活中多发的"胃胀""食欲不振"症状。显然，定位在"日常助消化用药"完全符合这些现有顾客的认识和需求，并能有效巩固健脾消食类药物原有的市场份额。

由于"日常助消化用药"的定位，占据的是一个"空白市场"，而且市场上并未出现以年龄划分的"专业品牌"，所以暂时放弃过去对助消化用药市场进行年龄细分的做法，而应全力开拓整个日常助消化用药的品类市场，用一个产品覆盖所有的目标人群。

（3）功能定位：所推销的产品（健脾消食类药物）实属按照中医理论调配出的具有健脾消食功能的中成药，能明显促进脾虚导致的功能低下的肠平滑肌功能恢复正常，胃液分泌增加，胃蛋白酶活性升高，并可提高胃液的总酸度和总排出量，增强胃动力，表现出帮助消化的效果。从健脾入手，起到消食的作用，达到了标本兼治效果。

【营销步骤】所推销产品的定位第一步是针对"消化酶"等产品的市场份额，而这些没有推广，仅靠低价渗透的产品，除了在省会城市有一定的市场外，二三线城市才是他们的主要销售之地。

要想占领省会城市，就要动用"广告宣传"这一"武器"。利用一切可以动用的宣传手段进行宣传，尤其是在儿童这个特殊群体中，反复"强调"儿童其主要症状是"食欲不振"，而不是成人的"胃胀"。特别要注意到儿童及家长的媒体收视习惯、儿童适用药品在广告表现上均有较大不同。用资源去抢占消费者的心智，是建立品牌定位，成为强势品牌的必要保证。选用一个和品牌定位的风格、形象趋于一致的形象代言人，反复告知消费者，可以不断吸引消费者尝试和购买的欲望，从而开拓这个品类市场。

## 1.4 关键知识梳理：营销策划工作主要内容

营销策划主要工作内容通常包括了解策划宗旨（营销的目的）、前期准备即在整个营销策划活动前，要先制订行动方案，安排好人员，调整好各部门的关系，并且要制定大家共同遵守的制度。同时需要完成如下方案实施。

（1）对产品市场进行分析：包括过去几年该类型产品市场的总量、总额；价格、利润；主要竞争者，它的规模、目标、市场占有率等；产品的各个分销渠道，各渠道的相对重要性等。

（2）运用态势分析法 SWOT（Strengths Weakness Opportunities Threats，SWOT）对产品市场进行分析。

（3）指出产品市场面对的主要问题和对未来的主要假设。

（4）营销战略设计：设定产品企业的目标，包括销量、价位、铺货渠道、市场定位等。

（5）选择营销战略：要注意考虑目标市场、核心定位、市场营销组合、活动的预算等。

（6）确定活动的方案：必须具体到时间、地点、人员安排、预算费用，要把各个环节都安排好，不能出错。

（7）对营销活动进行管理、监督、控制：保证各个环节进度合理、花费明朗、人员安排合理。

## 1.5 关键知识梳理：市场营销策划书格式

市场营销策划书格式各式各样，但是通常一般应包含下述基本内容，当然也要结合具体销售品种搞一些专属性内容，这样才能满足要求。

1. 封面 一定要美观，最好能反映主题。标出委托方、简明扼要的主题、策划日期、策划团队（没有一成不变的格式，依据产品或营销活动的要求可以不同）。

2. 目录 策划书的主要结构。

3. 概述 简要概述策划方案的内容；执行方案后预期达到的水平；本策划要达到的效果、目的；或者直接以某一金额为限（或者市场占有率）。

4. 影响营销的因素分析　目标市场的特征、营销环境分析、企业背景与资源状况、产品状况等。对同类产品市场状况，竞争状况及宏观环境要有一个清醒的认识。它是为制定相应的营销策略，采取正确的营销手段提供依据的。这一部分需要策划者对市场比较了解，这部分主要分析：①产品的市场性、现实市场及潜在市场状况。②市场成长状况，产品目前处于市场生命周期的哪一阶段。对于不同市场阶段的产品，公司营销侧重点应进行调整，同时应注意相应营销策略效果、需求变化对产品市场的影响。③消费者的接受性，这一内容需要策划者凭借已掌握的资料分析产品市场发展前景。重点资料来源于市场的实地调查，注意收集可靠、及时、全面、有效的信息。

5. 机会分析　从上面的分析中归纳出企业的 SWOT 分析。

6. STP 分析　即市场细分、市场选择、市场定位分析。

7. 行动方案的制订　这是策划书的主要内容。提出具体的营销目标、营销战略、具体的行动方案。制订一个行动时间表，包括目标市场、广告策略、渠道策略、营销队伍的建设等。

8. 营销成本预算　预算不能马虎，要有依据。既不能太粗，也不能太细，只要区分项目就可。

9. 行动方案的控制　不要太细，只要写清楚对方案的实施过程的管理方法与措施就行。

10. 结束语　主要与前文呼应。

11. 附录　主要提供策划客观性的证明或原始资料（如调查问卷和活动记录等）。

## 二、调查问卷

调查问卷是市场调查的一种形式。调查问卷是从了解具体事例（事件）情况出发，明确调查的目的、提出具体问题，重点突出，征得调查者合作，即可达到调查的目的。需要注意的是正确记录，提供准确的信息；问卷的设计要有利于资料的整理加工。这样就要求问卷调查者要努力提高自身素质，以适应问卷设计工作的需要。确保调查资料的质量和效率。下面就具体问卷实例加以说明与解读。

## 2.1 案例一：感冒药使用情况调查问卷

感冒药是人们使用较频繁的药物之一，正因如此，乱用的现象也十分普遍，本问卷旨在了解不同人群对感冒药的了解程度，希望您根据自己的情况选择相应的选项，此次调查不会对您造成任何负面影响，请放心填写，谢谢您的支持与配合。

第一部分，单项选择问题，您只需要选择一个答案即可。

**1. 您是属于以下哪一年龄阶段的人呢？**

  A. 12 岁以下 B. 13 ~ 29 岁 C. 30 ~ 50 岁 D. 50 岁以上

**2. 您最近一年感冒多少次？**

  A. 0 次 B. 1 ~ 2 次 C. 2 ~ 5 次 D. 5 次以上

**3. 您购买感冒药的一般途径是以下哪种？**

  A. 网上 B. 药店 C. 医院 D. 其他

**4. 您每次花费在治疗感冒的费用大概是多少？**

  A. 20 元以下 B. 20 ~ 50 元以内 C. 50 ~ 100 元 D. 100 元以上

**5. 您对市场上抗感冒药的价格和品种满意吗？**

  A. 想投诉

  B. 不满意，品种太多，不知怎样选择，价格大多比较贵

  C. 基本满意，价格大多能接受，选择多，适合不同消费者

  D. 非常满意

**6. 当有感冒症状之后，您会首选哪个途径解决？**

  A. 去医院找医师 B. 去药店找药师 C. 自己选药 D. 不吃药

**7. 您对感冒药的类型了解吗？**

  A. 非常清楚 B. 清楚 C. 了解一些 D. 几乎不懂

**8. 您在购买感冒药时首选中药还是西药？**

  A. 中药 B. 西药 C. 中西结合 D. 其他 _____

**9. 您觉得市场上的感冒药治疗效果怎么样？**

  A. 很好，能快速治疗 B. 一般，效果不是很明显

  C. 不好，副作用大 D. 不用购买，感冒不用治疗

**10. 您对药品广告的信任程度如何?**

    A. 非常相信　B. 比较相信　C. 一般相信　D. 不相信

**11. 您认为目前我国的药品广告存在虚假广告的现象是否普遍?**

    A. 十分普遍　B. 比较普遍　C. 一般　D. 不普遍

**12. 出现药品安全事故,是否会影响您对药品企业和产品的信任度?**

    A. 会　B. 不会　C. 要看具体情况　D. 无所谓

**13. 您是否会经常更换服用的药物品牌?**

    A. 会　B. 要看同品牌的说明,再做决定

    C. 要听从医师或药店店员推荐,再做决定　D. 不会


第二部分,多项选择问题,您可以选择 2 ~ 5 个答案均可。

**1. 您一般在什么情况下会服用感冒药?**

    A. 头疼　B. 发热　C. 流鼻涕　D. 打喷嚏　E. 咳嗽

**2. 您比较倾向于购买哪种剂型的感冒药?**

    A. 片剂　B. 颗粒剂　C. 胶囊　D. 泡腾片　E. 口服液

**3. 下列哪些中成药是您知道的?**

    A. 感冒灵胶囊　B. 板蓝根颗粒

    C. 双黄连口服液　D. 风寒感冒颗粒　E. 复方穿心莲片

**4. 您对感冒药的了解一般来自哪种途径?**

    A. 医师介绍　B. 电视广告　C. 网络介绍

    D. 药店服务人员介绍　E. 家人朋友介绍

**5. 您更换感冒药的原因是什么?**

    A. 之前药品疗效不显著

    B. 选一个知名度更高的企业产品

    C. 选一个价格更合适的

    D. 赶上哪种就是哪种

    E. 其他 _____

**6. 您选择感冒药的主要依据是什么?**

    A. 知名品牌　B. 价格适宜　C. 疗效显著

    D. 副作用小　E. 包装讲究

7. **下列哪些副作用是您服用感冒药后出现过的?**

　　A. 头晕　B. 嗜睡　C. 恶心　D. 皮疹　E. 疲倦

8. **您比较关心感冒药的哪些方面?**

　　A. 快速治疗　B. 不含吡哌酸　C. 抗病毒　D. 不嗜睡　E. 全面呵护

9. **您对于药品的广告,比较关注哪类的媒体?**

　　A. 电视　B. 报纸　C. 杂志　D. 网络　E. 宣传单

10. **药品广告的哪些方面能引起您购买的欲望?**

　　A. 疗效显著　B. 无效退款

　　C. 副作用小　D. 品牌信用高　E. 明星代言

11. **您觉得市面上的感冒药哪些地方需要改进?**

　　A. 价格　B. 包装　C. 口感　D. 宣传途径　E. 其他 _____

## 2.2 案例二:抗高血压药市场调查问卷

抗高血压药是全球人们使用较频繁的药物之一,正因如此,乱用的现象也十分普遍,本问卷旨在了解不同人群对抗高血压药的了解程度,希望您根据自己的情况选择相应的选项,此次调查不会对您造成任何负面影响,请放心填写,谢谢您的支持与配合。

第一部分,单项选择问题,您只需要选择一个答案即可。

1. **请选择您的性别。**

　　A. 男　B. 女

2. **您是属于以下哪一年龄阶段的人呢?**

　　A. 25 岁以下　B. 25～34 岁　C. 35～44 岁

　　D. 45～60 岁　E. 60 岁以上

3. **请问您从事以下哪种类型的职业?**

　　A. 体力劳动　B. 久坐脑力劳动　C. 高压力脑力劳动

　　D. 退休或暂无工作　E. 久站型劳动

4. **您的月收入大约为多少?**

　　A. 3 000 元以下

　　B. 3 000～5 000 元

　　C. 5 000 元以上

5. 请选择您平时的饮食习惯。

    A. 喜食辛辣    B. 喜食清淡    C. 喜欢饮酒

    D. 喜欢抽烟    E. 喜食油腻

6. 您平时生活压力大吗？

    A. 不大    B. 一般    C. 较大    D. 大    E. 非常大

7. 请问您对抗高血压药的类型了解吗？

    A. 非常清楚    B. 清楚    C. 了解一些    D. 几乎不懂

8. 您家中是否有高血压患者？

    A. 有    B. 无

9. 您（或家人）患有高血压多久了？

    A. 几个月    B. 一年    C. 两年    D. 三年    E. 三年以上

10. 您（或家人）患有的高血压是何种程度的？

    A. 轻度高血压    B. 中度高血压    C. 重度高血压

11. 请问您（或家人）购买抗高血压药，所能接受的价格区间是以下哪个选项？

    A. 10 元以下    B. 10 ~ 20 元    C. 20 ~ 50 元

    D. 50 ~ 100 元    E. 100 ~ 200 元    F. 200 元以上

12. 您（或家人）通常在什么情况下会服用抗高血压药？

    A. 身体稍微不舒服时    B. 病情有加重趋势时

    C. 病情严重，不得不用时    D. 医师要求服用

    E. 顺其自然，无须使用

13. 您（或家人）目前服用几种抗高血压药？

    A. 一种    B. 两种    C. 两种以上

14. 您（或家人）是否有错服或漏服抗高血压药的经历？

    A. 有    B. 没有    C. 不清楚

15. 您（或家人）通常怎么购买抗高血压药？

    A. 药店购买    B. 凭医师处方

    C. 网上    D. 国外    E. 其他 _____

16. 请问您（或家人）觉得有必要提高对抗高血压药的认识吗？

    A. 很有必要    B. 一般    C. 没有必要    D. 无所谓

第二部分，多项选择问题，您可以选择 2～5 个答案均可。

**1. 您（或家人）比较关心抗高血压药的哪些方面？**

    A. 副作用   B. 治疗速度   C. 对身体的影响

    D. 疗效    E. 是否能自己选择服用

**2. 您（或家人）认为抗高血压药常见的副作用是什么？**

    A. 头痛   B. 头晕   C. 恶心   D. 面红   E. 组织水肿

**3. 您（或家人）认为以下哪些人群需要特别注意使用抗高血压药？**

    A. 心脏病等慢性疾病严重者

    B. 儿童、老年人、孕妇

    C. 肝肾功能不全者

    D. 抑郁症患者

    E. 喝了酒和含酒精的饮料的人

**4. 您（或家人）购买抗高血压药，主要考虑的因素有哪些？**

    A. 疗效   B. 价格   C. 药品知名度   D. 药师的推荐

    E. 朋友的推荐   F. 药品的说明书和广告

**5. 您（或家人）购买过以下哪种抗高血压药？**

    A. 复方降压片   B. 珍菊降压片   C. 硝苯地平片

    D. 复方罗布麻片   E. 吲达帕胺片

**6. 您觉得中药降血压方面有什么优势？**

    A. 中药的毒副作用相对较少，适合长期应用

    B. 中药着眼于整体调节，改善症状效果明显

    C. 中药降血压作用缓和，稳定血压效果好

    D. 中药就是效果不明显，服用也不会造成什么副作用

    E. 其他 _____

**7. 您觉得中药降血压方面有什么不足之处？**

    A. 降血压疗效不好

    B. 服用不便

    C. 没有长效制剂

    D. 就是有疗效，也觉得起效慢

    E. 其他 _____

**8. 除了用药您会通过何种方法去控制血压？**

    A. 平衡膳食    B. 适当的运动

    C. 民间偏方    D. 顺其自然    E. 其他 _____

## 2.3 关键知识梳理：调查问卷的提问形式

调查问卷的提问形式主要有两类，即封闭式提问和开放式提问。

### （一）封闭式提问

封闭式提问是在对问题所有可能的回答中，被调查对象只能从中选择一个答案，这种提问方式便于统计，但回答的伸缩性较小。

1. 两项选择题　提出一个问题，给出两个答案，被调查对象必须在两者中选择一个做出回答。例如：请问您头疼是去医院看医师，还是自己去药店买药？

去医院□　　去药店□

2. 多项选择题　提出一个问题，给出多个答案，被调查对象仅可从中选择一个做出回答。例如：请问您在生病购药时，通常选择几个品牌的药物进行比较？

1个□　　2个□　　多个□

3. 程度评定法　对提出的问题，给出程度不同的答案，被调查对象从中选择认同的一个做出回答。例如：您在生病时，认为去医院就医 _____

很重要□　较重要□　一般□　不太重要□　很不重要□

4. 语意差别法　列出两个语意相反的词，让被调查对象做出一个选择。例如：请问您对同种药物的不同品牌的选择原则是？

副作用大，但价格便宜□　副作用小□　服用方便□

价格高□　价格低□

### （二）开放式提问

开放式提问是指对所提出的问题，回答没有限制，被调查对象可以根据自己的情况自由回答。此种提问方式，答案不唯一，不易统计和分析。

1. 自由式　被调查对象可以不受任何限制，回答问题。例如：请给出您印象最深刻的一个广告。

2. 语句完成式　提出一个不完整的句子，由被调查对象完成该句子。

例如：当我口渴时，我想喝 _____ 。

## 2.4 关键知识梳理：抽样的设计

调查方式有两种，一种是普查，就是对确定的调查对象总体——进行调查，如我国的历次人口普查；另一种是抽样调查，即从调查对象总体中选取部分样本，通过对样本的调查，推测总体特征。

从理论上讲，市场调查如能采用普查的方式，调查结果将十分准确。但是，普查需要花费大量的人力、物力、财力，并且调查时间过长，一般的企业无法承担，大多数的市场调查是抽样调查。因为样本是从总体中抽取出来的，作为调查单位的全部个体，样本的选择调研的结果影响极大。抽样的方法可分为两类：一是随机抽样法，二是非随机抽样法。

### （一）随机抽样法

随机抽样法的基本原则是：在选择样本时，必须排除人的主观影响，使总体中每一个个体被抽取的机会是均等的，是一种客观的抽样方法。随机抽样方法主要有以下几种。

1. 简单随机抽样　简单随机抽样是随机抽样中最简单的一种方法，它对被调查总体不作任何分类，使用纯粹的随机方式从总体中进行抽样。如果被调查总体并不庞大，总体中各个个体的差异性不大，可采用简单随机抽样法进行抽样。

简单随机抽样一般通过抽签或打乱数表的方式，从总体中抽取事先规定好的若干样本数。例如，某企业想从 200 家客户中抽取 20 家进行调查，了解他们对本企业产品质量和服务的意见。首先把 200 家客户从 001 ～ 200 进行编号，然后用抽签或打乱数表的方法，从中抽取 20 个号码作为调查的样本。

2. 等距随机抽样　采用简单随机抽样生产的样本极可能在总体中的分布是不均匀的，对于某些调研，可能影响到结果的可靠性。等距随机抽样是根据一定的抽样距离从总体中抽取样本。抽样距离的大小等于总体数量除以样本数量。使用等距随机抽样的具体做法是：第一，将被调查总体中的各个个体单位按某种标志排列、连续编号；第二，根据总体数和确定的样本数，计算抽样距离，若得数是小数则四舍五入化为整数；第三，在第一段距离内，用随机的方法抽取一个号码，作为第一个调查样本单位；第四，将第一个样本单位的号码加上抽样距离，得到第二个样本单位，以此类推，直至满足样本容量。

例如：对 2 000 名顾客进行调查，采用等距随机抽样法抽取 50 个样本，其抽样距离为 20，假如从 0001~0020 通过简单随机抽样的方法抽取的样本号为 0011，则样本单位的号码分别为 0011、0031、0051、0071……，直至抽足 50 个样本为止。

3. 分层随机抽样  分层随机抽样就是对被调查总体按照不同的特征进行分组（即分层），然后再用随机的方法从各层中抽取一定数量的样本。当调查对象的主要特征存在显著的差别时，提高样本的代表性，可以使用分层随机抽样法。使用分层随机抽样的方法进行抽样，在分层时，要尽量使各层之间具有明显的差异性，而在每一层内的各个体单位则要保持统一性。按各层次之间差别大小，分层随机抽样又有分层比例抽样和分层最佳抽样之分。分层比例抽样是指根据各层次包含的单位数占总体单位数的比例，确定各层次抽取的样本数。

4. 分群随机抽样  对于那些总体异质性较高、不易确定分层标准的总体，则无法进行分层。这时可以采用分群随机抽样。分群随机抽样是按照外部条件将总体分成若干个同质的群体，再从这些群体中随机地抽取某一群体作为样本进行调查。分群随机抽样的群体之间差异很小，但群体内部的差异很大，每一群体基本上包括了总体的特征。因此，随机地抽取任何群体，所调查的结果可以代表总体的基本特征。

例如，要对吉林省长春市的家庭进行调查，以便掌握长春市消费者的购买行为。长春市在行政区的基础上可分为几个群体：朝阳区、二道区、宽城区、绿园区、高新区、经开区、汽开区等。区与区之间居民的特征可认为是基本相同的，而在每个区内部则有较大的差异，基本上可以代表长春市居民的特征。调研人员再在这些区中，随机抽取一个或几个居民小区作为样本进行调查。假定抽取经开区和朝阳区为调查群体，由于这两个群体中的家庭数量依旧太多，不宜调查展开，还可以将两个群体进一步按居委会分群，然后从两个区的若干居委会中随机地各抽取五个居委会，再对这十个居委会中的家庭进行调查。

## （二）非随机抽样法

非随机抽样的基本原则是：在选择样本时，可以加入人的主观因素，使总体中每一个个体被抽取的机会是不均等的，是一种主观的抽样方法。非随机抽样方法主要有以下几种。

1. 任意非随机抽样 任意非随机抽样是纯粹以便利为基础的一种抽样方法，其调查样本的选择完全取决于调研人员自己的方便。街头询问是这种抽样最普遍的应用，采用任意非随机抽样的基本假定是被调查总体中任何个体都是同质的，因此，选择哪一个个体作样本都是一样的。例如，一家餐馆的老板常向他见到的行人打听去其餐馆的路，以此了解餐馆的知名度。

任意非随机抽样的优点是：简便易行，能及时获取信息，费用低。缺点是：对调查对象缺乏了解，样本的偏差大，代表性差，调查结果不一定可靠。所以，一般用于非正式调查。

2. 判断非随机抽样 判断非随机抽样是由调研人员根据自己的主观判断选择调查样本的调查方法。这种方法要求调研人必须对总体的有关特征十分了解。例如，调研人员想知道一份关于广告的调查问卷设计是否得当，则可以向一些他认为对广告有一定了解的人士进行测试，以便确定此调查问卷的适合性。在利用判断非随机抽样选取样本时，应避免抽取"极端型"的样本，应选择"普通型"和"平均型"的个体作为样本，以增加样本的代表性。

3. 配额非随机抽样 配额非随机抽样就是把具有一定"控制特征"的样本数量分配给调研人员，由调研人员按照规定的"控制特征"自由选择调查样本。配额抽样与分层抽样有某些相似之处，同是按照一定的特征对总体进行分层和确定"控制特征"。两者的不同之处在于，分层抽样在各层样本数量确定以后，是以随机的方式来抽取样本；而配额抽样在确定"控制特征"和样本数量以后，由调研人员根据"控制特征"的要求自行选取样本。配额抽样可以分为两类：一类是独立控制，另一类是交叉控制。①独立控制，所谓"独立控制"是指只对具有某种控制特性的样本数量给以规定。②交叉控制，所谓"交叉控制"是指不仅规定各种控制特性的样本数量，而且还具体规定各种控制特性之间的相互交叉关系。

## 2.5 关键知识梳理：调查问卷的常用题型

调查问卷的题型可以根据被问卷对象（被调查人群）的社会阶层背景，同时应兼顾其在社会中的消费层次来确定。

1. 自由问答题　问卷只提出问题，让被调查者自由回答。

2. 是非题　要求被调查者对所提问题用"是"或"否"，"有"或"无"，"喜欢"或"不喜欢"，"同意"或"不同意"来回答。

3. 多项选择题　事先拟定几个答案，让被调查者从中选择。

4. 等级题　又称顺位题。是请填表者对于不同的项目，排出先后次序的调查题型。

5. 程度评定题　又称量度答案题。是将提出的问题分成不同程度的答案供填表者选择，它比是非题要复杂、细致，便于比较分析。

6. 配对比较题　对于等级题，有时令人难以正确或顺利地填写，如果将主要的可能顺序预先排好、配好对，既便于填写、有实效，又容易得到有参考价值的意见。

以上是问卷询问的几种题型和方式，市场调查人员可根据产品的特点和调查的目的，选择适用的题型。

## 2.6 关键知识梳理：问卷设计的注意事项

调查问卷是由被调查者填写的，设计问卷时应该根据他们的心理设身处地考虑，问卷设计在问题的排列、询问语气、措辞等方面要注意下列问题。

1. 首先要争取填表者的合作和热心，使他们认真填写。

2. 问题要提得清楚明确、具体、容易理解，使填表者能顺利地填写和回答而不产生厌烦。

3. 要避免下列问题。①多义词或笼统的询问；②用引导性或带有暗示的问题；③一些涉及私人生活或困窘性问题。

4. 易于调查问卷的整理，应考虑采用计算机整理分析调查表，以节省人力、时间和费用，保证时效。

## 三、品牌营销

### 3.1 案例：学术品牌营销决定加速度

2010 年，某制药企业创造了 ×× 注射液年销售额过 27 亿的奇迹。其高明之处在于：一如既往地借助已经得到国内医学同行认可的强大的理论体系，汲取其固有模式的优势，并通过多种方式来维护品牌的美誉度，最终加速提升销售额。

【销售背景】据有关数据显示，我国心脑血管类中成药自 2007 年起复合增长率为 21.94%，高于心脑血管总体用药市场及整个医院用药市场的年均复合增长率。巨大的市场空间让某制药企业加速了对其相关领域产品的布局。

【营销创意】自 2004 年问世以来，×× 注射液一直保持着较高的年销售增长额，为了进一步提升其市场占有率，企业以学术理论为指导，坚持企业家品牌、企业品牌和产品品牌"三品合一"的营销思想，成功实现了 ×× 注射液每年的销量突破。

【具体实施】基于"脑心同治"和"供血不足乃万病之源"的理念已经得到了业界的广泛肯定，企业营销人员将这两个理论作为 ×× 注射液的理论基础，为其学术推广奠定了先天优势。

开展学术活动是企业提升 ×× 注射液品牌价值的重要方式。企业每年都会联合相关专业的学会及下属各分会召开学术推广会，并根据专业素质和活动能力严格选择推广人员。

此外，企业还会邀请医师到公司进行参观、研讨等活动，让医师充分了解 ×× 注射液及其临床研究成果，通过医师对患者的宣传提升产品的知名度。

与此同时，企业还专门培育了一支终端药学队伍进行患者教育，直接面对消费者来扩大品牌影响力。

为维护 ×× 注射液逐渐形成的品牌，企业成立了"品牌战略委员会"。坚持"三品合一"的营销思路，并通过法律手段保护自己的品牌不被假冒伪劣产品所侵害。

严格控制质量是企业维护 ×× 注射液口碑的基础。企业做到自产品上市以来，无不合格产品的记录，使 ×× 注射液的品牌得到长久维护。

【销售效果】2010 年 ×× 注射液获得中国中药首个专利金奖。×× 注射液 2010 年销售额 27 亿元，年增长率 22.7%。

## 3.2 关键知识梳理：战略预测

营销的战略预测通常是指市场效益的定性预测。市场效益预测分析是对某种产品在未来市场上的需求量和可获得效益的预测。影响市场需求和效益的因素有两大类。一类是市场环境因素，如科学技术、政治法律、经济、社会文化环境等，是企业本身不可控制的因素。另一类是企业市场营销组合，即产品的性能、质量、包装、价格、企业的分销渠道和实体分配以及促销方式、促销策略、促销费用等，是企业的可控因素。企业在进行预测时，应以一定的市场环境和企业的营销策略为基础。

定性预测法是依据人们的经验和主观判断进行预测的方法。常用的定性预测方法主要有以下四种。

### （一）类推法

类推法主要分相关推断法和对比类推法两种。

1. 相关推断法　是依据因果原理，从已知相关的各种市场因素之间的发展变化，推断对象的未来发展趋势。其推断方法有：①时间上先行、后行和平行关系的推断。推断先行、后行关系的关键是分析两者的间隔时间。例如气候发生异常变化，会有某些流行病的发生，从而增加有关药品的需求量。平行关系则指因果相随，几乎同时出现，如医院病床数增加，随之该医院的药品需求量会同时增加。②相关变动方向的顺相关与逆相关的推断。例如国民收入与消费品购买力，在积累率不变的情况下，两者同增同减，是正相关。有的此消彼长，是负相关。③多因素综合推断。它是在深入分析影响预测目标各个因素的基础上，综合地对预测目标发展变化趋向做出推断。

2. 对比类推法　就是利用事物之间的相似性，通过先行事物的发展变化过程类推后继事物，从而预测后继事物未来发展前景。其推断方法有：①各国之间同一事物类似情况的对比类推。例如，国外某种产品的寿命周期，可以用来推断国内同类产品的寿命周期变化。但要注意分析不同的社会经济条件，以及不同经济发展水平的影响，便于做出综合判断。②国内不同地区之间同一事物的对比类推，它与国外同类事物对比类推大体相同。③不同产品之间类似情况的对比类推。经常用于新产品开发预测。例如，药酒在我国历史悠久、为广大消费者所喜爱，以此类推，药用牙膏、香皂、药用化妆品、药膳发展前景可观，据此加以开发新的药用系列品种。

## （二）经验判断法

经验判断法主要分经理人员意见评判法和销售人员综合判断法两种。

1. 经理人员意见评判法　由企业领导人员和决策人根据对市场情况的分析和累积的经验，对市场需求做出主观判断的预测，一般采用简单的算术平均法和加权平均法结合起来。

2. 销售人员综合判断法　由企业主管召集与销售有关的各部门专业人员或销售人员广泛交换意见，预测销售量，再根据具体情况，进行调整平均。为了解决各人看法的局限性，可以采用推定平均值法加以预测。其计算公式为：

$$推定平均值 = \frac{最乐观估计值 + 4 \times 最可能估计值 + 最悲观估计值}{6}$$

## （三）专家意见法

专家意见法是指聘请企业内、外见多识广、具有专长的有关专家进行预测。具体方法有两种。一种是"开诸葛亮会"，由各专家面对面地交换观点看法，这是一种具有我国特色的很成功的方法。另一种是"德尔菲法"，由各专家背靠背地交换意见，进行预测。这种方法是首先确定预测课题，请两组专家（10～50人）背靠背地对需要预测的问题提出意见，主持人将各人的意见综合整理后又反馈给每个人，待他们有机会比较一下他人的不同意见，并发表自己的看法，再给主持人。主持人综合整理后再反馈给每个人，如此反复四五次后，一般可以得出一个比较一致的意见。这种方法的优点是可使每一位专家充分发表自己的意见，免受权威人士左右。它具有多次反馈性、收敛性、匿名性的特征，是一种科学性强、适用范围广、可操作性强的预测方法，可广泛用于预测商品供求变化、市场需求、产品的成本、价格、商品销售、市场占有率、产品寿命周期等。

## （四）消费者意见法

消费者意见法（或称用户意见法）即直接听取消费者意见，再分析综合这些意见的基础上做出预测。如了解潜在医药产品购买单位、个人未来的购买量及其他需求。它一般用抽样调查法进行，也可采用订货会、座谈会、展销会等形式进行。这种方法节省人力物力，方便迅速，但受被调查者态度、样本选择的代表性等约束。

## 3.3 关键知识梳理：战术预测

营销的战术预测通常是指市场效益的定量预测。定量预测法就是根据一定数据，运用数学模型来确定各变量之间的数量关系，根据数学计算和分析的结果来预测市场的未来。比较适用于统计资料完整、准确、详细，预测对象发展变化趋势比较稳定的情况，常用的定量预测方法有以下几种。

### （一）销售实际对比分析法

销售实际对比分析法又称百分率法。它是根据本年销售实绩较去年销售实绩增减百分比，作为明年销售量变化的增减比例，推算出明年可能销售量的方法。适用于比较稳定的发展变化趋势预测。其计算公式如下：

$$明年销售预测值 = 本年销售额 \times \frac{本年销售额}{去年销售额}$$

### （二）简单平均数法

简单平均数法是利用预测期前的各期销售额统计数据，求其算术平均数，作为下期预测值。其公式为：

$$预测值 = \frac{前期销售总数}{期数}$$

简单平均数法的优点是计算方法简单、易懂，可以消除偶然因素的影响。其缺点是难以反映时间序列的变化趋势，预测值滞后现象严重。

### （三）加权平均法

加权平均法是根据计算期各资料重要性的不同，分别给予不同权数，并以加权算术平均数作为预测值的方法。

$$预测值 = \frac{（前一期实绩 \times 该期权数）+（前二期实绩 \times 该期权数）+ \cdots\cdots +（前几期实绩 \times 该期权数）}{前一期权数 + 前二期权数 + \cdots\cdots + 前几期权数}$$

加权平均法的关键是确定一组适当的权数，一般的原则是，给予离预测期较近的数据以较大的权数，而给予离预测期较远的数据以较小的权数。

## （四）变动趋势移动平均法

加权平均法在前期资料比较多的情况下，权数很难准确地加以确定，这就需要用变动趋势移动平均法进行预测。这种方法的计算公式如下：

$$x=(y+z)/s$$

式中，$x$—预测值；$y$—最后一期的移动平均值；$z$—最后一期的趋势移动平均值；$s$—最后一期的移动平均数据预测期的期数。

## （五）保本销售额预测法

保本销售额预测法是指利用企业收入与支出的对比关系预测销售额决定盈亏数量界限的方法。也就是当企业的毛利率、费用额、税金额等数量指标确定后，预测销售额为何值时，才能不亏也不盈，如果企业要想实现一定的利润，销售额又需达到何值。

为了研究问题方便，我们用 $x$ 来表示销售额；$y$ 表示毛利率；$a_1$ 表示费用额；$a_2$ 表示税金额；$m$ 表示利润额。则：

$$m=xy-a_1-a_2 \text{ 即 } x=\frac{m+a_1+a_2}{y}$$

例如：某医药商业企业 1997 年各项计划指标为：毛利率 12%，费用额 30 万元，税金额 18 万元。问：

（1）该企业销售额为多少时才能保本？

（2）若要实现 12 万元利润，销售额应达到多少？

解：

（1）保本时（无利）时，$m=0$

保本销售临界点 $x=\dfrac{a_1+a_2}{y}=\dfrac{30+18}{12\%}=400$（万元）

即销售额为 400 万元时，不亏也不盈。

（2）要实现 12 万元利润，即 $m=12$ 万元

$$x=\frac{m+a_1+a_2}{y}=\frac{12+30+18}{12\%}=500 \text{（万元）}$$

即销售额必须达到 500 万元，才能盈利 12 万元。

实行经营承包责任制的企业，在确定包干任务时，应计算出盈亏分界点（争取盈利目标的起点，使企业全体人员都有明确的奋斗目标，以便随时检

查销售计划的完成情况，采取有力措施，力争尽早突破盈亏分界点扩大商品销售额，提高企业经济效益）。

### （六）保本储存期预测法

医药储存是为了保证销售，但若储存量不当，则会形成积压，积压超过一定时限，即使医药商品本身无损耗，也将发生亏损，所以应进行医药商品储存期预测。

保本储存期预测法是指对保管费、利息和销售费用（指保管费、利息以外的）与毛利额对比关系的分析与测算，以预测医药商品保本储存期。

为了研究问题方便，用 $y$ 表示销售毛利额，$a_1$ 表示销售费用（指保管费和利息以外的），$a_2$ 表示每天花费的保管费用和利息，$n$ 表示保本期限的天数。

当要求保本时，毛利额等于费用，即

$$y = a_1 + na_2, \quad n = \frac{y - a_1}{a_2}$$

例如：某药店购进一批药品进价为 8 万元，销价为 9.2 万元，假如这批药品每天的保管费为 5 元/万元，利息支出每月 60 元/万元，销售费用为 2.25元/百元，那么：

（1）这批药品储存多长时间才能不亏不盈?

（2）若 30 天销售完盈亏多少?

解：

（1）这批药品的保本期。

销售毛利额 =9.2 − 8=1.2（万元）

销售费用 $=9.2 \times \dfrac{2.25}{100} = 0.207$（万元）

保管费 $=8 \times \dfrac{5}{10\,000} = 0.004$（万元/d）

利息 $=8 \times (\dfrac{60}{10\,000} \div 30) = 0.001\,6$（万元/d）

依据公式，保本期 $n = \dfrac{y - a_1}{a_2} = \dfrac{1.2 - 0.207}{0.004 + 0.001\,6} = \dfrac{0.993}{0.005\,6} = 177$（天）

（2）若 30 天销售完盈亏为多少?

销售毛利额 =9.2 − 8=1.2（万元）

销售费用 =9.2 × $\dfrac{2.25}{100}$ =0.207（万元）

保管费用 =0.004 × 30=0.12（万元）

利息 =0.0016 × 30=0.048（万元）

依据公式：$m=y − a_1 − a_2$=1.2 − 0.207 − (0.12+0.048)=0.825（万元）

即 30 天销售完盈利 0.825 万元。

这个例子说明，这批药品储存期限最长不得超过 177 天，否则就将发生亏损。同时也说明，只要采取措施，缩短储存期限，就可盈利。所以企业要组织适销对路的药品，加强库存管理，既要防止脱销，又要防止积压，保证人民用药的需要。减少库存损失，提高企业经济效益。

（七）回归分析法

即利用因果关系来预测的方法，通过研究已知数据，找出变化规律。若只涉及两个变量则用多元回归。这里主要介绍一元回归分析法。

一元回归法所求的是一个自变量对另一个因变量所产生的影响。例如，时间（$x$）变化，销售量（$y$）也会发生相应的变化。这时，就可以根据逐年变化的 $y$ 值，在直角坐标中画出许多散点。使其从数据点中穿过，并使这条有倾向性趋势的回归直线最能代表实际资料中的变动趋势。从理论上说，就是求这条回归直线到实测值之间的距离，并使误差的平方和最小。计算误差的最小平方和，可用"最小二乘法"。一元回归直线方程是：

$$y=a + bx$$

式中，$y$ 是预测值，是因变量；$x$ 是时间，是自变量；$a$ 是直线坐标上的截距（常数）；$b$ 是直线的斜率，称为回归系数。$a$、$b$ 的值可用最小二乘法求得。根据最小二乘法原理，当 $\sum x_i=0$ 时，求得直线方程中的待定参数 $a$、$b$ 为：

$a=\dfrac{\sum y_i}{n}$；$b=\dfrac{\sum x_i \sum y_i}{\sum x_i^2}$，为使 $\sum x_i$=0，我们在给自变量 $x_i$ 编号时，可这样处理：若 $n$ 为奇数，取时间间隔为 1，将 $x$=0 至于资料的中央 1；若 $n$ 为偶数，取时间间隔为 2，将 $x= − 1$、$x$=1 置于资料期中央的上下两期。

例如：某药店 1993—1997 年药品的销售额（万元）资料如表 8-1 所示。试预测 1998 年的药品销售额。

表 8-1　药品销售额统计表　　　　　　　　　　　　单位：万元

| 年份 | 1993 | 1994 | 1995 | 1996 | 1997 |
|------|------|------|------|------|------|
| 销售额 | 150 | 250 | 200 | 350 | 300 |

解：本题期数 $n=5$ 为奇数，列表整理并计算如表 8-2。

表 8-2　回归分析参量计算表

| 年份 | $x_i$ | $y_i$ | $x_iy_i$ | $x_i^2$ |
|------|-------|-------|----------|---------|
| 1993 | $-2$ | 150 | 300 | 4 |
| 1994 | $-1$ | 250 | $-250$ | 1 |
| 1995 | 0 | 200 | 0 | 0 |
| 1996 | 1 | 350 | 350 | 1 |
| 1997 | 2 | 300 | 600 | 4 |
| $\sum$ | $\sum x_i=0$ | $\sum y_i=1250$ | $\sum x_iy_i=400$ | $\sum x_i^2$ |

$$a=\frac{\sum y_i}{n}=\frac{1\ 250}{5}=250$$

$$b=\frac{\sum x_iy_i}{\sum x_i^2}=\frac{400}{10}=40$$

代入回归方程为 $y=250+40x_i$

1998 年 $x_i$ 的编号应为 3，将 $x_i=3$ 代入回归方程：$y=250+40\times3=370$（万元）

## （八）季节指数预测法

季节指数预测法是根据预测目标各个日历年度按月（或季）编制的时间数列，统计方法测算出反映季节变动规律性的季节指数，并用季节指数进行近期预测的一种时间序列分析预测法，医药市场药品的供求和价格等，往往受季节影响而呈现季节变动的规律性。例如参类补品清凉解暑类等药品销售量的季节变动差异，出现旺季、淡季、平季的差别。因此季节指数预测法是对市场预测很实用的方法。

季节指数法的具体方法是：首先计算历年各月（季）的简单算术平均

数；其次计算全时期的月（季）总平均数；然后计算各月（季）的季节指数，其计算公式为：

$$月（季）季节指数 = \frac{各年同月（季）平均数}{全时期月（季）平均数} \times 100\%$$

$$某月（季）预测值 = \frac{年预测值}{12(4)} \times 某月（季）季节指数$$

## 四、分层营销

### 4.1 案例：降血糖药精准营销

如果借用军事术语把营销中的市场开拓称为"攻城略地"，那么有效的市场推广手段则是"实现精准打击而非狂轰乱炸"。市场开拓讲究战略，市场推广手段讲究战术，案例所列举的企业正是把这两方面实现完美结合的典型代表。通过对 ×× 降血糖药的"分层管理"进行精准营销，其拥有的市场份额在同类产品中遥遥领先。

【销售背景】2009 年，9 240 万名糖尿病患者人群，5 年 3 倍的市场增长速率，44 亿的市场规模 [IMS（Intercontinental Marketing Services）医药数据库统计数据 ]，这是一个令很多药企觊觎的大市场。

尽管 ×× 降血糖药是国内目前肾脏排泄率（在药代动力学上仅有 5% 的肾脏排泄率）最低的促泌剂，但随着跨国药企相关产品的市场份额不断增长，×× 降血糖药的竞争地位面临严峻挑战。

【营销创意】在学术推广上，该企业将 ×× 降血糖药的宣传语定为"安全降糖、肝肾无忧"。这 8 个字，既切合产品的特点，也易被医师及患者认可。企业营销策略的选择，既没有采用普遍的高中低端分层，也没有完全固守在客户的多级分类上，而是结合 ×× 降血糖药自身特点进行了有针对性地分层。

分层从市场拓展方面入手，分为 4 大类：核心市场、维持增长市场、边缘市场、空白市场。在此基础上，企业将 ×× 降血糖药的增长也明确界定为 3 个方面：达到亚类增长速度的追赶型增长、超过领域内口服药增长速度的高速增长以及超越对标品种的挑战增长。这是便于用全局市场观解决问题的方法，也利于合理有效地资源分配，真正实现精准营销。

【具体实施】在具体的战略执行层面，企业采取步步为营、稳扎稳打的战术。首先，制定××降血糖药核心业务增长模型。结合市场的分层及增长的界定，分别制定了如何发挥渠道推力及终端拉力的策略，并且按照重要程度确定了7个实现步骤。第一步，聚焦经销商，为实现精准配送奠定扎实基础；第二步，聚焦分销商，为实现垂直分销疏通网络；第三步，聚焦核心终端并建立市场潜力模型，掌控未来发展方向；第四步，筛选维持增长市场，测算资源的调配空间；第五步，对确定的3个方面的增长进行细分，通过不断对标的方式实现动态监控；第六步，辐射外延市场，实现核心市场的拉动效应；第七步，缩减空白市场的数量，为未来能够实现产品的全流通做好铺垫。

此外，企业对已分层的4大类市场进行了合理布局和人员安排。

1. 对于市场潜力大、产出贡献高的核心市场，先重新进行营销版图的筛选，然后对标竞争对手的人员分布，对营销团队进行适当的布局调整。目前，企业在核心市场的每个办事处都设立了学术专区，以使企业的员工能用专业化的语言向客户传递产品的核心价值；同时参与全国及核心地区医学会组织的大型学术活动，支持核心市场的客户参会，为更多医师搭建学术交流平台。

2. 维持增长市场，注重稳固现有基础。维持增长市场是指具有一定的增长能力，但受潜力制约，即使倾注更多资源，增长空间依然有限的市场。在筛选出的这部分市场上，产品的增长以核心市场的带动为主，在专业推广上以搭建糖尿病基础治疗的学术交流平台或协助相关机构开展安全合理用药的教育为主。

3. 在边缘市场上，开展渠道延伸工作。这一市场受核心市场的带动及品牌影响力的渗透，虽然有××降血糖药的产品销售，但由于公司的人力资源有限，对其的开拓能力也受到一定限制。目前，这部分市场主要进行渠道延伸的推广活动，以保证中小医疗终端的公司产品能够及时配送。

4. 针对空白市场，企业推出了寻找战略合作伙伴计划。在部分区域，虽然临床治疗上对产品有需求，但公司的人力辐射和物流配送都尚未涉及，产品处在零销售的状态。为此，公司筛选出了专业化的战略合作伙伴，由他们按照公司的策略要求，客观公正地宣传产品，扩大了××降血糖药的覆盖率，满足了临床治疗的需求，也提高了公司的销售收入。

【销售效果】2010 年，××降血糖药实现销售收入超过 2 亿元。同类产品中，××降血糖药拥有了超过 95% 的市场份额。位于磺脲类产品销售排名第 3 位，在医院市场上实现了超过 11% 的增长。在 4 类市场上都有所斩获。核心市场上深挖了高端的增长潜力，提升了学术影响力；维持增长市场上稳固了既有基础；边缘市场上充分利用了渠道创新所形成的推力；在空白市场上取得了零的突破。

## 4.2 关键知识梳理：销售渠道的基本模式

销售渠道（也叫分销渠道），就是通常所说的商品流通渠道。美国市场营销协会将其定义为，公司内部单位以及公司外部代理商和经销商的组织机构，通过这些组织机构，产品才得以上市营销。美国市场营销学者爱德华·肯迪夫和理查德·斯蒂尔认为，销售渠道是指，当产品从生产者向最终顾客移动时，直接或间接转移所有权所经过的途径。著名市场营销学家菲利普·科特勒认为，销售渠道是使产品或服务能被使用或消费而配合起来的一系列独立组织的集合。

产品从生产领域出发，经过一定的中间环节，方可到达顾客手中。在庞大的社会流通领域，销售渠道种类繁杂多样。由于顾客自身特点不同，消费者市场的销售渠道模式与生产者市场的销售渠道模式也各有所异。

### （一）消费者市场销售渠道模式

从图 8-1 可以看出，消费者的销售渠道模式，可以分成以下五种类型。

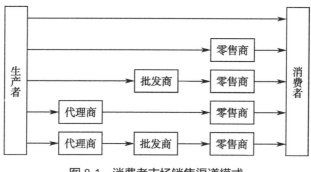

图 8-1　消费者市场销售渠道模式

1. 生产者→消费者　生产者不通过任何中间环节，直接将产品销售给消费者。亦即生产者自派推销员，或采取邮购、电话购货等形式把产品直接卖给消费者，这是最简单、最直接、最短的销售渠道。其特点是产销直接见面，环节少，利于降低流通费用，及时了解市场行情，迅速投放产品于市场，但由于需要生产者自设销售机构，因而不利于专业化分工。

2. 生产者→零售商→消费者　这是经过一道中间环节的渠道模式。生产者将产品先卖给零售商，再由零售商转卖给消费者。也有些生产者自己开设零售商店，面向消费者。其特点是，中间环节少、渠道短，有利于生产者充分利用零售商的力量、扩大产品销路，树立产品声誉，提高经济效益。

3. 生产者→批发商→零售商→消费者　这是经过两道中间环节的渠道模式，生产者先把产品销售给批发商，由批发商转卖给零售商，最后由零售商再将其产品转卖给消费者。这是消费者销售渠道中的传统模式，我国的消费品多数采用这一渠道形式。它的特点是中间环节较多，渠道较长，有利于生产者大批量生产，节省销售费用，也有利于零售商节约进货时间和费用，扩大经营品种。但由于产品在流通领域停留时间较长，不利于生产者准确了解市场行情的变化，消费者急需的产品难以及时得到满足，对市场需求变化的适应性较弱。

4. 生产者→代理商→零售商→消费者　这种渠道模式是生产者先委托代理商向零售商出售产品，最后由零售商卖给消费者。此种渠道模式的特点是中间环节较多，但由于代理商不承担经营风险，易调动代理商的积极性，有利于迅速打开销路，但如果代理商选择不当，生产企业将受到很大的损失。

5. 生产者→代理商→批发商→零售商→消费者　这是经过三道中间环节的渠道模式。生产者先委托代理商向批发商出售产品，批发商再转卖给零售商，最后由零售商卖给消费者。我国在对外贸易中较多地采用这一渠道形式。其优点是在异地利用代理商为生产者推销产品，有利于了解市场环境、打开销路、降低费用、增加效益。缺点是中间环节多、流通时间长，不利于产品及时投放市场，同时，要选择合适的代理商也不容易。

**（二）生产者市场销售渠道模式**

由从图 8-2 可以看出，生产者市场销售渠道模式，可以分成四种类型。

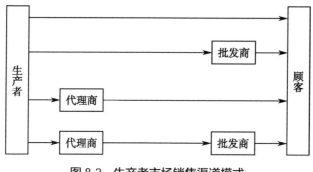

图 8-2　生产者市场销售渠道模式

1. 生产者→顾客　即生产者直接把生产资料销售给最终顾客，不经任何一道中间环节的渠道模式，也是生产者市场销售渠道的主要模式。为生产大型设备和原料的生产者所采用，如发电设备企业、钢铁企业等。其特点是产销直接见面，渠道最短，所需费用最少。

2. 生产者→批发商→顾客　这是经过一道中间环节的渠道模式工业生产用的劳动用品、小型的附属设备以及部分原材料多采用这种渠道模式。它的特点是渠道较短，中间环节较少，有利于减轻企业销售产品的负担，提高劳动生产率。

3. 生产者→代理商→顾客　这是一种经过代理商一道中间环节的渠道模式，比较适用于具有特种技术性能的产品和新产品。

4. 生产者→代理商→批发商→顾客　即生产者先委托代理商，再由代理商通过批发商把生产资料卖给用户。这是生产者市场销售渠道中最长、最复杂的一种渠道模式。它的中间环节较多，流通时间较长，但它有利于实现专业化分工，在全社会范围内提高劳动效率，节省流通费用。

## 4.3 关键知识梳理：桥梁模式

桥梁模式是指中间商介于生产者与顾客（或消费者）之间，即在企业销售产品的销售渠道起点，顾客购买产品的销售渠道终点，处在企业与最终顾客之间，参与了产品的销售活动，促使买卖行为发生和实现、具有法人资格的经济组织和个人。它是生产者向顾客出售产品时的中介环节。中间商按其在流通过程中所起的作用，可分为批发商和零售商。

## （一）中间商的功能

中间商一端连接着生产者，另一端连接着顾客。它的基本功能有两个：第一，调节生产者和顾客之间在产品数量上的差异。中间商一般采用化整为零和组零为整的方式来进行数量上的调整。化整为零是指中间商将搜集来的货物经过加工、分装出售给顾客的过程；组零为整是指中间商从生产企业那里搜集货物，通过集中零散的货物，成批装运，降低成本。第二，调整生产和消费之间在花色品种和等级方面的差异。中间商以分级和聚合的方式来调整其类别差别。分级是指将产品按照一定的规格与质量分成若干等级的过程；聚合是指将各种各样的产品按照其花色品种加以搭配，聚合起来，便于顾客购买。

批发是为转售或加工服务的大宗产品的交易行为。批发商处于商品流通起点和中间阶段，它一端连着生产者，一端连着零售商或其他转卖者。交易对象是生产企业和零售商，并不直接服务于最终消费者。通过批发商的购买，生产者可以迅速、大量地售出产品，减少库存，加速资本周转；批发商可以凭借自己的实力，帮助生产者促销产品，提供市场信息。对零售商来说，批发商可按零售的要求，组合产品的花色、规格，便于其配齐品种；可对购进的产品进行加工、整理、分类和包装，方便零售商进货、勤进快销；利用仓储设施储存产品，保证零售商的货源，减轻其存货负担；还可为零售商提供各种支持，帮助其开展业务。批发商是产品流通的大动脉，是关键性的环节。

零售是指直接为最终顾客服务的交易行为。零售商在流通领域处于最后阶段，直接将产品销售给最终顾客。根据服务对象的特点，零售商在业务上有小量采购、零散供应的特点。零售商的基本任务是直接为最终顾客服务。它的职能包括购、销、调、存、加工、拆零、分包、传递信息、提供销售服务等，其根本作用在于使产品直接、顺利并最终进入顾客手中。它又是联系生产企业、批发商与顾客的桥梁，在销售渠道中具有重要作用。

## （二）批发商的类型

批发商主要有三种类型，即商人批发商、经纪人和代理商、制造商销售办事处。

1. 商人批发商　商人批发商又叫独立批发商，是指自己进货再批发出售的商业企业，对其经营的产品拥有所有权。商人批发商是批发商的最主要类型。商人批发商按职能和提供的服务是否完全来分类，可分为两种类型。

（1）完全服务批发商：这类批发商执行批发商的全部职能，他们提供的服务主要有保持存货、雇用固定的销售人员、提供信贷、送货和协助管理等。其服务范围又可分为：①综合批发商，经营不同行业并不相关的产品，服务范围很广，并为零售商提供综合服务。②专业批发商，其经销的产品是行业专业化的，属于某一行业大类。例如，五金批发商经营五金零售商所需的所有产品。③专用品批发商，其专门经营某条产品线的部分产品。例如，服装行业中的布料批发商。

（2）有限服务批发商：这类批发商为了减少成本费用，降低批发价格，只提供一部分服务。它们又可分为：①现购自运批发商。只经营一些周转快的食品杂货，主要是卖给小型零售商，当时付清货款，不赊销也不送货，顾客要自备货车去批发商的仓库选购货物，自己把货物运回来，很少使用广告。②承销批发商。不持有存货，不负责产品的运输，他们拿到顾客的（包括其他批发商、零售商等）订货单，就向生产者联系，并通知生产者将货物直运给顾客。所以，承销批发商不需要有仓库和商品库存。③货车批发商。他们从生产者那里把货物装上货车，立即运送给各零售商顾客。因此，这种批发商不需要有仓库和产品库存。由于货车批发商经营的产品多是易腐和半易腐产品，故而他们一接到顾客的要货通知就立即送货上门，每天送货数十次。货车批发商主要执行推销员和送货员的职能。④托售批发商。他们在超级市场和其他食品杂货商店设置专销柜台，展销其经营的商品。商品卖出后，零售商才付给货款。这种批发商的经营费用较高，主要经营家用器皿、化妆品、玩具等。⑤邮购批发商。指那些等产品目录寄给零售商及其他顾客等，全部批发业务均采取邮购方式的批发商，接到订单后再通过邮寄送货。他们主要经营食品杂货、小五金等商品，其顾客是边远地区的小零售商等。⑥生产合作社。主要是农民组建，负责组织农民到当地市场上销售的批发商。合作社的利润在年终时分配给各位农民。

2. 经纪人和代理商　经纪人和代理商是从事采购或销售或二者兼备，但不取得商品所有权的商业单位。与商人批发商不同的是，他们对其经营的产品没有所有权，所提供的服务比有限服务批发商还少，其主要职能在于促成产品的交易，获得销售佣金。与商人批发商相似的是，他们通常专注于某些产品种类或某些顾客群。经纪人和代理商主要分为以下几种。

（1）商品经纪人：经纪人的主要作用是为买卖双方牵线搭桥，协助他们进行谈判，他们向雇用他们的一方收取费用。他们并不持有存货，也不参与融资和承担风险。

（2）制造代理商：制造代理商也称制造商代表，他们代表两个或若干个互补的产品线的制造商，分别和每个制造商签订有关定价政策、销售区域、订单处理程序、送货服务和各种保证以及佣金比例等方面的正式书面合同。他们了解每个制造商的产品线，并利用其广泛的关系来销售制造商的产品。

（3）销售代理商：销售代理商是在签订合同的基础上，为委托人销售某些特定商品或全部商品的代理商，对价格、条款及其他交易条件可全权处理。这种代理商在纺织、木材、某些金属产品、某些食品、服装等行业中十分常见。在这些行业，竞争非常激烈，产品销路对企业生死存亡至关重要。销售代理商与制造商的代理商一样，也和许多制造商签订长期代理合同，为这些制造商代销产品。

（4）采购代理商：采购代理商一般与顾客有长期关系，代他们进行采购，往往负责为其收货、验货、储运，并将货物运交买主。他们消息灵通，可向客户提供有用的市场信息，而且还能以最低价格买到好的货物。

（5）佣金商：佣金商又称佣金行，是指对商品的实体具有控制力并参与商品销售协商的代理商。通常备有仓库，替委托人储存、保管货物。此外，佣金商还可替委托人发现潜在买主、获得最好价格、分等、再打包、送货、给委托人和购买者以商业信用（即预付货款和赊销）、提供市场信息等职能。佣金商卖出货物后，扣除佣金和其他费用，即将余款汇给委托人。

3. 制造商销售办事处　批发的第三种形式是由买方或卖方自行经营批发业务，而不通过独立的批发商进行。这种批发业务可分为：

（1）销售办事处：生产企业往往设立自己的销售分公司或销售办事处。以改进其存货控制、销售和促销业务。

（2）采购办事处：许多零售商在大城市设立采购办事处。这些采购办事处的作用与经纪人或代理商相似，但却是买方组织的一个组成部分。

**（三）零售商的类型**

商品经济的高度发达，使零售商的变化十分显著。在资本主义国家的商业组织中，也以零售商的发展变化较大，其主要特点是种类繁多、网点密布，构成了错综复杂的零售商业体系。

零售商的类型千变万化，新组织形式层出不穷。从三个不同的角度来分析零售商的类型，即商店零售商、无店铺零售商和零售组织。

1. 商店零售商 最主要的零售商店类型有如下几种。

（1）专业商店：专业商店专门经营某类或几类产品，其经营的产品线较窄，但经营产品的规格品种较为齐全。例如，服装店、体育用品商店、家具店、花店和书店均属于专用品商店。

（2）百货商店：百货商店的特点是经营产品的范围广泛、种类繁多、规格齐全、一般经营几条产品线。有些大百货商店经营的产品品种高达几十万种，并以经营优质、高档时髦产品为主，分类组织与管理，每年的销售总额较大。

（3）超级市场：超级市场是一种规模相当大、成本低、毛利低、薄利多销、采取自动售货、自我服务的经营机构。

超级市场于 1930 年首先出现于美国纽约，它的出现被誉为第二次商业革命（百货公司的出现被誉为第一次商业革命）。各国的超级市场为了应付竞争，正在向大型化发展，出现了一些巨型超级商店、超级市场、综合商店，经营的商品品种繁多。初级的超级市场以出售食品为主，兼营少量杂货。目前的超级市场，已逐渐向多种商品发展。超级市场经营的多属于中低档商品，价格比较便宜。超级市场的商品包装比较讲究，以替代售货员介绍商品名称、用途、用法及特点，吸引顾客购买。

（4）方便商店：方便商店是设在居民区附近的小型商店，主要销售家庭日常用的产品，但经营的品种范围有限。其特点是营业时间长。

（5）超级商店、联合商店和特级商场：超级商店比传统的超级市场更大，主要销售各种食品和非仪器类日用品，它们提供各项服务。联合商店的营业面积比超级市场和超级商店更大，呈现一种经营多元化的趋势，主要向医药和处方药领域发展。特级商场比联合商店还要大，综合了超级市场、折扣和仓储零售的经营方针，其花色品种超出了日常用品，包括家具、大型和小型家用器具、服装和其他许多品种，其基本方法是大量的产品陈列，尽量减少商店人员搬运，同时向愿意自行搬运大型家用器具和家具的顾客提供折扣。

（6）折扣商店：折扣商店的毛利低、销售量大，出售的商品以家庭生活用品为主。其特点是同商品标有两种价格，一是牌价，二是折扣价，顾客按折扣价购买商品，其售价比一般商店低；折扣商品商店突出销售各国品牌的商品，因此价格低廉并不说明商品质量低下，而是保证品质；采用自动式售货，很少服务；设备简单，店址不在闹市区和租金高的地段，能吸引远处的顾客。折扣商店以降低营业费用、薄利多销为目的，折扣方式也在不断改变。

需要注意的是：一般商店的偶尔打折和特卖不能算是折扣商店。折扣商店已经从经营普通商品发展到经营专门产品。

（7）仓储商店：仓储商店是一种不重形式以大批量、低成本、低售价和微利促销、服务有限的零售形式。其特点是，以工薪阶层和机关团体为其主要服务对象；通过从厂家直接进货，减少中间环节，降低成本，致使价格低廉；运用各种手段降低经营成本，如仓库式货架陈设商品，选址在非商业区或居民住宅区，商品以大包装形式供货和销售，不做一般性商业广告；具有先进的计算机管理系统。

2. 无店铺零售商　虽然大多数货物和服务是由商店销售的，但是无店铺零售却比商店零售发展得更快。无店铺零售商主要类型有以下几种。

（1）直复营销：直复营销是一种为了在任何地方产生可度量的反应或达成交易而使用一种或多种广告媒体的互相作用的市场营销体系。即直复营销人员和目标顾客之间的互动是以"双向信息交流"的形式来展开的。在直复营销活动中，顾客可通过多种方式将自己的反应回复给直复营销人员。没有反应行为的目标顾客人数对于直复营销人员来说也是一种反应，一种不足的反应。只要某一媒体能将顾客和直复营销人员联系起来，信息双向交流就可进行。直复营销人员能很确切地知道何种信息交流方式使目标顾客产生了反应行为，其具体内容是什么，是想订货还是咨询。

（2）直接销售：直接销售也叫直销。主要有挨门挨户推销、逐个办公室推销和举办家庭销售会等形式。推销人员可以直接到顾客家中或办公室里进行销售，也可以邀请几位朋友和邻居到某人家中聚会，在那里展示并销售该公司的产品。

（3）自动售货：使用硬币控制的机器自动售货是第二次世界大战后出现的一个主要的发展领域。目前，自动售货已经被用在相当多的商品上，包括经常购买的产品（如软饮料、糖果等）和其他产品。自动售货机被广泛安置在工厂办公室、大型零售商店、加油站、街道等地方。

（4）购物服务公司：购物服务公司是一种专门为某些特定顾客，例如学校、医院、工会和政府机关等大型组织的员工提供服务的无店铺零售商。

3. 零售组织　尽管许多零售商店拥有独立的所有权，但是越来越多的商店正在采用某种团体零售形式。零售组织有以下几种。

（1）连锁商店：连锁商店，即在同一个总公司的控制下，统一店名、统一管理、统一经营的商业集团。少则 2 ~ 3 家连锁，多则 4 家以上连锁在一起，联合起来统一经营，集中进货，可获得规模经济效益，但缺点是如果权力过于集中，灵活性和应变能力较差。

连锁店可在以下几个方面提高其经济效益：大量进货，充分利用数量折扣和运输费用低的优势；雇用优秀管理人员，在存货控制、定价及促销等方面进行科学的管理；可综合批发和零售的功能；做广告可使各个分店受益；各分店享有某种程度的自由，以适应顾客不同的偏好，有效地应对当地市场的竞争。

（2）自愿连锁店和零售合作组织：面对连锁店的竞争压力，引发了独立商店的竞争反应，它们开始组成两种联盟，即自愿连锁商店和零售合作组织。前者是由批发商牵头组成的以统一采购为目的的联合组织；后者是独立零售商按自愿互利原则成立的统一采购组织。这两种组织与上述连锁店的区别，只在于这两种组织的所有权是各自独立的。

（3）消费者合作社：这是由一定地区的消费者自愿投股成立的零售组织，其目的是避免中间商的剥削，保护自己的利益。消费者合作社采用投票方式进行决策，并推选出一些人对合作社进行管理。社员按购货额分红；或低定价只对社员，不对非社员。

（4）特许专卖组织：这是特许专卖权所有者（制造商、批发商或服务企业）与接受者之间，通过契约建立的一种组织，后者通常是独立的零售商，根据约定的条件获得某种特许专卖权，特许专卖权的所有者通常都是些享有盛誉的著名企业。特许专卖组织的基础一般是独特的产品、服务或者是生产的独特方式、商标，专利或者是特许人已经树立的良好声誉。

（5）商店集团：这是一种商业上的垄断组织，它以集中所有的形式将几种不同的零售商品类别和形式组合在一起，并将其销售。

## 4.4 关键知识梳理：销售快递模式

传统的销售渠道绝大部分是一层以上的多层渠道，通常通过零售商把产品销售给顾客，而零售商再通过其零售商店来销售其产品，这种零售方式叫作"店铺零售"。这是一种比较被动的销售方式，零售商将产品陈列在零售商店、商场内，以各种各样的广告、吸引顾客的购物环境、店员的微笑服务等促销方式招徕顾客，销售产品。

随着市场经济的发展，科学技术的进步，各种营销方式得以逐步形成和发展。而制造商与多层中间商利润瓜分矛盾的加剧，店铺租金、店员工资和广告的种种支出，休闲活动由购物向保健娱乐的转移，则促成了无店铺零售的诞生。销售快递（直复销售）应运而生，直复营销的英文为（direct marketing）。美国直复营销协会（American Direct Marketing Association，ADMA）为直复营销下的定义是：一种为了在任何地方产生可度量的反应或达成交易而使用一种或多种广告媒体的互相作用的市场营销体系。

直复营销是指直复营销者利用广告介绍产品，顾客可写信或打电话订货，订购的货物一般通过邮寄交货，用记账卡付款。直复营销者可在一定的广告费用开支允许的情况下，选择可获得最大订货量的传播媒体，使用这种媒体的目的是扩大销售量，而不像普通广告那样刺激消费者的偏好和树立品牌形象。

### （一）直复营销的方式

直复营销是不在商店的柜台上进行销售的。它一般是通过邮寄（快递员）交货，采用互联网付款方式。它的优点之一就是顾客坐在家中就可以买到自己需要的商品。但这里就出现了这样一个问题：企业是如何了解到顾客需求的，顾客又是怎样了解到商品信息的。直复营销的方式主要有以下几种。

1. 邮购目录（mail-order catalog）　这是指销售商按照选定的目标顾客名单（通过建立微信群、关注产品或企业的公众号）通过建立微信群、抖音粉丝团、患者之家社区等方式建立患者用药生态链，打通沟通推广和销售渠道，寄发邮购目录，或者备有样品目录随时供顾客索取，达到让潜在的顾客了解商品信息的目的。在公司寄给目标顾客（微信群中或者关注公众号的人群）的邮购目录中，除了告诉顾客进行订货的方式、支付方式等外，通常都附有顾客可以与之联系的免费回应的电话号码。

以邮购目录作为直复营销方式能否取得成功，在很大程度上取决于企业是否了解自己的邮购目录对象；是否能有效地调节库存，能否提供质量好的商品，能否形成自己的特色，以及是否为顾客着想等。有些以邮购目录作为直复营销方式的企业，通过在投放微信群中的目录增加文学色彩或信息特征来吸引微信中的好友（粉丝）；通过在投放患者用药生态链中的目录增加文学色彩或信息特征来吸引患者及粉丝；有的通过寄送样品、建立热线回答问题、寄送礼物给"最佳顾客"等，加强与顾客的联系，有的企业还以某种理由捐赠一定比例的利润，使企业更显出特色。

2. 直接邮寄（direct mail） 这是指企业通过向选定的目标顾客直接寄发邮件来推销产品。企业直接寄发出去的邮件，除去信函外，还有传单和广告。直接邮寄同邮购目录样，也附有企业提供给目标顾客的免费回应电话号码。

3. 电话营销（telemarketing） 电话营销是指使用电话直接向顾客销售，实现企业与顾客之间的沟通。目前已成为一种主要的直复营销方式。营销人员可以使用免费电话处理顾客服务和顾客的投诉，或者接收电视和广播，广告直接邮寄或者产品目录推销带来的订货。还可以用电话直接向顾客和企业销售，培养和选定主要销售对象，联系距离较远的顾客，或为现有的顾客或客户服务。

4. 电视直复营销（television marketing） 电视（包括有线电视和无线电视）是通过网络和频道不断发展的直复营销媒体。电视以两种形式向顾客直接推销商品。

（1）通过直复广告：企业通过电视台播放描述产品的广告节目，并提供给顾客一个免费回应的电话号码用于订货。顾客可以打免费电话订购电视广告上介绍的产品。

（2）家庭购物频道：这就是整个电视节目或整个频道都用于推销产品或劳务。电视节目主持人提供的廉价产品的范围，从珠宝、电灯、娃娃玩具、服装到电动工具和家用电器，这些产品都可以按抛售的价格从该公司购得。观众可以打一个该公司提供的免费回应的电话订购商品。所订货物一般都在48 小时内寄出。

5. 其他媒体营销 这主要是指微信和自媒体的直复营销。企业可以通过微信公众号来推销产品，个体经营者可以通过自媒体来宣传自己要销售的商品信息。

6. 电子购物（electronic shopping）  消费者可以通过视频信息系统，操作某个小型终端用对讲式闭路电视订购电视屏幕上显示的商品；也可使用个人电脑通过网络接通中心数据库站，对提供销售的各种产品进行比较。

7. 订货机购物  有些企业已经设计了一种专门用于顾客订货的装置 - 订货机。订货机和自动售货机不同。后者，顾客只要向机中投入货币，机器即可输出，机中存有货物。而前者，输入的不是货币，而是订货指令或查询指令，输出的也不是货物，而是屏幕上的图像。订货机通常被放在商场、机场等地。

### （二）开发营销的数据库系统

为了成功地实施直复营销，企业应该建立开发用于营销的数据库系统。菲利普·科特勒认为：营销数据库是一组经过企业处理的有关各个顾客、潜在顾客及不能肯定者的资料，这些资料是容易找到的，并有助于更新换代领先、技能领先、产品或服务销售，或维持顾客关系等销售目标的实现。

建立营销数据库，需要计算机主机等硬件支持，需要开发数据处理软件，需要进行数据的搜集及处理，需要对操作者进行培训，需要对程序设计方面进行投资，建立营销数据库，需要花费大量的时间及资金。而一旦它能正常运行，营销部门就可准确找到目标顾客群，可以降低营销成本，提高营销效率；可以使顾客成为企业长期、忠实的用户，企业稳定的顾客群，可以为营销和新产品开发提供准确的信息；可以运用数据库与顾客建立紧密关系，企业可使顾客不再转向其他竞争者，同时使企业间竞争更加隐秘，避免公开、自然化的对抗。

## 五、代理制营销

### 5.1 案例：精耕通路细作人心

任何一种模式发展到一定阶段都会凸显出种种问题和矛盾，为此，××企业在原有模式的基础上提出"一地一策、一品一策""精耕通路、细作人心"的销售策略，并引入团队营销模式与代理制模式进行有效结合，优势互补，实现终端放量。

【销售背景】之前，××企业一直是一家精于代理制销售的公司。其采取的是众多中小企业乐于使用的招商代理制，这种模式经营投入少、渠道布局迅速，但不利于企业对代理商的管理，在代理商运作不佳时难以轻易撤换，由此会阻碍销售推进，影响终端放量。

【营销创意】2006年，××企业创立了"第三方营销模式"，有9点实行要领，即修炼内功、吸收经验、学习对手、资源共享、终端挖掘、招标制胜、精耕细作、标前分标、医保突围。并以"明确岗位职责、清晰工作流程、具备工作能力"为指导方针，开创了"名单工作法"，构建了专注销售团队，成立招标工作委员会，同时加大了产品的宣传力度。

【具体实施】以"名单工作法"锁定代理商：明确已开发医院及计划开发医院名单，确定标杆医院里最有能力的、做得最好的客户名单，熟知竞品代理商名单，充分掌握各方面信息，整合资源优势。各级销售人员以"名单工作法"为工具，优选代理商，快速开发医院，有效促进医院上量。

企业的市场营销理念是"为客户创造价值"，"精耕细作"是实现这个价值的重要方式，即根据产品和市场的特点，"一地一策、一品一策"，有针对性地进行产品和市场细分。营销人员针对某个品种或某个区域快速找到适合改变的销售模式，在保持现有水平的基础上寻求增量。

与此同时，企业借鉴团队制及电话营销的优点，创造了"电话营销＋地面销售队伍＋学术推广"三位一体协同配合的销售体系。在药品招商工作中，通过电话招商团队精确筛选分销客户提供给各地代理商；驻地招商团队帮助代理商寻找分销客户、协助开发终端、提供培训支持等服务工作；公司市场部帮助代理商在终端的医院科室进行学术推广、组织各种学术会议、培训代理商的专营队伍等。

此外，××企业还建立了"专注销售团队"。从确定专注团队名单到完整传递产品信息、销售政策等，再到提供专业管家式培训服务，严格要求做到两个"凡是"：凡是销售企业产品的代理商必须接受企业的培训，凡是销售企业产品的代理商必须确定终端专注销售代表。

为了更好地应对招标政策，企业成立了招标工作委员会，强化各省招标政府事务，加强招标管理部团队建设，与代理商联动，确保各省招标任务的完成。

在营销模式的宣传上，企业在专业杂志做平面广告；积极参加、承办国家级、省级专业学术会议，完善企业专家 VIP 资源库，扩大营销模式的学术形象宣传；以客户为基点，组织各项宣传销售模式、产品的会议与活动，提供专业管家式服务；开展企业群英汇等大型培训分享活动，赞助承办"企业杯手拉手共建和谐医保知识竞赛"等系列宣传活动；宣传"企业因您更精彩"的分享文化理念。

【销售效果】第三方营销模式的实践，使得企业销售规模在近 3 年中每年都以 50% 以上的速度增长；2010 年营业总收入约 5.7 亿元，比 2009 年增长 33.85%；利润总额约为 1.8 亿元，比 2009 年增长 19.71%。2010 年年底，企业股票市值达 107.52 亿元；2010 年，企业共发表文献 29 篇，完成主题例会 500 多场，代理商培训会 100 多场，参会客户满意率 90%。

## 5.2 关键知识梳理：促销组合战略

促销是企业对顾客所进行的信息沟通活动，通过向顾客传递企业和产品的有关信息，使顾客了解和信赖企业。为了支持和促进销售，需要进行多种方式的促销。通过广告，传播有关企业和产品的信息，通过人员推销，面对面地向顾客陈述，通过营业推广，加深顾客对产品的了解，进而促进其购买产品，通过各种公共关系及宣传手段，改善企业在公众心目中的形象。

### （一）促销的形式

所谓促销就是促进销售的简称，是由英文"promotion"翻译而来。它是指企业以人员推销和非人员推销的方式，向目标顾客沟通市场信息，影响和帮助顾客认清购买某项产品或劳务所带来的益处，或者促使顾客对企业及其产品产生好感和信任，从而引起顾客的兴趣，激发顾客的购买欲望和购买行为的活动。

促销的实质是企业与实际顾客和潜在顾客之间的信息沟通。通过信息上的沟通，缩短企业与顾客之间的距离。如今市场竞争日趋激烈，促销活动对企业的产品销售的影响已越来越明显。常见这样的情况，两个企业其生产能力、产品质量、销售价格相差无几，但运用不同的促销手段，使得企业所获得的经济效益大大不相同。

促销的形式主要有两类：人员促销和非人员促销。人员促销主要是指派出推销员进行推销活动；在非人员促销中，又分为广告、营业推广、公共关系等多种方式。促销策略就是这几种方式的最佳选择、组合和运用。各种促销形式的主要特点如下：

1. 广告　广告是一种高度大众化的信息传递方式，其渗透力强，可多次重复同一信息，便于人们记忆。

2. 人员推销　人员推销适于企业与顾客的直接沟通，直接传达信息，可以随机应变；人与人之间的沟通，可以培养企业与顾客之间的感情，以便建立个人友谊及长期的合作关系，亦可迅速反馈顾客的意见与要求。

3. 营业推广　此种促销形式的沟通性极好，通过提供信息引导顾客接近产品；以提供奖励的方式，对顾客具有直接的激励效应；通过提供优惠，对顾客能产生招徕效应。

4. 公共关系　公共关系具有较高的可信度，其传达力较强，容易使顾客接受，可树立良好的企业形象。

**（二）促销组合的影响因素**

所谓促销组合就是把人员推销、广告、营业推广、公共关系等各种不同的促销形式有目的、有计划地结合起来并加以综合运用，以达到特定的促销目标。这种组合既可包括上述四种方式，也可包括其中的两种或三种。各种形式之所以要结合起来综合运用，是因为各种形式分别具有不同的特点、使用范围和促销效果。企业在制定促销组合时应考虑其影响因素。

1. 促销目标　确定最佳促销组合，需考虑促销目标。相同的促销工具在实现不同的促销目标上，其成本效益会有所不同。也就是说，促销目标不同，应有不同的促销组合。如果促销目标是为了提高产品的知名度，那么促销组合重点应放在广告和营业推广上，辅之以公共关系宣传；如果促销目标是让顾客了解某种产品的性能和使用方法，那么促销组合应采用适量的广告、大量的人员推销和某些营业推广；如果促销目标是立即取得某种产品的推销效果，那么重点应该是营业推广、人员推销，并安排一些广告宣传。

2. "推"与"拉"的策略　企业宜采用"推"式策略还是"拉"式策略进行促销，对促销组合也有较大的影响。"推"式策略是指利用推销人员和中间商把产品推销给顾客。"拉"式策略是指企业针对最终顾客，利用广告、公共关系等促销形式，激发消费需求，经过反复强烈的刺激，顾客向零售商指名购买这一产品，零售商则向批发商指名采购这种产品，而批发商必然要向生产企业要货。生产企业就这样把自己的产品拉进销售渠道。

3. 市场性质　不同的市场，由于其规模、类型、潜在顾客数量的不同，应该采用不同的促销组合。规模大、地域广阔的市场，多以广告为主，辅之以公共关系宣传；反之，则宜以人员推销为主。消费者市场购买者众多、零星分散，应以广告为主，辅之以营业推广、公共关系宣传；生产者市场用户少，购买批量大，产品技术性强，则宜以人员推销为主，辅之以营业推广、广告和公共关系宣传。市场潜在顾客数量多，应采用广告促销，有利于开发需求；反之，则宜采用人员推销，有利于深入接触顾客，促成交易。

4. 产品性质　不同性质的产品，应采取不同的促销组合策略。一般说来，广告一直是消费品市场营销的主要促销工具；而人员推销则是产业用品（生产资料）市场营销的主要促销工具。营业推广对这两类市场是同等重要的。

5. 产品生命周期　产品生命周期阶段不同，促销目标也不同，因而要相应地选择、匹配不同的促销组合。在介绍期，多数顾客对新产品不了解，促销目标是使顾客认知产品，应主要采用广告宣传介绍产品，选派推销人员深入特定顾客群体详细介绍产品，并采取展销、示范等方法刺激顾客购买。培养品牌偏好，继续提高市场占有率，仍然可以以广告为主，但广告内容应突出宣传品牌和产品特色，同时也不要忽略人的口碑传播与沟通。在成熟期，促销目标是战胜竞争对手、巩固现有市场地位，需综合运用促销组合各要素，广告应以提示性广告为主，并辅之以公共关系宣传和营业推广，以提高企业和企业产品的声誉。在衰退期，应把保销规模降到最低限度，尽量节省促销费用，以保证维持一定的利润水平，可采用各种营业推广形式来优惠出售存货，尽快处理库存。

6. 促销预算　企业在制定促销组合策略时，还要考虑促销费用的限制。应根据促销预算安排促销组合。如果用于促销的预算较少，自然不能采用费用昂贵的电视广告，可考虑采用其他媒体广告，或依赖公共关系与人员推销，也可使用直接邮寄产品目录、产品说明书、订单等方式，向顾客传递产品信息、争得订单。对于某些小企业，特别是潜在顾客不多的小企业，使用直接邮寄，常常会获得较好的促销效果。

## 5.3 关键知识梳理：广告战略

广告作为一种信息传递方式，伴随着商品产生而产生，同步于市场经济的发展而发展。如今，广告已经成为企业市场营销活动的重要手段，亦成为衡量一个国家、一个地区乃至一个行业经济繁荣与否的标志。广告已经成为产品进入市场的入场券。

**（一）广告的概念**

广告一词源于拉丁语"advertere"，意思为"诱导""注意"。美国市场营销协会定义委员会为了将广告与其他促销手段严格区别开来，曾对广告作如下定义："广告是由明确的发起者以公开支付费用的做法，以非人员的任何形式，对产品、服务或某项行动的意见和想法等的介绍。"也就是说，广告是企业付费的方式，将有关的市场信息，通过一定的媒体向顾客进行产品宣传的一种形式。

**（二）广告的作用**

广告作为一种积极有效的信息传递活动，对实现"产品的惊险跳跃"有着极为重要的作用。具体地说可归纳为以下几点。

1. 传送信息，沟通产需　这是广告的基本作用。现代产品的销售过程是"信息流"与"物流"高度统一的过程，如果没有有效的信息沟通，买卖双方相互隔阂，产品就难以实现销售。而广告能够把产品、劳务等信息传递给可能的顾客，迅速、有效地沟通产需，缩短产需之间的距离加速产品的流转。

2. 创造需求，刺激消费　广告通过各种传播媒体向顾客广泛介绍产品信息，不仅能提高顾客对产品的认识程度，诱发其需求和购买欲望，而且能起到强化顾客对产品的印象，刺激需求，创造需要的作用。

3. 树立形象，利于竞争　竞争是市场经济的产物，哪里有商品生产，哪里就有竞争。广告是开展竞争的重要手段，广告在竞争中为企业创名牌、树声誉；为新技术、新工艺、新产品而宣传。广告在竞争中可以起到鼓励先进、鞭策后进、促进社会生产发展的作用。

4. 指导购买，扩大销售　现在商店里产品琳琅满目，花色品种繁多，既给顾客提供了充分挑选的余地，也增加顾客购买决策的难度。而各种形式的广告不断向顾客介绍产品的性能特色、适用范围、价格、销售地点及售后服务项目等，就能帮助他们识别产品，指导购买。既满足了顾客需求，又扩大了销售，加速资金周转，增加企业赢利。

5. 美化人民生活，促进社会精神文明建设　一则思想性和艺术性强的好广告，可以使人得到美的享受，陶冶人们的情操，提高人们的思想修养，从而起到美化人民生活、促进社会主义精神文明建设的作用。

### （三）广告制作的基本原则

广告的制作和传播，必须遵循以下基本原则：

1. 真实性原则　广告的生命在于真实，广告必须坚持实事求是和对顾客高度负责的态度，真实地介绍有关产品的质量、性能和特点；向顾客提出的承诺必须坚决兑现。切忌弄虚作假，夸张伪造和欺骗。这样才能取信于民，增强广告的劝说效果，发挥广告的积极作用。

2. 思想性原则　广告不仅是推销产品的工具，同时也是传播意识形态的工具。广告的信息内容和表现形式等各方面都必须遵循党和国家的路线、方针和政策，遵守法律，符合中国国情和民族风格，反映社会主义精神文明，鼓舞人们奋发向上。

3. 科学性原则　所谓科学性原则，就是要使广告的内容和表现形式符合人们的认知程度和适应人们接受广告的心理过程。这样不仅能使顾客乐于接受，而且能够使顾客准确无误地理解广告主所传播信息的本意。

4. 艺术性原则　真实性、思想性、科学性和艺术性是广告的基本属性。而社会主义广告的艺术性能够使得真实性、思想性和科学性得以充分的体现。社会主义广告必须在主题健康、内容真实的基础上，努力提高艺术性。在广告制作中，刻意研究广告艺术和广告心理学，通过文学、美术、摄影、录像、音乐、表演等多种艺术形式迎合顾客心理，创造出独具一格，艺术形象鲜明的广告以其强烈的艺术性加强广告说明力和感染力，提高广告效益。

### （四）广告媒体的选择

广告必须通过一定的媒体传播出去，媒体的质量影响着广告的成败。广告媒体的选择，是广告策略的重要内容。选择广告媒体的目的在于，利用最佳手段输出信息，达到尽可能大覆盖面的宣传效果。

1. 广告媒体的种类　不同的广告媒体各具特点，各有利弊。

（1）微信公众号：企业在微信群的基础上，建立自己的网络平台，完善企业各项信息及要向公众展示的内容，从而达到宣传企业和推销企业产品之目的。

（2）自媒体平台：自主创业者多将自己精心制作的短视频投放到公众网络平台之上，与广大网友见面，以达到推销产品的目的，或以直播带货的形式替某些企业推销产品。

（3）报纸：报纸是传递信息的重要工具，是广告运用较多的媒体形式之一。其优点是：读者面广、稳定、宣传覆盖面大；信息传播快，时效性强，尤其是日报，当天即可知道；空间余地大，信息量丰富，便于查找；收费较低。其缺点是：保留时间短，生命力短，形象表现手段不佳，感染力差，制作简单粗糙。

（4）杂志：杂志专业性较强，目标读者较集中，是刊登各种专业产品广告的良好媒体。其优点是：读者对象明确、集中，针对性强，广告效果好；保留时间长，信息利用充分；读者文化程度高，有专业知识，易接受新事物。更适合新产品和相应专业产品的广告；版面整齐，制作精良，配上彩页，能较好地表现产品外观形象。其缺点是：发行范围不广，广告覆盖面小；周期长，不利于快速传播。

（5）广播：广播是听觉媒体，也是一种广为利用的主要媒体。其优点是：传收同步，听众易收到最快最新的信息，且不受交通条件和距离远近的限制；传播空间广泛，适应性强，无论何时何地，无论男女老幼和是否识字，只要有听觉能力，都可接受；每天重播频率高，传播信息方式灵活多样，可以用音乐对话、戏剧小品、相声等多种形式加强广告效果，广告制作费用低。其缺点是：只有信息的听觉刺激，没有视觉刺激，信息消失快，给人印象不深，难以保存，无法查找，听众分散，选择性差。

（6）电视：电视是重要的现代化媒的结合，它通过视觉形象和听觉的结合，综合运用各种艺术手法，融声音、图像、色彩、运动于一体，直观形象地传递商品信息，具有丰富的表现力和强烈的感染力。其优点为：表现力丰富、形声兼备、感染力极强，给人以强烈的刺激；播放及时、覆盖面广、收视率高；可以重复播放、加深印象。缺点是：制作成本高、播放收费高、信息消失快，目标观众无法选择。

（7）户外广告：主要包括路牌广告灯箱广告、交通车身广告、车辆广告、机场、车站码头广告、招贴广告、传单广告等。其优点是：传播主题鲜明、形象突出；不受时间限制，比较灵活；展露重复性较强，成本较低。其缺点为：不能选择对象，传播内容受一定的限制，创造力受到局限。

（8）售点广告：指售货点及购物场所的广告。例如，柜台广告、货架陈列广告、模特广告、门面装饰等。

（9）其他媒体：主要包括邮寄广告、赞助广告、体育广告、包装广告等。这些媒体也各有特点和利弊。如邮寄媒体传播对象明确、传播效果明显、信息反馈快、形式灵活和费用低廉。

2. 广告媒体的选择　要使广告达到一定的促销效果，则必须注意广告媒体的覆盖面、接触频率及作用强度等。广告媒体种类繁多，并且各具特点和利弊，企业在选择广告媒体时应考虑以下因素。

（1）企业对传播信息的要求：企业对信息的传播次数、效果及到达目标顾客的最低时间限度要求不同，就要根据各种媒体的特点，选择不同的广告媒体。如要求传播次数多，立即传送到目标顾客时，可选择广播或电视媒体。

（2）产品特性：产品的性质、特点等不同，要选择不同的广告媒体。例如，服装、化妆品、食品等最好选用彩印或电视广告，以突出色彩，形象生动。新产品、高新技术产品可利用邮寄广告，以便详细说明之，并有目的地选择目标顾客。

（3）目标顾客特点：顾客的年龄、性别、文化程度、经济收入和社会地位等不同，接触媒体的习惯也不同，企业应选择能顺利传播到目标市场的媒体。如化妆品、妇女儿童用品，在妇女杂志或电视上做广告，尤其是在企业公众号和短视频（自媒体）上采取主播带货的形式效果会好些。

（4）媒体特征：媒体的传播范围、效果、选择性和声誉是各不相同的。因此，必须根据媒体的特征来选择。媒体的传播范围应与产品的销售范围相一致，在全国销售的产品，适宜在全国性报纸、杂志或中央广播电视总台、中央电视台做广告；在地区销售可用地方报刊、广播、电视为广告媒体；媒体本身的效果和声誉对广告效果有直接影响。因此，应注意选用效果好，声誉高和影响力大的媒体。

（5）媒体的成本和支付能力：不同媒体成本不同，在选用时应考虑企业广告费用支付能力，分析费用与广告效果之间的关系，选用成本低、效果好的媒体，尤其是在企业公众号和短视频（自媒体）。

**（五）广告预算的确定**

确定广告预算，即确定在广告方面花费多少资金。企业制定广告预算的主要方法有四种：

1. 目标任务法　首先确定广告目标（如销售增长率、市场占有率等），再确定达到此目标所要完成的任务，然后估计要完成这些任务所需要的费用。这种方法从促销目标任务的需要出发来决定广告的费用，在逻辑程序上有较强的科学性。因此，为许多企业所采用。但此法也有其缺点，没有从成本的观点出发考虑广告的费用。

2. 销售比例法　即企业按照销售额（销售业绩或预测额）或单位产品销售价的一定百分比来确定广告费用的预算。就是按每 100 元销售额提取多少广告费来做广告预算或按单位产品销价的若干百分比计算某产品的广告费，进而制定企业的广告预算。

3. 竞争对等法　为了保持市场竞争地位，可比照竞争对手的广告支出水平来确定本企业的广告预算，以造成与竞争对手旗鼓相当，势均力敌的对等局面。在不做广告生意就会被对手抢走的激烈竞争下，应设法赶上或超过竞争对手的广告水平。这种方法的最大缺点是易导致广告大战。

4. 量力支出法　这种方法首先考虑企业的支付能力。即根据企业的财力状况，能拿出多少钱做广告来确定广告预算。这种方法在新产品急需向顾客传递信息打开销路时，会因为用于广告方面的费用有限而错失良机；另外，它不利于企业执行长期的市场开发计划。

**（六）广告效果的评价**

广告效果的评价是指运用科学的方法来评价所做广告的效益。广告效果的评价是完整的广告活动中不可缺少的重要组成部分。重视广告的信息反馈，正确地评价广告效果，有利于降低广告费用、提高广告效益、制定出最佳广告决策。广告效果评价一般可从广告促销效果、广告传播效果两方面进行分析。

1. 广告促销效果的测定　广告促销效果是指广告对企业产品销售产生的影响。仅广告促销的一般效果是难以准确测定的。这是因为销售除了受广告的影响外，还受其他许多因素，如产品特色、价格、购买难易和竞争者行为等的影响。测定广告促销效果的方法主要有：①广告效果比率法。即根据广告后销售额增加幅度与广告费用增加幅度之比测定广告效果。②单位广告费收益测定法。即根据一定时期内单位广告费用的经济效益来测定广告效果。

2. 广告传播效果测定　广告传播效果是指广告信息传播的广度、深度及影响作用，表现为顾客对广告信息注意、理解、记忆程度。一般称为广告本身效果的测定，它可以在广告前，也可以在广告后。测定广告后传播效果的方法主要有：①阅读率、视听率、记忆率测定法。阅读率通过报刊、杂志阅读广告的人数与报刊、杂志发行量的比率来评价。②回忆测试法。找一些看过或听过电视、广播的人，让他们回忆广告的内容，来判断其对广告的注意度和记忆率。③理解度测试法。在刊登广告的杂志读者中进行抽样调查，看有多少人阅读过这个广告，有多少人记得广告的中心内容，有多少人记得广告一半以上内容，并分别计算出百分比，从而判定读者的认识和理解程度。

## 5.4 关键知识梳理：人员推销战略

广告为企业产品营销创造了有利的外部条件，为营业推广提供了吸引顾客的有力武器，但与顾客面对面地沟通，实现产品的销售，则要靠推销员的努力。推销员是沟通企业和顾客的纽带。对顾客而言，推销员是企业形象的代表，而推销员又从顾客那里为企业带来许多有用的信息。

人员推销是一种最古老的促销方式，也是现代产品促销的一种重要形式，尤其在生产资料的销售中，人员推销占有更加重要的地位。推销员是推销工作的第一线战士，直接与顾客打交道，通过推销员的努力工作，实现两个目标，其一是售出产品，其二是满足顾客的需要。

### （一）人员推销的任务和作用

以人员推销是指企业通过派出推销人员与一个或一个以上可能成为顾客的人交谈，作口头陈述，以介绍宣传产品、促进和扩大产品销售。

推销人员通过人际接触，起到连接企业和顾客的纽带作用，推销人员对许多顾客来说，就是企业的象征和代表。推销人员的任务并非仅仅限于产品的推销，作为企业与顾客之间的桥梁，推销人员负有维护双方利益的责任。也就是说，推销人员的工作任务是既要使企业获得满意的销售额，又要培养与顾客的感情联系，还要搜集有关的市场信息。具体来说有如下几点：

1. 携带资料，增进了解　推销人员在走访顾客时，除了传递信息之外，还可以将产品的有关资料或样品、模型等带给顾客，使顾客对企业产品的技术性能、用途及使用方法等有比较全面的了解。

2. 排除障碍，促成交易　推销人员走访顾客时，不仅可促进双方的了解，通过直接洽谈购销业务，运用推销艺术和技巧，向顾客宣传介绍产品，消除顾客疑虑、排除障碍，说服顾客购买产品、达成交易。这是广告所起不到的作用。

3. 了解市场，反馈信息　推销人员经常在市场和顾客中活动，他们对市场的动向和顾客的反映比较了解，可及时把顾客对产品性能、质量、型号、规格、价格、交货时间等意见和要求及使用后的感受等反馈信息报告企业，实行双方的双向信息沟通。

4. 提供服务，促进销售　推销人员在走访顾客、推销产品的过程中，同时可向顾客提供各种服务，诸如，提供咨询意见、给予技术帮助、承担某些维修工作等解决顾客在使用本企业产品过程中出现的问题，尽力使顾客得以满足，赢得重复购买的机会。

5. 兼做调查和预测工作　推销人员不仅要承担产品推销的任务，而且要兼做市场调查工作，并对市场需求的发展变化做出预测，为企业进行市场预测提供科学的依据。

推销人员要成功地完成推销任务，必须实现五种推销：首先是推销自己，让顾客接受你，对推销员产生良好的印象，发生兴趣，进而产生信任感；其次是推销观念，通过与顾客的双向交流与沟通，改变、强化、顾客的价值观、认识事物的思维方式，使顾客接受新的观念；第三是推销知识，广泛介绍与产品相关的生活生产知识，加强顾客的认识能力；第四是推销企业，对企业的了解，特别是在顾客的头脑中树立起企业的良好形象，是促成顾客购买的重要条件，尤其是生产资料的购买，企业形象就显得更为重要；最后才是推销产品。

**（二）推销人员的素质**

推销人员直接与广大顾客接触，他们既是企业的代表，更是顾客的顾问和参谋，他们要联系千家万户，要与千差万别的顾客打交道。所以，他们必须具有良好的政治素质、业务素质及身体素质，同时，也必须具有良好的适合推销工作的仪表、礼节和品格。只有这样，才能娴熟地运用自己的业务技巧完成推销任务。

1. 政治素质  首先，具有强烈的事业心和责任感，推销人员应充分认识自己工作的价值，热爱推销工作，对自己的工作充满信心，积极主动，任劳任怨地去完成推销任务。推销人员应对所在企业负责，为树立企业的良好形象和信誉作贡献，对顾客的利益负责，帮助顾客解决困难和问题。第二，具有良好的职业道德。推销人员必须以社会主义的道德标准严格要求自己，自觉遵守国家的政策、法律，自觉抵制不正之员，正确处理个人、集体和国家三者之间的利益关系，不损公肥私，不损人利己。第三，具有正确的推销思想。推销思想是推销人员进行推销活动的指南。正确的推销思想要求推销人员在推销工作中要竭尽全力地为国家、企业着想，全心全意地为顾客服务，把顾客需要的满足程度视为检验推销活动的标准。

2. 业务素质  推销人员是否具有良好的业务素质，直接影响其工作业绩。一般来说，良好的业务素质来自两方面：一方面要掌握丰富的业务知识，另一方面要具有一定的推销能力。

（1）业务知识：推销人员应掌握的业务知识包括以下几点。①企业知识。要熟悉本企业的经营方针和特点，产品种类和服务项目，定价策略、交货方式、付款条件和付款方式等。②产品知识。要了解产品的性能、用途、价格、使用方法、维修方法等，了解市场上竞争产品的优劣情况。③顾客知识。要了解顾客的购买动机、购买习惯、方法及购买地点，了解由何人购买的决策权等。④市场知识。要了解市场的动向、现实和潜在的顾客需求情况等。⑤法律知识。要了解国家规范经济活动的各种法律，特别是与推销活动有关的经济法律。

（2）推销能力：一般来说，推销人员应具备以下几方面的推销能力。①观察能力。推销人员在推销活动中，需要进行市场信息的搜集和处理。为此必须具有敏锐的观察能力。②创造能力。推销工作是一种体力劳动与脑力劳动相结合的工作，是一种带有综合性、复杂性的工作，是一种创造性工作。创造过程首先是自我斗争过程，要无所畏惧，相信自己的创造能力，绝不因循守旧，亦步亦趋。在推销活动中，推销人员只有创造性地运用各种促销方式，才能发展新顾客，开拓新市场。③社交能力。推销人员应是开放型的，必须具有一定的社交能力。从某种意义上说，推销人员是企业的外交家，需要同各种顾客打交道。这就要求其具备与各种各样顾客交往的能力，能够广交朋友。④应变能力。在各种复杂的特别是突如其来的情况下，推销人员仅用一种姿态或模式对待顾客是很难奏效的，这就要求推销人员具有灵活的应变能力，做到在不失原则的前提下，实施一定的方式，从而达到自己的目的。⑤语言表达能力。在推销活动中，为了达到推销目的，推销人员必须向顾客宣传、介绍本企业的宗旨，本企业的产品，必须善于去启发顾客、说服顾客，这就要求推销人员必须具有良好的语言表达能力。良好的语言表达能力表现在语言要清晰、简洁、明了，说话要抓住顾客的心理，针对顾客的需要，促使顾客产生强烈的购买欲望。

3. 身体素质　推销工作比较辛苦，要交涉各种推销业务。这样既消耗体力，又消耗精力，而且食住不规律。这些无一不需要推销人员具有健康的体魄。此外，推销人员应注重自己的仪表和举止谈吐。推销人员应尽力用自己的仪表给顾客留下深刻的第一印象，为推销活动打下良好的基础。

（三）**推销技巧**

推销人员的推销技巧，主要表现为有效的推销过程。有效推销过程应包括如下步骤：

1. 寻找顾客　推销过程的第一步是识别潜在顾客。推销人员需要具有寻找线索的技能，诸如向现有顾客打听潜在顾客的名字；培养其他能提供线索的来源，如供应商、经销商非竞争企业销售人员等；参加潜在顾客所在组织；查阅各种资料来源，如企业、事业名录、电话簿等寻找名字；用信函、电话追踪线索；从事能引起人们注意的公共关系活动；拜访各种企业和单位办公室等。推销人员还应对获得的潜在顾客线索进行检查，核对其对企业产品或服务是否需要、有无支付能力、特别要求营业量、交易的可能性等，淘汰不符合要求的线索，寻找合格的潜在顾客。

2. 接触前准备　推销人员应通过各种渠道尽可能广泛搜集潜在顾客的信息，诸如需要什么，有哪些人参与购买决策，采购人员的个性特征和购买风格等；确定访问目标，比如鉴定潜在顾客的资格，沟通信息，或立即成交；确定访问方法是亲自拜访、电话访问还是写信联系，考虑最好的访问时机；制订详细的推销策略及方案等。

3. 接近顾客　这是实际推销过程的前奏。许多推销人员的经验说明：

成功的推销，首先应让顾客自然而然地接受你的销售理念，然后才会有一个比较理想的结果。推销人员应对顾客彬彬有礼，整个谈话的内容应明白准确。从而使双方关系有一个良好的开端，为顺利转入销售打好基础。

4. 销售介绍　寒暄过后，就要适时转入销售介绍阶段。推销人员的销售介绍通常遵循"AIDA"公式 [A—争取注意（attention）、I—引起兴趣（interest）、D—激发欲望（desire）和 A—见诸行动（action）]。

通过吸引注意、引起兴趣、激发欲望和见诸行动。推销人员销售介绍应始终强调顾客利益，告知产品特点和效用。常用的销售介绍方法有三种：①刺激 - 反应法。这种方法要求销售人员事先准备好几套介绍词，通过适当的刺激性言辞、图片、条件和行动，来刺激顾客购买欲望，说服顾客购买。②需要 - 满足法。这种方法开始先启发引导顾客多说话。以便发现顾客的真正需要。接着再插进推销介绍词，努力证明自己的产品能满足这些需要。这是一种"创造性推销"，对推销人员要求高，要求推销人员知识丰富、思维敏捷、熟悉产品、善于倾听别人意见，能根据顾客的爱好随时调整谈话内容，迅速解决问题。③整式法。这种方法也是以刺激 - 反应原理为基础，但需要事先基本了解顾客的要求和购买风格，可以事先准备好相应的介绍词。开始交谈时要引导顾客说出自己的需要和态度，接着就有意识地控制谈话，应用程式化的介绍词，说明产品如何能满足他们的需要推动达成交易。

销售介绍除推销人员讲解外，还可以借助小册子、挂图、幻灯、录音、录像和样品等辅助工具进行示范介绍，使购买者亲眼看见或亲手操作该产品，能更好地记住产品的特点和好处。

5. 排除异议　推销人员在介绍产品或要求订货时，顾客可能会有所抵触，诸如对某些产品特点存在异议，怀疑产品的价值，不喜欢推销的条件，或表示对公司缺乏信任等。推销人员应具有面对这些反对的能力，采用积极的方法通过自己的介绍，排除各种异议，甚至把异议转变为购买的理由。

6. 达成交易　导致购买行为是推销介绍产品的最高目的。有些推销人员无法达成交易，常常因缺乏信心，对要求顾客订货难以启齿或者是不会把握成交的恰当时刻。推销人员应当学会识别顾客发出的可以成交的信号，包括顾客的身体动作、说明或评论和提出的问题；学会几种达成交易的技巧、或者说明如果不成交顾客将会受到什么损失；也可给顾客提供各种特殊的诱因，如特价、赠送礼品等以劝导成交。

7. **售后工作** 这是确保顾客满意、获得重复购买、建立长期合作关系必要的最后一步，成交后应立即着手准备好有关履约的交货时间、购买条款和其他事项等具体工作。推销人员在接到订单后，要制定售后工作访问日程表，以确保有关安装、指导技术培训和维修等售后服务工作得到妥善安排。

**（四）推销人员的管理**

企业销售工作若想获得成功，关键是招聘和选择人员。普通的推销人员与优秀的推销人员相差甚远。若错用推销人员，所造成损失可能更大。因此，企业应慎重地招聘和选择推销人员。

1. **推销人员的招聘** 企业招聘推销人员可从以下几方面进行：①企业内部。有些本企业的员工虽然过去没有做过推销工作，但在长期的工作实践中，熟悉本企业的战略和策略，熟悉本企业的经营情况，而且品德端正、作风正派，又比较热爱推销工作，能力也比较强。企业可将其调至推销部门实践，使他们成为好的推销人员。②企业外部。可从经济类中专或大专院校毕业的学生中招聘推销人员；可从报刊杂志的人才广告中发现要招聘的推销人员；可从职业介绍所中招聘推销人员。

2. **推销人员的选择** 选择推销人员，一般来说，主要应掌握以下几点：①德才兼备。德主要指思想品德，职业道德；才主要指知识水平和各种推销能力，即业务素质。②不拘一格。在选择推销人员时，应根据推销任务和工作需要科学地、客观地进行选择，要冲破旧的、僵化的思想观念束缚，树立现代观念。为此，应明确两个问题：资历不等于能力。要考虑有一定的资历，但又不能单看资历，看重实际推销能力，文凭不等于水平。要注意有一定的文凭，但又不唯文凭，着重看实际知识水平和工作才能。③知人善任。知人指既要知其长处也要知其短处。善任指要善于发挥其长处，克服其短处，即用其长而避其短。

3. **推销人员的培训** 在招聘工作结束之后和新推销人员上岗之前，必须进行系统的培训，使其具备本企业产品销售的基本知识和基本技能，尽快掌握推销工作。对于原有的推销人员，为了使他们能够适应新形势的需要和不断提高他们的业务素质，也应定期加以训练。对于推销人员的培训，要有周密的培训计划和明确的培训目标，安排好训练内容，安排好师资力量，准备必要的设备和资料。培训目标是：提高推销人员的政治素质和业务素质，使每个推销人员树立全心全意为顾客服务的思想，具有顺利完成推销工作任务的基本知识和基本技能，能够以最优良的服务工作，生动、热情、耐心、周到地为顾客服务，建立企业与顾客联系紧密的新型关系。培训内容要根据企业市场营销策略特点和推销人员实际情况来确定。概括地讲，推销人员的培训内容主要有以下几点。

（1）政治素质培训：学习党和国家的方针政策、法律和法令。职业道德是培训的一项重要内容。通过学习以提高政治思想觉悟，树立理想和坚定信念，充分认识销售工作的重要性，增强使命感和责任感。

（2）企业知识培训：企业知识培训包括企业发展历史、经营方针和各项策略、组织结构和人事制度、经营现状和利润目标及长远发展规划等，使推销人员对企业面貌有概括了解，以激励他们更好地为企业发展服务。

（3）产品知识培训：产品知识培训包括产品的设计制造过程、产品质量、产品的技术性能和主要特点、产品的用途以及产品的使用维护方法等方面。只有全面掌握这些知识，才能向顾客准确地宣传本企业的产品能满足他们哪些方面的特殊需要，熟练地解释和回答有关产品方面的疑虑问题；有说服力地劝说顾客购买。

产品知识介绍还应包括竞争者的产品。只有熟悉竞争者产品的技术性能、优缺点等，才能在推销中，实事求是地进行比较、介绍本企业产品的优点和长处。

（4）市场知识培训：要向推销人员进行市场知识的培训，包括介绍企业顾客的基本情况，如顾客的地区分布、经济收入、购买动机和购买习惯。企业的市场开发战略及竞争对手的策略和政策。只有让推销人员掌握这些情况，才能持续保持同原有的顾客的联系，并寻找新顾客，提高推销效率。

（5）推销技巧培训：这是对推销人员进行培训的关键内容。通过推销技巧的培训，要使推销人员懂得如何做好推销工作。学会安排销售计划和分配时间，访问可能的顾客，揣摩顾客心理，注意推销介绍时的语言艺术和人际交往技巧，处理和应付推销时遇到的困难；听取顾客的意见，注意个人举止行为和仪表风度等。

对于推销人员的培训既要重视理论教学，又要重视现场实践教学，特别是要由有经验的优秀推销人员带领和指导下进行现场实习。

4. 推销人员的激励　企业中的任何人员都需要激励，推销人员亦不例外。企业必须建立激励制度来促使推销人员努力工作。

（1）销售定额：企业的通常做法是订立销售定额，即规定推销人员在一年内应销售产品的数量，并将推销人员的报酬与定额完成情况挂钩。

（2）推销人员的报酬：认真贯彻按劳付酬原则，建立合理的报酬制度，对于调动推销人员的积极性，提高推销效率，扩大产品销售有着重要作用；反之，若报酬制度不合理，则可能挫伤推销人员的积极性。推销人员的报酬应因人而异，多劳多得，对于真正优秀的、推销业绩卓著的推销人员，应实行重奖。其报酬形式可采取工资制、佣金制或者两者相结合的制度。

5. 推销人员的业绩评价　推销人员的业绩评价是企业对推销人员工作业绩的考核与评估。它不仅是企业给推销人员分配报酬的依据，也是企业调整市场营销战略、促使推销人员更好工作的基础。推销人员业绩评价的主要指标有销售数量、销售增长率、访问顾客的次数、新增顾客的数量、销售定额完成率、推销费用率等。

## 5.5 关键知识梳理：特种推销策略

营业推广被誉为现代营销的开路先锋，亦称销售促进或特种推销，是指除人员推销、广告和公共关系宣传之外能有效刺激顾客购买、提高交易效率的种种促销活动。它包括的范围较广，如陈列、展示和展览会、示范表演和演出以及种种非常规的、非经常性的推销活动。一般用于暂时的和额外的促销活动，是人员推销和广告的一种补充。

企业在采用营业推广策略进行促销时，一般要进行三项基本决策；确定营业推广的目标；选择营业推广的形式；营业推广方案的制订与实施。

### （一）营业推广目标的确定

营业推广目标的确定取决于企业的整体营销战略和目标市场的类型。概括而言，企业营业推广的目标有三类：针对顾客、针对中间商、针对推销人员。

1. 针对顾客的营业推广目标　主要包括鼓励老顾客更多地反复购买；吸引新顾客使用本企业产品；争夺竞争对手的顾客。

2. 针对中间商的营业推广目标　主要有鼓励中间商采购企业新产品，

大批量进货，大库存量，特别是季节性产品；争取新的中间商；鼓励中间商长期经销本企业产品，开拓新市场，推销积压产品等。

3. 针对推销人员的营业推广目标　主要有鼓励推销人员积极工作，努力开拓市场；增加产品的销售量。特别需要说明的是，针对推销人员的营业推广，不仅是指企业对本企业推销人员的营业推广，还包括对中间商的推销人员的营业推广。

**（二）营业推广形式的选择**

营业推广的形式很多，主要有以下三类。

1. 对顾客营业推广的形式

（1）样品：即向顾客赠送或免费试用的产品，通过试用，使其了解产品效果，传播信息以争取扩大销售量。通常是提供少量的使用品，其份量近似顾客认识产品的利益所在，例如小包装的洗发精。这是一种极有效的推广方式，也是费用较昂贵的方式之一。

（2）优惠券：送给顾客的一种购货券，持有者可按优惠价格购买特定产品。这种优惠券可直接寄给顾客，亦可附在其他产品或广告中。

（3）付现金折款（或称退款）：此种形式同优惠券的差别是减价发生在购买之后，顾客可把指定的"购物证明"寄给企业，由企业寄回"退还"部分购货款。

（4）特价包装：以低于平常产品的价格向顾客供应产品。这种价格通常在标签或包装上标明。有减价的包装或组合包装。特价包装对刺激短期销售额效果很佳。

（5）礼品券：顾客购买一定金额的礼品券馈赠亲友祝贺喜庆，受礼者可持券到发券企业选购自己喜爱的同价值的产品。这种方式方便了送礼者，受礼者也得到了实惠。对企业则更为有利。

（6）赠品印花：顾客在购买产品时，商店送给定张数的交易印花、待凑足若干张时即可兑换某一件产品。

（7）馈赠：顾客购买高档家具、电器、金银首饰时，商店馈赠一定价值的产品予以鼓励。国内许多企业时常采用此方式，其效果明显。

2. 对中间商营业推广的形式

（1）价格折扣：企业为争取中间商多购进本企业产品，在特定时间内，购进一定数量的产品，予以一定金额的折扣。

（2）推广津贴：当中间商为产品做了广告宣传，企业对此给予的费用补偿。

（3）承担促销费用：企业为中间商分担部分市场营销费用，如广告费用、摊位费用等。

（4）产品展览：利用产品的展销、展示、展览及定货会等机会陈列产品。

（5）销售竞赛：根据各个中间商销售企业产品的业绩，给予优胜者不同的奖励。

3. 对推销人员营业推广的形式　对推销人员最为有效的方式是销售提成；还可以进行销售竞赛，对于销售能手在给予物质奖励的同时，予以精神奖励；为推销人员提供较多的培训学习的机会，为其进步发展奠定基础。

**（三）营业推广方案的制订与实施**

1. 制订营业推广方案　制订营业推广方案要考虑鼓励的规模、推广的途径、持续时间、选择推广的时机以及推广经费预算等。

2. 营业推广方案的实施　首先要在执行方案前先进行试点效果测试，来确定鼓励规模是否最佳，推广形式是否合适，途径是否有效。试点成功后再组织全面实施营业推广方案。在执行过程中，要实施有效的控制，及时反馈信息、发现问题，采取必要措施，调整和修改原定方案。

3. 评估营业推广方案的效果　最常用的方法是比较推广前、推广中、推广后的销售额数据，以评估其效果大小，总结经验教训，不断提高营业推广的促销效率。

## 5.6 关键知识梳理：攻关战略

良好的形象是企业宝贵的财富，公共关系就是要给企业和产品塑造出颇具魅力的形象，以引起顾客的好感。公共关系是一门研究如何建立信誉，从而使企业获得成功的学问。即企业利用各种手段，在企业和社会公众之间建立相互了解和信赖的关系，以树立其企业良好的形象和信誉，取得顾客的好感、兴趣和信赖，赢得顾客的信任和支持，为营销创造一个良好的外部环境。不断提高企业的信誉和知名度，促进企业产品的销售。

## （一）公共关系的概念

公共关系（public relationships，PR）又译为公众关系，简称公关。它是指企业有计划地、持续不懈地运用沟通手段，争取内、外公众谅解、协作与支持，建立和维护优良形象的一种现代管理职能。

从动态来看，公共关系是一种活动。即一个企业为了创造良好的社会环境，争取公众支持。建立和维护优良形象而开展的公共关系活动。当人们发现公共关系的客观存在，这种公共关系状态的优劣关系到企业生存和发展时，便有意识地、自觉地、有计划地采取各种有效手段开展公共关系活动，改善公共关系状态，充分发挥公共关系在成就事业方面的积极作用。

从一门学科来看，公共关系则是通过揭示公共关系状态的本质和公共关系活动的规律，探索企业运用传播沟通等手段使之与自己的公众相互了解、相互协调，以实现企业目标的一种管理理论，即公共关系学。

## （二）公共关系的作用

企业作为社会组织的重要组成部分，它的公共关系好坏，直接影响着企业在公众心目中的形象，影响着企业市场营销目标的实现。从市场营销角度来讲，公共关系有如下作用。

1. 直接促销　企业公共关系可在新闻传播媒介中获得不付费的报道版面或播放时间，实现企业特定的促销目标。

2. 间接促销　企业在把社会利益和公众利益放在第一位，在不断提高产品质量和服务质量的前提下，通过有计划地、持续不断地传播和沟通、交往与协调、咨询与引导等公共关系的职能活动，可不断提高信誉和知名度，不断塑造优良的企业形象和产品形象赢得公众理解和信任，企业生产的产品形象好、信誉高，必然会提高吸引力和竞争力，就能间接地促进产品销售。

3. 发挥有效管理的职能　企业的公共关系能与内部公众和外部公众进行双向信息沟通，协调好企业与内部和外部公众的关系，就能防止和缓和企业与内外公众之间的各种矛盾，真正取得谅解、协作和支持，以达到"内求团结外求发展"的目的。

## （三）公共关系的对象

公共关系的对象很广，包括消费者、新闻媒体、政府、业务伙伴等。公共关系的对象是广泛而又复杂的。企业开展公共关系活动，首先要认清企业的公共关系的对象，才能有针对性地进行。

### （四）公共关系的活动方式

企业的公共关系与企业的规模、活动的范围、产品的类别、市场的性质等密切相关，不同的企业不可能有相同的模式。概括起来，企业公共关系的活动类型常见的有如下几种方式。

1. 新闻宣传　主要是把具有新闻价值的企业活动信息和产品信息通过新闻媒介予以宣传报道，以引起顾客对企业和企业产品的注意。这种免费促销手段不仅比广告节省开支，而且由于新闻报道的客观公正性，也比广告可信度高，其效果会远远超过广告。所以，企业要特别注意协调好与新闻媒介的关系。

2. 建立广泛的联系　企业应与各界建立广泛的联系，这是为增进企业与各界相互了解，协调好与各界关系的联络与活动。通过举办展览会、各式招待会、舞会、宴会，组织参观游览，邮寄节日卡和贺年片以及往来接待等，加强联系。开展好这些活动，有利于塑造企业形象，而且有利于消除误解和分歧。

3. 赞助和支持公益活动　这是以改善形象为目的的公共关系活动。作为社会的一员，企业有义务在正常的范围内，参与社会公益事业和赞助活动。诸如，关心城市建设和环境保护、赞助体育和文艺活动、节日庆祝、给教育及学术研究等基金会捐赠、为希望工程捐款等。这些活动新闻媒体会广泛报道，企业从中得到特殊利益，以赢得各界的信任，提高企业知名度和美誉度。

4. 提供特种服务　企业的营销目的是在满足顾客需求的基础上获得利润。为此，企业应提供特种服务，满足顾客的特殊需求。例如，向顾客提供安全可靠性服务，为顾客办理产品质量保险，为顾客排忧解难提供及时性服务等。

# 六、学术营销

## 6.1 案例：海陆空联合式的立体学术营销

当制药企业看到了市场的需求，也就看到了机遇在招手。企业打造的这种海陆空联合式的立体学术营销，其实是在扩展产品的深度、广度和厚度，既能掌握高端市场，又最终让产品能够沉得下去，从而使得该企业的 ×× 注射制剂能够满足各个层次的消费者的需求。

【销售背景】基本药物制度的全面覆盖带来的是基层医药市场的跨越式增长。基层市场加速放量，使注射用治疗心脑血管疾病的 ×× 注射制剂作为《基本药物目录》中治疗心脑血管疾病的主要品种，面临巨大的政策机遇。据悉，2009 年，我国心血管病药物市场规模达到 983 亿元，2007—2009 年年均复合增长率为 21.94%，高于整个医院用药年平均复合增长率（18.27%），尤其是中高端市场增长迅速。

作为在心脑血管中药制剂前 5 强的 ×× 注射制剂是有巨大市场潜力的品种之一。但这类产品虽在临床应用多年，却尚无学术领导者，无系统循证医学学术理论体系。×× 注射制剂高端市场竞争激烈、产品差异化学术观点的支撑和宣传是加大医院开发率、提高医师和患者认可度的重要保证，企业前期有一定基础，但总体不足。

【营销创意】跳出以往学术营销的框架，企业通过高端、低端立体学术营销组合策略，打造了一套"专业化立体学术推广"模式，从而推动处方药产品品牌销量的快速提升。

开展多中心临床试验、挖掘产品新的临床学术观点，并通过系列推广打造企业 ×× 注射制剂学术领导者品牌地位。

在专业杂志通过平面广告、有奖征文活动、高端专业学术媒体软性学术报道等实现高空学术支持体系，为各级学术会议、活动提供高端学术支持，解决产品学术认识，树立前沿学术品牌形象。

参加（国际级、国家级、省级）专业学术会议、承办各级学会专业学术会议，通过各级意见领袖进一步确立权威学术形象。

以大型"临床安全使用"公益培训、基层医疗机构学术会议等向各级医疗机构临床专家、医师宣传企业实力、产品优势、临床应用等信息，解决认知认可、正确使用的问题，建立处方习惯，树立企业和主导产品品牌形象。

【具体实施】在 ×× 注射制剂产品学术研究中挖掘出新的宣传点和理论，确定新的学术观点，形成专家共识，占领学术制高点。同时，加大高低端专业学术媒体宣传和市场活动相结合，解决上至三甲医院的专家、教授、医师，下抵乡镇的普通村医对 ×× 注射制剂学术品牌的认知认可，增强产品综合竞争能力。

通过在《中华老年心血管病杂志》《中华内科杂志》《中西医结合心脑血管病杂志》上连续发布主导产品形象宣传的平面广告，合作开展有奖征文活动，收集产品学术论文，为学术推广提供学术依据，助力学术推广，打造重点产品高端学术品牌形象。

参加、承办国际级、国家级、省级专业学术会议并召开卫星会、邀请专家进行学术宣传讲解，并不断完善企业专家资源库。通过专业学术会议扩大企业、产品的学术影响力。

针对商业公司 VIP 客户、重点医院院长或学科带头人全年开展企业文化之旅 35 场，接待 VIP 专家现场指导和学术研讨近 1 000 人。针对二级以上医院科室专家、医师召开区域学术会议、科室会、院内会。同时各级学术会议与高端学术宣传策略相结合，做好宣传推广的承接、落实工作，大力开展核心基药产品基层医疗机构科学使用学术会和大型临床安全使用公益培训，借助基层专业媒体宣传与会议联动实现推广落地。

【销售效果】打造立体式学术营销组合战略：多中心临床试验＋新临床学术观点共识＋高空学术宣传＋专业学术会议学术品牌宣传＋专家学术代言＋全面高端低端各级学术会议承接＋大型"临床安全使用"公益培训＋品牌提示礼品＋国家继续医学教育项目，使得以省为单位医院开发率迅速提高，重点省份重点目标医院开发率达 80%，单医院产出平均提升 20% 以上。全年召开基层医疗机构学术会议 1 000 场，培训基层医师 20 000 名。全年召开专业学术会议 20 场，覆盖专家 50 000 名。全年共计召开各级学术会议近 3 000 场，覆盖近 50 000 名临床医师。由此，基层医疗机构对企业和 ×× 注射制剂的知晓率、认可率大幅提升，开发和销量均翻番。主导产品年度销量增长率达 120%。分公司学术会议完成指标考核 95% 以上，参会客户满意率 90%，极大地提高了企业学术形象和产品学术地位。

## 6.2 关键知识梳理：营销组织的设计

所谓营销组织，是指企业内部涉及市场营销活动的各个职位及其结构。合理的组织有利于市场营销人员的协调和合作，因此，设计一个有效的营销管理组织，就成为市场营销管理的基础。建立市场营销组织是每一位市场营销经理的重要任务之一。市场营销经理从事管理的前提是进行组织规划，包括设计组织结构和人员配备等。而组织结构建立起来之后，随着企业自身的发展与外部环境的变化，要适应市场的需要，市场营销经理需不断地对组织进行调整和发展。

**（一）职能型组织模式**

职能型组织模式是最常见的市场营销机构的组织形式。它由营销总经理领导的各种营销职能专家构成。营销总经理负责协调各营销职能专家的关系如图8-3。

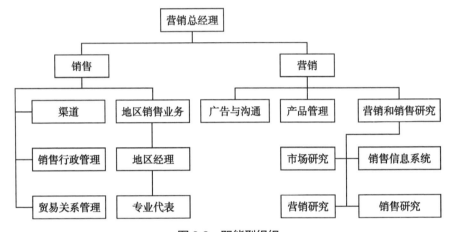

图 8-3　职能型组织

职能型组织模式的主要优点是行政管理简单。当企业只有一种或很少几种产品，或者企业产品的市场营销方式大体相同时，按照市场营销职能设置组织结构比较有效。不过，随着产品品种的增多和市场的扩大，这种组织模式就暴露出发展不平衡和难以协调的问题。由于无专人对产品和市场负责，而产生营销管理不细、规划不周以及部门间需要做过多的协调工作等问题。

**（二）产品型组织模式**

产品型组织模式是指在企业内部建立产品经理组织制度，以协调职能型组织中的部门冲突。如果企业生产的产品间差异很大，产品品种繁多，按职能设置的市场营销组织无法应付和处理，建立产品经理组织制度是比较适宜的。其基本做法是，由一名产品市场营销经理负责，下设几个产品线经理，产品线经理之下再设几个具体产品经理去负责各具体的产品，如图8-4。

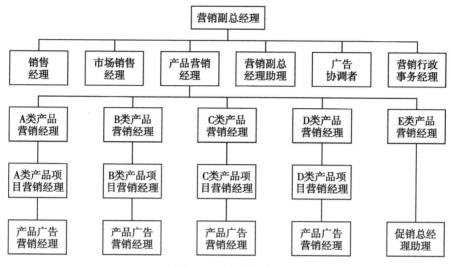

图 8-4　产品型组织

产品经理的职责是：①制定产品的长期营销和竞争战略；②编制年度市场营销计划和进行销售预测；③与广告代理商和经销代理商起研究广告和促销方案；④激励推销人员和经销商经营该产品的积极性；⑤搜集市场信息，改进产品，适应不断变化的市场需求；⑥经常与其他部门沟通和协调。

产品型组织模式的优点是：产品经理可协调产品的营销组合策略；能及时反映产品在市场上出现的问题，对市场变化做出积极反应；由于有专门的产品经理，那些较小品牌产品可能不会受到忽视。这种模式也存在一些问题，较为突出的有：缺乏整体观念，在产品型组织模式中，产品经理注重产品的技术方面，而忽视营销的其他功能；部门冲突，产品经理与其他营销部门经理协调困难，冲突、摩擦不断发生；多头领导，由于权责划分不清楚，下级可能会得到多方面的指令。例如，产品广告经理在制定广告战略时接受产品市场营销经理的指导，而在预算和媒体选择上则受制于广告经理，这就有可能产生不协调。

（三）地区型组织模式

如果一个企业的市场营销活动面向全国，那么它会按照地理区域设置其市场营销机构（图 8-5）。该机构设置包括一名负责全国销售业务的销售经理，若干名区域销售经理、地区销售经理和地方销售经理。从全国销售经理依次到地区销售经理，其管辖的下属员工的数目即"管理幅度"逐级增大。

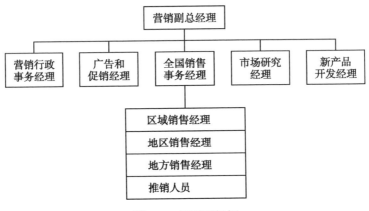

图 8-5　地区型组织

### （四）市场型组织模式

当企业把一条产品线的各种产品向多样化的市场销售，而客户可以按照不同的购买行为或产品偏好分类，市场型组织模式不同的用户类别，从而使市场呈现不同特点时，设立市场型组织模式是比较理想的，如图 8-6。

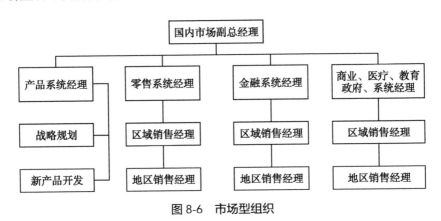

图 8-6　市场型组织

市场型组织模式的优点在于：企业可围绕特定顾客的需要开展一体化的营销活动，而不是把重点放在彼此隔开的产品或地区上，这有利于企业加强销售和市场开拓。其缺点是：存在权责不清和多头领导的矛盾，这点和产品型组织模式相类似。

### （五）产品 - 市场型组织模式

面向不同的市场、生产不同产品的企业，在确定营销组织结构时，面临着两种抉择，是建立产品型组织模式，还是建立市场型组织模式。其实，企业可以建立产品－市场型组织模式，即建立一种既有产品经理又有市场经理的两维矩阵组织模式，如图 8-7。

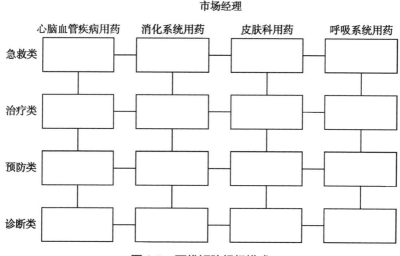

图 8-7 两维矩阵组织模式

这种组织模式的管理费用太高，极易产生内部矛盾。产品 - 市场型组织模式面临着新的两难抉择，一是如何组织销售人员，二是在各个产品市场上由谁定价。

## 6.3 关键知识梳理：营销人员配备

在分析市场营销组织人员配备时，必须综合考虑原有营销组织人员的情况，结合营销市场，兼顾新增营销组织的需要配备人员，从有利于营销的总体利益出发，进行组织调整，考虑新、老员工的搭配，年龄结构的搭配，做出较为合理的人事安排。

## 6.4 关键知识梳理：市场营销计划

企业的市场营销计划，在企业内部的计划体系中，处于极其重要的地位。也就是说，企业内部的各种计划，如生产计划、财务计划、原材料供应计划、技术改造计划等，都要以市场营销计划为依据，都要以市场营销计划为中心。例如，编制生产计划时，要根据市场营销计划，决定在计划期内企业应生产何种产品及生产的数量。

企业的市场营销计划应包括市场营销战略计划和市场营销年度计划两部分，在此仅介绍市场营销的年度计划。

市场营销年度计划的内容包括市场调查和市场预测计划、建立市场营销信息系统计划、产品销售计划、新产品开发计划、新市场开拓计划、促销计划、销售渠道计划、销售技术服务计划等。这些计划可概括为两部分：销售主体计划和销售配套保障计划。

**（一）销售主体计划**

企业销售主体计划是市场营销年度计划体系的核心。销售主体计划的主要内容如下。

1. 销售目标　销售目标是企业市场营销的基本目标，主要指标为销售量、销售增长率、销售利润及销售利润率等。销售目标分为总体目标和细分目标。总体目标反映的是销售总体应实现的目标。细分目标应按产品线与产品项目分别编制。

2. 目标顾客调整计划　为保证销售总体目标的实现，经常要根据市场需求状况的变化特点，在销售计划中列出现有顾客明细，包括顾客历年的购买量及变化趋势，顾客购买品种、规格及对服务的评价等。在销售计划中也要给出潜在顾客的明细，列清顾客的贮备量（包括现有的顾客和潜在的顾客）和对相关产品的需求量，并在可能发展为本企业顾客的名录下，列出争取的方法。

3. 销售力量分配计划　销售人员的数量配置要根据销售任务来确定，在计划期间要做出增减安排。要根据销售市场的调整和产品结构的调整，列出销售力量的布局计划。另外，还要有销售人员的培训计划。

4. 销售费用计划　销售费用计划包括市场调查与信息费用计划、广告宣传费用计划、销售人员报酬及差旅费用计划、销售渠道费用计划、销售技术服务费用计划、销售业务管理费用计划等。

5. 合同管理计划　合同管理计划主要为预计新的签约量、已有合同的履约率等。

**（二）销售配套保障计划**

企业编制销售主体计划，应树立系统的观念，在企业编制销售主体计划时，应编制有关的销售配套保障计划。销售配套保障计划的主要内容如下。

1. 市场开拓计划　市场的广度和深度直接影响和决定着企业产品的销路，而企业在市场开拓方面的努力度则决定市场的广度和深度。为了保证主体销售目标的实现，企业必须在市场的广度和深度方面做出努力，制订相应的市场开拓计划。

2. 促销计划　促销宣传是销售过程的基本环节之一。促销计划主要包括：①销售人员计划（含销售人员的选拔培训、分配、考核、奖惩等）；②广告宣传计划（含广告策划、媒体选择、广告费用、宣传品等）；③营业推广计划；④公共关系计划；⑤促销计划涉及的主要指标，例如发展新顾客数、巩固老顾客数、广告覆盖率、收视率、广告费用及广告效果等。

3. 销售渠道计划　销售渠道计划的主要内容有：①中间商队伍建设计划；②销售网络建设计划；③流通渠道的疏通计划（含仓储运输、银行、保险、商检等）；④销售渠道计划的主要指标，例如中间商数量、中间商业绩、中间商分布、自销网点数以及分销公司数等。

4. 销售技术服务计划　销售技术服务计划的主要内容有：①技术培训计划（含培训内容、培训方式、培训人数、实习场所、培训经费等）；②咨询服务计划（含业务服务、技术咨询、访问顾客、现场交流服务等）；③售后服务计划等（含安装调试服务、维修保养服务、零配件提供服务、维修网点建设计划等）；④产品租赁服务与特种服务计划。

## 6.5 关键知识梳理：检查和评价市场营销效果

市场营销组织是随着千变万化的市场而变的，永远不会有一个尽善尽美的形式，会存在着不同程度的问题。因此，从市场营销组织建立之时市场营销经理就要经常检查、监督组织的运行状况，并及时加以调整，使之不断得到发展。

| | 领导者 | 岗位职责 | 组织机构职责 |
|---|---|---|---|
| 如何成为一名合格的企业管理人员 | 学历、专业背景、经历、管理经验…… | | |
| | 领导岗位职责…… | | |
| | 领导者艺术…… | | |
| | 组织机构存在的必要性…… | | |
| 企业管理人员的素质和职责 | 怎样才能成为一名合格的企业管理人员呢？作为企业的管理人员需要具备哪些条件和水平，需要负起哪些责任呢？我们从一起"领导'三违'操作造成的重大安全生产责任事故"案例入手，阐述要想成为企业管理人员应具备的素质和所需承担的责任。 | | |
| 组织机构存在的必要性和重要性 | 通过对"组织分工不清导致混乱贻误商机"案例的解读，阐述组织关联职责及质量受权人职责的重要性，明确企业管理人员不是只靠某个个人或少数人就能完成整个企业的管理工作的，是需要完善的组织机构和质量授权体系的全力配合才能达到预期目标的团队行为。 | | |

# 第九章

# 合格的企业管理人员具备的能力

企业管理人员主要指企业领导，企业领导是指企业的组织者在综合分析企业的外部环境和内部条件的基础上提出能被企业员工接受的未来目标和计划，并将目标与计划传达给企业的成员使之转化为行动和成果的过程。

领导是管理工作的一项重要职能，是架起计划工作、组织工作、人员配备和控制工作效果的桥梁和纽带。领导职能与管理工作的其他职能的区别主要是体现在人与人相互的联系上。

## 一、企业管理人员的素质和职责

### 1.1 案例：领导"三违"操作造成的重大安全生产责任事故

2004 年 10 月 27 日，黑龙江省某制药公司第一分公司，在硫黄回收车间，实施年产 64 万吨酸性水汽提装置（设备编号 V402 的原料水罐）施工作业时，发生了重大爆炸事故，造成死亡 7 人、经济损失 192 万余元。

【事故经过】2004 年 10 月 20 日，64 万吨 / 年酸性水汽提装置（设备编号 V402）的原料水罐施工作业时罐体发生撕裂事故，造成该装置停产。为尽快修复破损设备、恢复生产，第一分公司机动处根据该设备的"关联交易合同"，将抢修作业委托给黑龙江某工程公司第一安装公司。该公司接到第一公司硫黄回收车间的维修计划书后，安排下属的第四分队承担该次修复施工作业任务。修复过程中，为了加入盲板，需要将 V406 与 V407 两个水封罐，以及原料水罐 V402 与 V403 的连接平台吊下。

10 月 27 日上午 8 时，四分队施工员带领 16 名施工人员到达现场。8 时 20 分，施工员带领 2 名管工开始在 V402 罐顶安装第 17 块盲板。8 时 25 分，吊车起吊 V406 罐和 V402 罐连接管线，管工将盲板放入法兰内，并准备吹扫。8 时 45 分，吹扫完毕后，管工将法兰螺栓紧固。9 时 20 分左右，施工人员到硫黄回收车间安全员处取回火票，并将火票送给 V402 罐顶气焊工，同时硫黄回收车间设备主任、设备员、监火员和操作工也到达 V402 罐顶。9 时 40 分左右，在生产单位的指导配合下，气焊工开始在 V402 罐顶排气线 0.8m 处动火切割。9 时 44 分，管线切割约一半时，V402 罐发生爆炸着火。10 时 45 分，火被彻底扑灭。爆炸导致 2 人当场死亡、5 人失踪。10 月 29 日 13 时许，5 名失踪人员遗体全部找到。

【事故原因分析】事故的直接原因是，V402 原料水罐内的爆炸性混合气体，从与 V402 罐相连接的 DN200 管线根部焊缝泄漏，或从 V402 罐壁与罐顶板连接焊缝开裂处泄漏，泄漏的爆炸性混合气体遇到在 V402 罐上气割 DN200 管线作业的明火或飞溅的熔渣，引起爆炸。

【事故责任】"10.27"事故是一起典型的由于"三违"操作造成的重大安全生产责任事故。通过对事故进行调查和分析，该制药公司主要存在以下四个方面的问题。

（1）违反火票办理程序，执行用火制度不严格。动火人未在火票相应栏目中签字确认，而由施工员代签。在动火点未做有毒有害及易燃易爆气体采样分析、在动火作业措施还没有落实的情况下，就进行动火作业，没有履行相互监督的责任，违反了《动火作业管理制度》。

（2）违反起重吊装作业安全管理规定，吊装作业违章操作。吊车在施工现场起吊 DN200 管线时，该管线一端与 V406 罐相连，另一端通过法兰与 V402 罐相连，在这种情况下起吊，违反了《起重吊装作业安全规定》。

（3）违反特种作业人员管理规定，气焊工无证上岗。在 V402 罐顶动火切割 DN200 管线的气焊工，没有"金属焊接切割作业操作证"，安全意识低下，自我保护意识差。

（4）企业领导不重视风险评估，对现场危害因素识别不够。施工人员对 V402 酸性水罐存在的风险不清楚，对现场危害认识不足，没有采取有效的防控措施。

【整改措施】

（1）事故教训时刻警示相关企业及企业领导，必须从思想深处牢固树立

"以人为本、安全第一"的思想，真正把安全放在首要位置。违章指挥就是害人，违章作业就是害人害己，无论是谁，都必须深刻认识"安全就是生命、安全就是效益、安全就是和谐"的深刻内涵，切实增强安全意识和自我保护意识，以保证人的生命安全和身体健康为根本，真正把安全工作当作头等大事，做到以人为本，在任何时候、任何情况下，都绷紧安全生产这根弦，绝不能放松、绝不能麻痹。

（2）事故教训时刻警示相关企业，必须以严格管理贯穿全过程、落实到全方位，保证安全监督管理执行有效。事故虽然发生在基层，但是根源在领导、责任在领导。作为领导干部，在安全工作上只能加强，不能疏忽；只有补位，没有越位；一定要认真落实"安全思想要严肃、安全管理要严格、安全制度要严谨、安全组织要严密、安全纪律要严明"的"五严"要求，真正把安全工作做严、做实、做细、做好。

（3）事故教训时刻警示相关企业，必须在细节上夯实"三基"工作，为本质安全打牢坚实的基础。细节决定成败，安全工作更是如此，安全生产工作的出发点在基层，落脚点在现场，必须从细微之处入手，把"强三基、反三违"落实到实际行动中；必须强化基本素质培训，解决不知不会、无知无畏的问题；必须在基层的细节和小事上严格监督管理，解决心存侥幸、习惯违章的问题；必须严格规范工艺技术规程和操作规程，解决粗心大意、操作失误的问题。

（4）事故教训时刻警示，必须把具体安全措施落实到每一个环节，实现安全工作的全过程受控。

## 1.2 关键知识梳理：企业管理人员必备素质

企业的领导者的素质决定了领导者的行为模式和领导者的类型，也决定了领导者领导艺术水平的高低。企业的领导者应该具备的品德和素质不同的专家学者给出的项目不尽相同，诸如，美国学者认为企业的领导者必须具备19种能力，工作效率高、有主动进取心、逻辑思维能力强、富于创造性、有判断力、有较强的自信心、能为人榜样、善于使用个人权力、善于动员群众的力量、能利用交谈做工作、能建立亲密的人际关系、有乐观的心态、善于到职工中去领导、有自制力、主动果断、能客观而善于听取各种意见、能正确地进行自我批评、能勤俭奋斗和具有灵活性。日本学者则认为企业的领导者必须具备 10 项能力和 10 项品德。10 项能力是思维决策能力、规划能力、判断能力、创造能力、洞察能力、劝说能力、对人的理解能力、解决问题的能力、培养下级的能力以及调动积极性的能力；10 项品德是有使命感、信赖感、诚实、忍耐、热情、责任感、积极性、进取性、公平和勇气。我国学者参照国外学者对领导者素质的要求，结合中国企业特有的历史和现实的状况，提出我国企业领导者应具备的素质，包括政治品德素质、业务能力、交际能力、形成概念的能力、文化素质、领导者集体的素质等。

1. 政治品德素质　企业的领导者必须学政治、讲政治，他的一切谋划过程都应是从国家利益、社会利益、企业利益、企业员工利益出发，而不是从个人名利出发。在急功近利思潮面前，能头脑清晰、清廉为官。

2. 业务能力　领导者的业务能力，对于组织中实际创造产品和提供劳务的基层或一线管理人员（基层领导）来说最为重要，这些能力包括方法、程序和技术等方面。但是，随着领导者在企业、管理层次中逐步上升、业务知识和能力的重要性逐步下降，而一些非业务能力的重要性却逐步上升。

3. 交际能力　领导者的交际能力是指企业领导者处理与之相接触的人的人际关系的能力，是指协调企业与外界公众的关系等相关的特殊能力，也是一个人在仪表、语言、思维结构、学识、经历、品德等方面的外在表现力和表现效果的反映。

4. 形成概念的能力　领导者的形成概念的能力是指身处事件现场处理事情的能力，包括逻辑思考能力、思维的创造力、分析事件和感受其发展趋势的能力。随着在企业中职位的不断提高，管理人员必须不断提高和运用这种能力。所以这种能力是高层领导者最重要的能力。

5. 文化素质　领导者的个人文化素质包括他受教育的程度、个人成长过程中所形成的在感受、认知、思考和处理问题时所持的观点、采取的基本行为规则和方式。所受教育水平的高低，说明了领导知识积累量的多少，为领导者处理、解决问题提供了有用的间接方法和理论。而文化（非受教育水平）的差异，则影响着领导者如何利用知识和理论去解决企业运营中的实际问题。

6. 领导者集体的素质　领导者的活动是一个集团化的、民主化的、科学化的群体行为。大多数企业的领导者行为是以集体领导者的方式展现。这便涉及素质搭配问题，一般来说应注意如下方面的搭配：专业知识的搭配，年龄的搭配，性格的搭配，热情与冷静的搭配，抽象思维和形象思维的搭配，循序渐进和敢于冒险的搭配，社会活动能力强和内部行政管理能力强的搭配等。应当说明的是，任何搭配都应以可以合作和有效为前提。

领导艺术是领导者在一定知识和经验的基础上，运用一定的方法分析问题并进行决策和组织、指挥他人处理问题时所表现出来的技能和技巧，是领导者思想和行为所表现出来的方法、方式和效果的总和。领导艺术应包括几种含义，一是它同领导者个人的知识、经验、阅历、才能、气质、个人价值观、进取精神因素密切相关；二是它与领导者所从事领导工作的客体特点不可分割；三是领导艺术只有领导者在实际运用领导方法和领导资源时，才能表现出来；四是它是领导者具有各自特色的领导技能和水平的综合表现。

领导艺术多种多样，也涉及领导工作的各个方面。同样的情况，不同的领导者的领导艺术不同；同一领导者在不同时期处理的艺术也不同；不同的情况，领导艺术也不相同。因此领导艺术有几个特点值得注意：①非模式化和非规范化，即领导艺术没有统一的格式、原理和方向。②领导艺术是各种领导方法、理论在各种领导条件下有机灵活的创造性组合。③领导艺术具有偶然性和特殊性，它是一些在特殊条件下处理问题的特殊方法、手段、技巧和技能或其不同的组合，具有不模仿性。④历史上成功的领导艺术只能是后来者间接借鉴和再创造新的领导艺术的引子，不能照搬照抄和套用。

## 1.3 关键知识梳理：企业管理人员的职责

由于企业管理人员工作岗位的不同，所处的层次不同，肩上责任不同，所承担的职责亦有很大的分别。不同领导岗位要求的条件、能力也就不尽相同，有的需要很强的社交能力，有的需要广博的专业知识，有的需要较强的组织能力等，不同的领导职务，对领导者的智商、气质、年龄、身体等素质的要求也有所区别。但是，无论如何，领导者的素质必须与自己所处的领导位置相适应，否则就不是称职的领导者。

通常公认的领导应具备的职责有：①领导是解决问题的初始行为。②领导是对制定和完成企业目标的各种活动施加影响的过程。③领导是指挥、引导和鼓励部下的过程。④领导是在机械地服从组织的常规指令以外所增加的影响力。⑤领导是一个动态的过程，该过程是领导者个人品质、追随者个人品质和某种特定环境的函数。领导职责释义，第一个职责强调了领导职能是为解决企业内外部的各种问题而采取的最初的行动；第二个职责着重说明领导者对企业的活动所施加的影响；第三个职责指出了领导是一种对被领导者施加影响的智慧；第四个职责认为，领导是正式命令以外的影响能力；第五个职责着重于解释有效领导的决定因素及领导的动态性。以上五个职责是从不同角度揭示了领导的职责特性，得以较全面的描述领导之职责。

## 二、组织机构存在的必要性和重要性

### 2.1 案例：组织分工不清导致混乱贻误商机

1996 年 1 月 10 日，吉林省某制药公司在年终总结会议上，总经理在总结报告的教训项下，提出了下一年要明确职责、理顺组织机构，其原因是在上一年度，由于公司的组织机构设置的问题，造成组织分工不够明确、贻误商机，影响了公司的效益。这类事情在上一年度里出现了若干次，下面仅就供应环节出现的不协调案例说明之。

【事故经过】1995 年 10 月 10 日，供应商（初次供货）送来本公司制备中成药组方中的药材原料（公司急需该中药材），由于供应商是初次供货，采供员虽然已经拿到了化验室的合格检验单，仍没有让仓库保管员收其入库，原因是要等供应部经理到场。结果供应部经理由于出差在外，2 天后才赶回公司上班，供应商没能等待，就把这批药材拉走了，为此耽误了生产，使得销售部门已经签出去的销药合同没能完成，公司为此损失了近万元的利润。

【事故原因分析】1995 年 10 月 10 日的购药案例，表面上看属于领导授权不到位的问题，实际分析起来是属于组织机构欠合理，工作职责不够明晰，使得执行者不敢做出决定（即使是正确的）。因为通常情况下都是经过一定的招标程序，由公司确定供应商，然后再通过质检部门出具的化验（检验）单来判断是非接受（原料、药材、试剂、包装等）。

【事故责任】此次事故属于公司内部组织工作职责不够明晰等管理责任事故。

【整改措施】公司已经意识到了本公司在管理方面存在的漏洞，决定整顿组织机构，明确部门和岗位责任人的岗位职责，减少推诿责任，建章建制，科学管理，让事实说话，让科学数据说话，给岗位责任人一定的（应急）权利（在特殊情况下，按照一定的科学依据）。

## 2.2 关键知识梳理：严谨的组织分工

组织机构是发挥管理功能、实现管理目标的工具，成功的组织机构设置会帮助生产单位顺利实现生产管理中的计划、组织、指挥、协调、控制等职能，形成整体力量的汇聚放大，使生产管理工作更卓有成效。

企业组织机构的设置没有固定的模式，企业需要根据自身的特点，如企业规模、质量目标、职责分配等，来建立合适的组织机构，以确保质量体系的有效运行。

图 9-1 展示了某企业的组织机构示意图，从图中可以看出，适当的组织

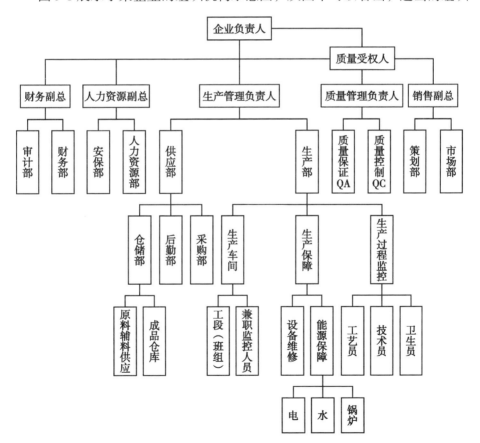

图 9-1　企业的组织机构示意图

机构及人员配备是保证药品质量的关键因素。企业应当配备足够数量并有适当资质（含学历、培训和实践经验）的管理和操作人员。应当明确规定每个部门和每个岗位的职责，岗位职责不得遗漏，交叉的职责应有明确规定。

**（一）组织工作的职责**

组织工作职责是指为了实现组织的共同目标而确定组织内各种要素及其相互关系的活动过程，它将实现组织目标所必须进行的各项业务活动加以分类组合，并根据管理幅度原理，划分出不同的管理层次和部门，将监督各类活动所必需的职权授予各层次、各部门的主管人员，以及规定这些层次和部门间的相互配合关系。

1. 组织工作的任务　组织工作的最终成果就是一系列的组织系统图和职务说明书。组织系统图描述的是一个组织内部的各种机构以及其中相应的职位和相互关系；职务说明书则是详细规定了各工作的职权和职责以及与其相关的上下左右的联系，通常包括：①决定管理宽度，从而引起组织机构的分级的因素是什么？②决定各种类型部门划分的因素是什么？各类基本部门划分的优缺点有哪些？③在把各种业务工作指令下达给既定部门时，要注意哪些因素？④在一个组织中存在哪些职权关系？⑤为什么要把职权分散到整个组织结构的各个部分？确定分散程度的因素是什么？⑥委员会在组织中处于什么地位？⑦经理应该如何把组织理论应用到实际工作中？

2. 组织的类型　按照不同的标准可以把组织分为不同的类型。①按组织的规模分，可分为小型组织、中型组织和大型组织。例如，医院组织有个人诊所、社区小型医院和综合性大型医院。按这个标准进行分类是具有普遍性的，不论何类组织都可以作这种划分。②按组织的社会职能分，可分为文化组织、经济组织和政治组织。文化组织是人们之间相互沟通思想、传递知识和文化的社会组织，如各类学校、研究机关、艺术团体、图书馆、报刊出版单位等；经济组织是专门追求社会物质财富的社会组织，它存在于生产、交换、分配和消费等不同领域，如工厂、企业、银行、保险公司等；政治组织是为了某个阶级的政治利益而服务的社会组织，如国家的立法、司法和行政机关、政党、监狱、军队等。③按组织的根本目标分，可分为营利组织和非营利组织。营利组织注重效率，要求追求利润最大化；非营利组织的宗旨是为公众服务，组织所得不为任何个人牟取私利，自身具有合法的免税资格并可为捐赠人减税、免税，如各种行业协会、学校、医院和体育机构等。④按组织内部有无正式分工关系分，可分为正式组织和非正式组织。正式组织是正规组织工作设计的结果，有严密稳定的组织结构，内部存在着正式的组织任务分工、组织人员分工和正式的组织制度，如政府机关、军队、学校、工商企业等；非正式组织是指人们在共同工作过程中自然形成的以感情、喜好等情绪为基础的松散的、没有正式规定的群体。这些群体不受正式组织的行政部门和管理层次等的限制，也没有明确规定的正式结构，如公司里休息时间的午餐会、茶友会、球友会等。

3. 组织工作的特点 通常该项特点是体现在组织工作的过程中，组织工作是根据组织的目标，考虑组织内、外部环境来建立和协调组织结构的过程。主管人员通过这一过程来消除混乱，解除人们在工作或职责方面的矛盾和冲突，建立起一种适合组织成员互相默契配合的组织结构；其次体现在组织工作的动态性方面，组织工作是不可能一劳永逸的，当组织内外部环境变化时，就应该改变航道，对组织结构进行调整以适应变化。例如，由于当今社会生活节奏加快，工作压力加大，人们在心理健康方面显露的问题越来越严峻。在这种情况下许多医院对其内在的组织机构适时地做出了相应的调整，如成立心理健康咨询门诊、精神病科等，而部分企业组织更是设立了专门的心理咨询室以表示对这一问题的重视。

**（二）组织机构类型**

组织结构就是指组织要素间的联系，即组织中正式确定的使工作任务得以分解、组合和协调的框架体系，是一个具有明确目标的、精心设计的各种职务或职位构成的结构体系。这里除了突出了应具有的分工协作关系和明确的目的性外，最重要的一点就是这种结构是一种权责结构，主要包括：①职能结构，即完成组织目标所需的各项工作及其比例和关系。②层次结构，即各管理层次的构成，又称组织的纵向结构。③部门结构，即各管理部门的构成，又称组织的横向结构。④职权结构，即各层次、各部门在权利和责任方面的分工及相互关系。常见的组织机构类型如下。

1. 直线制 该结构组织是一种最早、最简单的组织结构。它从企业的最高管理层到最底层以垂直系统建立各级机构，各级主管人员对所属下级拥有直接的一切职权，组织中每一个人只能向一个直接上级报告，不设专门的职能机构，如图 9-2 所示。

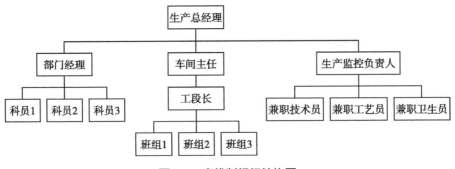

图 9-2  直线制组织结构图

其优点是：结构比较简单，权力集中，责任分明，命令统一，联系简捷；缺点是管理缺乏职能分工和专业化，各级领导者需要具有许多方面的知识和管理技巧，容易陷入日常事务中而忽视对企业具有重要影响事务的处理。另外，组织结构缺乏弹性，同一层次之间缺乏必要的联系，部门协调性较差。适用规模较小、无须按职能实行专业化管理、生产技术比较简单的企业或现场作业管理。

2. 职能制  职能制结构亦称多线性组织结构，起源于 20 世纪初法约尔在其经营的煤矿公司担任总经理时所建立的组织结构形式，故又称"法约尔模型"。它在各级领导之下按专业分工设置职能部门，各职能部门在自己业务范围内有权向下级发布命令或下达指示，下级既要服从上级领导的指挥，也要听从上级职能部门的命令，如图 9-3。

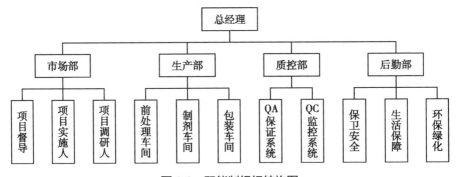

图 9-3  职能制组织结构图

其优点是能适应现代化工业企业生产技术比较复杂、管理分工较细的特点；能充分发挥职能机构的专业管理作用，减轻直线领导人员的工作负担。缺点是形成了多头领导；不利于明确划分直线人员职责权限，容易造成纪律松弛，各自为政，不利于各部门的通力合作。适用于规模较小、生产技术比较简单的企业，特别是那些处于环境相对稳定、使用常规技术、职能部间相互依赖较小的中小企业。

3. 直线职能制　直线职能制也叫生产区域制或直线参谋制，是在直线制和职能制的基础上取长补短而建立起来的。它把企业管理机构和人员分为两类，一类是直线领导机构和人员，按命令统一原则对各级组织行使指挥权；另一类是职能机构和人员，按专业化原则，从事组织的各项职能管理工作。直线领导机构和人员在自己的职责范围内有一定的决定权和对所属下级的指挥权，并对自己部门的工作负全部责任。而职能机构和人员则是直线指挥人员的参谋，不能对部门直接发号施令，只能提供建议和业务指导。这种组织实行了职能的高度集中化，如图 9-4。

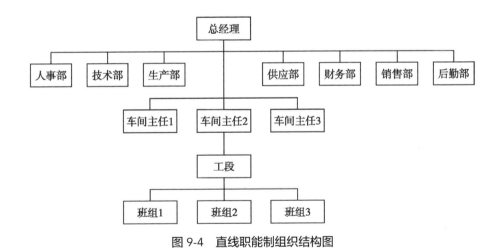

图 9-4　直线职能制组织结构图

其优点是职责分明、秩序井然、工作效率和稳定性得到提高，既保证了企业管理体系的集中统一，又可以在各级行政负责人的领导下，充分发挥各专业管理机构的作用。缺点是职能部门之间互通情报较少，横向协作和配合性较差，容易产生脱节和矛盾，增加了上层主管的协调工作量；难以从组织内部培养熟悉全情况的管理人才；组织内部信息传递路线较长，反馈较慢，组织适应性较差，因循守旧，对新情况不能及时做出反应。适用于环境相对稳定的企业组织。对于规模很大且决策时需要考虑较多因素的组织不太适用。

4. 事业部制　事业部制组织结构又称"联邦分权制"，最初由通用汽车公司总裁斯隆提出，目前已成为大型企业、跨国公司普遍采用的组织结构形式。它是在总公司领导下设立多个事业部，各事业部都有各自独立的产品和市场，实行分级管理、分级核算、自负盈亏，是一种分权式的组织结构。即一个企业按地区或按产品类别分成若干个事业部，从产品的设计、原料采购、成本核算、产品制造，一直到产品销售，均由事业部及所属工厂负责，实行单独核算，独立经营，企业总部只保留人事决策、预算控制和监督大权，并通过利润等指标对事业部进行控制。

（1）产品事业部制：按照产品或产品系列组织业务活动，在经营多种产品的大型企业中早已显得日益重要。产品部门化主要是以企业所生产的产品为基础，将生产某一产品有关的活动，完全置于同一产品部门内，再在产品部门内细分职能部门，进行生产该产品的工作。这种结构形态，在设计中往往将一些共用的职能集中，由上级委派以辅导各产品部门，做到资源共享，如图9-5。

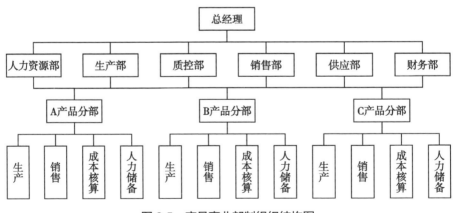

图9-5　产品事业部制组织结构图

（2）区域事业部制：又称区域部门化。对于在地理上分散的企业来说，按地区划分部门是一种比较普遍的方法。一个国家的每一个地区可能会有截然不同的爱好和需要，企业或许发现在当地生产销售可能更能满足该地区的特殊需要，其原则是把某个地区或区域内的业务工作集中起来，委派一位经理来主管其事。这种组织结构形态，在设计上往往设有中央服务部门，如采购、人事、财务、广告等，向各区域提供专业性的服务，如图9-6。

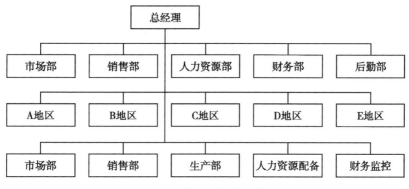

图 9-6 区域事业部制组织结构图

其优点是实现了集权和分权的有效结合。各事业部在总公司的领导下分散经营，使最高层领导者摆脱了日常繁杂的事务，集中精力做好企业的战略决策和长远规划；各事业部独立经营，能够积极地开发产品、开拓市场，增强了组织适应市场的灵活性和适应能力；同时，这种结构还有利于组织内各事业部之间开展积极的竞争，提高工作积极性，并有利于培养和训练高层管理人员。缺点是内部机构复杂、机构庞大、人员编制过大；由于各事业部在产品和市场上具有较大的经营独立性，容易产生本位主义，各事业部之间协调较困难。适用于在变化迅速和不稳定环境中的大型企业组织，尤其是跨国企业。

5. 模拟分权制 模拟分权制又称模拟分散管理组织结构，是指为了改善经营管理，人为地把企业划分成若干单位，实行模拟独立经营、单独核算的一种管理组织模式。结构中的组成单位并不是真正的事业部门，然而组织却将其视同事业部门。实际上它们是一个"生产单位"，这些生产单位有自己的职能机构，享有尽可能大的自主权，负有"模拟性"的盈亏责任，相互间有购售关系，以内部自定的"转移价格"为基础，而非以外在的市场价格为基础。它不是真正的分权管理，而是介于直线职能制与事业部制之间的一种管理组织模式，如图 9-7。

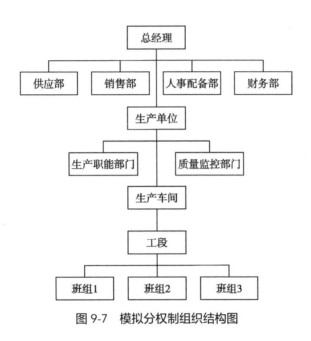

图 9-7　模拟分权制组织结构图

其优点是可以调动各生产单位的积极性，并且解决企业规模过大不易管理的问题。高层管理人员将部分权力分给生产单位，减少了自己的行政事务，从而把精力集中到企业总体战略问题上来。缺点是它不是一种明确的结构，不易使成员了解目标任务和重视绩效，也不能使经理人与专业人员了解整个企业的全貌；模拟分权制组织的成果并不由市场成绩决定，而常常是内部管理决策的结果，因而不能满足经济性、信息交流以及决策权力的需要；另外模拟分权化对"人"的要求非常苛刻，往往要求员工有足够的自律性和忍让精神。适用于大型的化工、原材料生产等工业企业或电子信息工业，也适合银行、医药、保险等服务行业。

6. 矩阵制　矩阵制组织结构又称规划 - 目标结构或多指挥系统。它既有按职能划分的垂直领导系统，又有按产品或项目划分的横向领导关系结构，是为了改进直线职能制横向联系差、缺乏弹性的缺点而形成的一种组织形式。它的特点表现在围绕某项专门任务成立跨职能部门的专门机构上，例如组成一个专门的产品或项目小组去从事新产品开发工作，在研究、设计、试验、制造各个不同阶段，由相关部门派人参加，力图做到条块结合，以协调有关部门的活动，保证任务的完成。这种组织结构形式是固定的，人员却是变动的，需要谁谁就来，任务完成后就可以离开。项目小组和负责人也是临时组织和委任的，任务完成后就解散，有关人员回原单位工作，如图9-8。

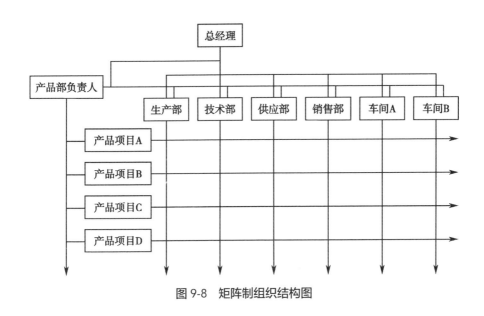

图 9-8 矩阵制组织结构图

7. 虚拟组织机构 虚拟组织是一种只有很小规模的核心组织，以合同为基础，依靠其他商业职能组织进行制造、分销、营销或其他关键业务的经营活动的结构。最大特点是它完全抛弃了传统组织必须具有固定的组织层次和内部命令系统的形式，而是一些在法律上独立的虚拟组织成员为迅速向市场提供产品和服务，在最短时间内结成的动态联盟。它不具有法人资格，因此可以在拥有充分信息的条件下，从众多的组织中通过竞争招标或自由选择等方式精选出合作伙伴，迅速形成各专业领域中的独特优势，实现对外部资源整合利用，从而以强大的结构成本优势和机动性，完成单个企业难以承担的市场功能，如产品开发、生产和销售。因而这种结构对于新技术、新时尚，或者来自海外的低成本竞争具有更大的适应性和应变能力，如玩具和服装制造企业等。从不利的方面来看，虚拟结构的管理当局对其制造活动缺乏传统组织所具有的那种严密的控制力，供应品的质量也难以预料；另外，虚拟组织所取得的设计上的创新容易被窃取，因为创新产品一旦交由其他组织的管理当局去组织生产，要对创新加以严密的防卫是非常困难的。

图 9-9 是一幅虚拟组织机构示意图，图中显示管理人员把公司基本职能都移交给了外部力量，组织的核心是一个小规模的经理管理小组，他们的工作是直接监督公司内部的经营活动，并协调为本公司进行生产、销售及其他重要职能活动的各组织之间的关系。图中的箭头表示这些关系通常是契约关系。

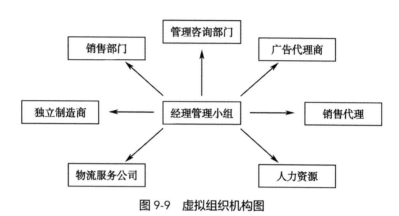

图 9-9　虚拟组织机构图

8. 无边界组织机构　无边界组织是指其横向、纵向的或外部的边界不由某种预先设定的结构所限定的一种组织形式。它不是完全否定企业组织必有的控制手段，包括工作分析、岗位定级、职责权力等的设定，只是不能把它们僵死化。无边界原理认为，企业组织就像生物有机体一样，存在各种"隔膜"使之具有外形或界定。虽然这些"隔膜"有足够的结构强度，但并不妨碍食物、血液、氧气、化学物质畅通无阻地穿过。得益于这一现象的启发，企业各部门、上下级之间虽然存在边界"隔膜"，但信息、资源、构想及能量也应该能够快捷便利地穿过企业的"隔膜"，像是没有边界一样。可以看出，无边界原理其实是以有边界为基础，并非对所有边界的否定，其目标在于讨论让各种边界更易于渗透扩散，更利于各项工作在组织中顺利开展和完成。

9. 团队结构　团队又称工作团队或工作小组，是指一种为了实现某一目标而由相互协作的个体组成的正式群体。当管理人员动用团队作为协调组织活动的主要方式时，其组织结构即为团队结构。这种结构形式的主要特点是，可打破部门界限，快速地组合、重组、解散、促进员工之间的合作，提高决策速度和工作绩效，使管理层有时间进行战略性的思考。

在小型公司中，可以把团队结构作为整个组织形式。例如，一家30人的市场营销公司，完全按团队来组织工作，团队对日常的大多数操作性问题和顾客服务问题负全部责任。在大型组织中，团队结构一般作为典型的职能结构的补充，这样组织既能得到职能结构标准化的好处，提高运行效率，又能因团队的存在而增强组织灵活性。例如，为提高产品销售业绩，一些大型医药组织都广泛采用自我管理的销售团队结构，不仅给予了团队成员充分的信任、责任和发挥空间，并在不断磨合和学习中，培养了共同的愿景和目标，较大实现了团队成员的工作满意度，提高了组织的工作绩效。

10. 学习型组织机构 彼得·圣吉通过对美国数千家企业进行了研究和案例分析，于1990年完成其代表作《第五项修炼》，该书提供了一套使传统企业转变成学习型企业的方法，标志着学习型组织理论框架的形成。学习型组织是一个能熟练地创造、获取和传递知识的组织，同时也是一个善于修正自身的行为，以适应新的知识和见解的组织。学习型组织不存在单一的模型，它是关于组织的概念和雇员作用的一种态度或理念，是用一种新的思维方式对组织的思考。

善于不断学习是学习型组织的本质特征。这里的"学习"主要包括了五点含义：第一，强调"终身学习"。即组织中的成员均应养成终身学习的习惯，这样才能形成组织良好的学习气氛，促使其成员在工作中不断学习。第二，强调"全员学习"。即企业组织的决策层、管理层、操作层都要全心投入学习，尤其是经营管理决策层，他们是决定企业发展方向和命运的重要阶层，因而更需要学习。第三，强调"全过程学习"。即学习必须贯彻于组织系统运行的整个过程之中，应强调边学习边准备、边学习边计划、边学习边推行。第四，强调"团队学习"。即不但重视个人学习和个人智力的开发，更强调组织成员的合作学习和群体智力的开发。第五，强调"兼学别样"。组织中的成员不仅要掌握本岗位上的工作技能，而且要学习了解其他岗位工作能力。

## 2.3 关键知识梳理：质量受权人的职责

受权人起源于欧盟，在欧盟的指南中表述为"qualified person"，意为"具有资质的人"，被赋予了以负责成品批放行为目标的相关药品生产质量管理权利；在 WHO 的 GMP 中则采用了"authorized person"，意为"被授权的人"其履行的质量管理职责同样围绕药品批放行为展开。两种表述虽有不同，但实质一样。都是指负责产品批放行为的有资质的人员，其职责往往不限于产品批放行为，而是要参与管理和产品批放行为有关的药品质量各方面的活动。

我国 GMP 中对质量受权人这样要求"质量受权人应当至少具有药学或相关专业本科学历（或中级专业技术职称或职业药师资格），具有至少五年从事药品生产和质量管理的实践经验，从事过药品生产过程控制和质量检验工作"。由此可以理解为，企业受权人接受企业授予的药品质量管理权力，负责对药品质量管理活动进行监督和管理，对药品生产的规则符合性和质量安全保证性进行内部审核，并承担药品放行责任的高级专业管理人员。

**（一）受权人主体条件**

受权人应具有独立性，这是企业受权人主体核心的实质。无论受权人在一个企业的组织机构中处于哪个位置，其工作都必须保持相对独立。也就是说，受权人能独立于生产活动而行使质量管理职责，不受公司利益、财务或生产等因素的影响，而是从产品质量出发来发表意见、做出判断。保证产品质量不受其他因素干扰，不向其他因素妥协，对于保证产品质量具有一票否决作用。

1. 权威性　企业受权人应是药品质量管理方面的专家，对企业的产品质量负有直接责任，因此必须在企业中具有很高的权威性。当然也绝不是"一人说算"，还要充分听取质量部门相关人员的意见，尤其是在一些重大决策，如处理质量问题产品时，必须充分尊重并听取相关人员的意见，注重树立质量管理人员的威信，以维护企业受权人的权威。

2. 专业性　企业受权人应具有较强的药品质量管理专业知识，同时还必须具有药学类本科以上学历，具有至少五年以上从事药品生产和质量管理的实践经验，从事过药品生产过程控制和质量检验工作的且具有一定专业技术职称的专业人员担任。在任期间，要保证通过药政、药管等药品监管部门的培训及继续教育，以此来保证受权人在质量管理方面的专业性。

3. 团队性 企业受权人不可能全面掌握药品生产过程中所涉及的每一个阶段或步骤，受权人要决定一批产品是否可以放行，往往要依据质量管理人员的建议或决定。受权人职责的履行在很大程度上取决于一个团队的努力。在企业质量管理体系良好运作的基础上，团队中的每一个人都理解受权人的地位和职责并为其提供全力支持。所以受权人应实施并维护完善质量管理体系，依靠这个团队的合作来实现质量职责目标。

（二）**质量受权人的职责**

质量受权人的职责就是要确保产品生产能够遵从于最终产品质量有关的技术和法规要求，并负责最终产品的批次放行。每一批次产品的生产制造符合生产许可的各项规定。

质量受权人在履行职责时，必须始终遵守和实施有关药品管理法规或技术规范；树立质量意识和责任意识；以实事求是、坚持原则的态度，在履行相关职责时把公众利益放在首位；以保证药品质量，保障人民用药安全、有效为最高准则。这也是受权人的工作目标和工作宗旨。①生产流程完全遵从GMP，确保药品按照批准的工艺规程生产、储存。②各主要生产环节都确保完成必要的验证。③各项质控检测都已进行并达到标准，相关的生产分装文件完整。④所有误差都已记录，并由此对于药品质量所产生的影响进行了检验。⑤如需要对相关已记录误差做出结论，进行相关附加型验证性试验。⑥所有文件都完整，并有相关质量受权人签字。⑦确保自行检查和其他规定性检查都已进行。⑧确保生产过程各项验证和检测有效进行。⑨承担产品放行的职责，确保每批已放行产品的生产、检验均符合相关法规、药品注册要求和质量标准；在产品放行前，要出具产品放行审核记录，并纳入批记录。⑩所有进口产品都应符合欧盟的各项规定。

（三）**质量受权人的法律地位及责任**

在我国当前的药品管理体系中，受权人制度是一种创新性的企业内部质量管理方式。对受权人的管理，需要进一步完善相关法规，明确受权人的法定地位和责任。但是受权人履行药品质量管理职责，确保药品质量的工作行为是应当受法律保护的。同时，受权人必须按照国家食品药品监督管理局的《关于推动药品生产企业实施药品质量受权人制度的通知》规定，严格履行工作职责。如果受权人在履行职责时，玩忽职守或失职渎职，也应承担相应的责任。

# 附录

## 附录 1　剧毒化学品目录

根据国家安全生产监督总局等十部门公告（2015 年 5 号），原《危险化学品名录》（2002 版）、《剧毒化学品名录》（2002 版）废止，二合一归并到《危险化学品目录》（2015 版）中，以下为从《危险化学品名录》（2015 版）筛选出的剧毒化学品条目汇总，共计 148 种。

附表 1-1　剧毒化学品目录（2015）

| 序号 | 危险化学品目录序号 | 品名 | 别名 | CAS 号 | 备注 |
|---|---|---|---|---|---|
| 1 | 4 | 5- 氨基 -3- 苯基 -1-[ 双(*N*,*N*-二甲基氨基氧膦基)]-1,2,4-三唑 [ 含量 > 20%] | 威菌磷 | 1031-47-6 | 剧毒 |
| 2 | 20 | 3- 氨基丙烯 | 烯丙胺 | 107-11-9 | 剧毒 |
| 3 | 40 | 八氟异丁烯 | 全氟异丁烯;1,1,3,3,3-五氟 -2-(三氟甲基)-1-丙烯 | 382-21-8 | 剧毒 |
| 4 | 41 | 八甲基焦磷酰胺 | 八甲磷 | 152-16-9 | 剧毒 |
| 5 | 42 | 1,3,4,5,6,7,8,8- 八氯 -1,3,3a,4,7,7a- 六氢 -4,7- 甲撑异苯并呋喃(含量 > 1%) | 八氯六氢亚甲基苯并呋喃;碳氯灵 | 297-78-9 | 剧毒 |
| 6 | 71 | 苯基硫醇 | 苯硫酚;巯基苯;硫代苯酚 | 108-98-5 | 剧毒 |
| 7 | 88 | 苯肿化二氯 | 二氯化苯肿;二氯苯肿 | 696-28-6 | 剧毒 |

335

| 序号 | 危险化学品目录序号 | 品名 | 别名 | CAS 号 | 备注 |
|---|---|---|---|---|---|
| 8 | 99 | 1-(3- 吡啶甲基)-3-(4- 硝基苯基)脲 | 1-(4- 硝基苯基)-3-(3- 吡啶基甲基)脲;灭鼠优 | 53558-25-1 | 剧毒 |
| 9 | 121 | 丙腈 | 乙基氰 | 107-12-0 | 剧毒 |
| 10 | 123 | 2- 丙炔 -1- 醇 | 丙炔醇;炔丙醇 | 107-19-7 | 剧毒 |
| 11 | 138 | 丙酮氰醇 | 丙酮合氰化氢;2- 羟基异丁腈;氰丙醇 | 75-86-5 | 剧毒 |
| 12 | 141 | 2- 丙烯 -1- 醇 | 烯丙醇;蒜醇;乙烯甲醇 | 107-18-6 | 剧毒 |
| 13 | 155 | 丙烯亚胺 | 2- 甲基氮丙啶;2- 甲基乙撑亚胺;丙撑亚胺 | 75-55-8 | 剧毒 |
| 14 | 217 | 叠氮化钠 | 三氮化钠 | 26628-22-8 | 剧毒 |
| 15 | 241 | 3- 丁烯 -2- 酮 | 甲基乙烯基酮;丁烯酮 | 78-94-4 | 剧毒 |
| 16 | 258 | 1-(对氯苯基)-2,8,9- 三氧 -5- 氮 -1- 硅双环(3,3,3)十二烷 | 毒鼠硅;氯硅宁;硅灭鼠 | 29025-67-0 | 剧毒 |
| 17 | 321 | 2-(二苯基乙酰基)-2,3- 二氢 -1,3- 茚二酮 | 2-(2,2- 二苯基乙酰基)-1,3- 茚满二酮;敌鼠 | 82-66-6 | 剧毒 |
| 18 | 339 | 1,3- 二氟丙 -2- 醇(Ⅰ)与 1- 氯 -3- 氟丙 -2- 醇(Ⅱ)的混合物 | 鼠甘伏;甘氟 | 8065-71-2 | 剧毒 |
| 19 | 340 | 二氟化氧 | 一氧化二氟 | 7783-41-7 | 剧毒 |
| 20 | 367 | *O-O-* 二甲基 -*O-*(2- 甲氧甲酰基 -1- 甲基)乙烯基磷酸酯(含量 > 5%) | 甲基 -3-[(二甲氧基磷酰基)氧代 ]-2- 丁烯酸酯;速灭磷 | 7786-34-7 | 剧毒 |
| 21 | 385 | 二甲基 -4-(甲基硫代)苯基磷酸酯 | 甲硫磷 | 3254-63-5 | 剧毒 |
| 22 | 393 | (*E*)-*O,O-* 二甲基 -*O-*[1- 甲基 -2-(二甲基氨基甲酰)乙烯基 ] 磷酸酯(含量 > 25%) | 3- 二甲氧基磷氧基 -*N,N-* 二甲基异丁烯酰胺;百治磷 | 141-66-2 | 剧毒 |

| 序号 | 危险化学品目录序号 | 品名 | 别名 | CAS 号 | 备注 |
|---|---|---|---|---|---|
| 23 | 394 | *O,O*- 二甲基 -*O*-[1- 甲基 -2-(甲基氨基甲酰)乙烯基 ] 磷酸酯(含量 > 0.5%) | 久效磷 | 6923-22-4 | 剧毒 |
| 24 | 410 | *N,N*- 二甲基氨基乙腈 | 2-(二甲氨基)乙腈 | 926-64-7 | 剧毒 |
| 25 | 434 | *O,O*- 二甲基 - 对硝基苯基磷酸酯 | 甲基对氧磷 | 950-35-6 | 剧毒 |
| 26 | 461 | 1,1- 二甲基肼 | 二甲基肼 [ 不对称 ];*N,N*- 二甲基肼 | 57-14-7 | 剧毒 |
| 27 | 462 | 1,2- 二甲基肼 | 二甲基肼 [ 对称 ] | 540-73-8 | 剧毒 |
| 28 | 463 | *O,O'*- 二甲基硫代磷酰氯 | 二甲基硫代磷酰氯 | 2524-03-0 | 剧毒 |
| 29 | 481 | 二甲双胍 | 双甲胍;马钱子碱 | 57-24-9 | 剧毒 |
| 30 | 486 | 二甲氧基马钱子碱 | 番木鳖碱 | 357-57-3 | 剧毒 |
| 31 | 568 | 2,3- 二氢 -2,2- 二甲基苯并呋喃 -7- 基 -*N*- 甲基氨基甲酸酯 | 克百威 | 1563-66-2 | 剧毒 |
| 32 | 572 | 2,6- 二噻 -1,3,5,7- 四氮三环 -[ 3，3，1，1，3，7 ] 癸烷 -2,2,6,6- 四氧化物 | 毒鼠强 | 80-12-6 | 剧毒 |
| 33 | 648 | *S*-[2-(二乙氨基)乙基 ]-*O,O*- 二乙基硫赶磷酸酯 | 胺吸磷 | 78-53-5 | 剧毒 |
| 34 | 649 | *N*- 二乙氨基乙基氯 | 2- 氯乙基二乙胺 | 100-35-6 | 剧毒 |
| 35 | 654 | *O,O*- 二乙基 -*N*-(1,3- 二硫戊环 -2- 亚基)磷酰胺 [ 含量 > 15%] | 2-(二乙氧基磷酰亚氨基)-1,3- 二硫戊环;硫环磷 | 947-02-4 | 剧毒 |
| 36 | 655 | *O,O*- 二乙基 -(4- 甲基 -1,3- 二硫戊环 -2- 亚基)磷酰胺 [ 含量 > 5%] | 二乙基(4- 甲基 -1,3- 二硫戊环 -2- 叉氨基)磷酸酯;地胺磷 | 950-10-7 | 剧毒 |
| 37 | 656 | *O,O*- 二乙基 -*N*-1,3- 二噻丁环 -2- 亚基磷酰胺 | 丁硫环磷 | 21548-32-3 | 剧毒 |

| 序号 | 危险化学品目录序号 | 品名 | 别名 | CAS 号 | 备注 |
|---|---|---|---|---|---|
| 38 | 658 | *O,O-* 二乙基 *-O-*(2- 乙硫基乙基)硫代磷酸酯与 *O,O-* 二乙基 *-S-*(2- 乙硫基乙基)硫代磷酸酯的混合物 [ 含量 > 3%] | 内吸磷 | 8065-48-3 | 剧毒 |
| 39 | 660 | *O,O-* 二乙基 *-O-*(4- 甲基香豆素基 -7)硫代磷酸酯 | 扑杀磷 | 299-45-6 | 剧毒 |
| 40 | 661 | *O,O-* 二乙基 *-O-*(4- 硝基苯基)磷酸酯 | 对氧磷 | 311-45-5 | 剧毒 |
| 41 | 662 | *O,O-* 二乙基 *-O-*(4- 硝基苯基)硫代磷酸酯 [ 含量 > 4%] | 对硫磷 | 56-38-2 | 剧毒 |
| 42 | 665 | *O,O-* 二乙基 *-O-*[2- 氯 -1-(2,4- 二氯苯基)乙烯基 ] 磷酸酯 [ 含量 > 20%] | 2- 氯 -1-(2,4- 二氯苯基)乙烯基二乙基磷酸酯;毒虫畏 | 470-90-6 | 剧毒 |
| 43 | 667 | *O,O-* 二乙基 *-O-*2- 吡嗪基硫代磷酸酯 [ 含量 > 5%] | 虫线磷 | 297-97-2 | 剧毒 |
| 44 | 672 | *O,O-* 二乙基 *-S-*(2- 乙硫基乙基)二硫代磷酸酯 [ 含量 > 15%] | 乙拌磷 | 298-04-4 | 剧毒 |
| 45 | 673 | *O,O-* 二乙基 *-S-*(4- 甲基亚磺酰基苯基)硫代磷酸酯 [ 含量 > 4%] | 丰索磷 | 115-90-2 | 剧毒 |
| 46 | 675 | *O,O-* 二乙基 *-S-*(对硝基苯基)硫代磷酸 | 硫代磷酸 *-O,O-* 二乙基 *-S-*(4- 硝基苯基)酯 | 3270-86-8 | 剧毒 |
| 47 | 676 | *O,O-* 二乙基 *-S-*(乙硫基甲基)二硫代磷酸酯 | 甲拌磷 | 298-02-2 | 剧毒 |
| 48 | 677 | *O,O-* 二乙基 *-S-*(异丙基氨基甲酰甲基)二硫代磷酸酯 [ 含量 > 15%] | 发硫磷 | 2275-18-5 | 剧毒 |

| 序号 | 危险化学品目录序号 | 品名 | 别名 | CAS 号 | 备注 |
|---|---|---|---|---|---|
| 49 | 679 | *O,O*- 二乙基 -*S*- 氯甲基二硫代磷酸酯 [ 含量 > 15%] | 氯甲硫磷 | 24934-91-6 | 剧毒 |
| 50 | 680 | *O,O*- 二乙基 -*S*- 叔丁基硫甲基二硫代磷酸酯 | 特丁硫磷 | 13071-79-9 | 剧毒 |
| 51 | 692 | 二乙基汞 | 二乙汞 | 627-44-1 | 剧毒 |
| 52 | 732 | 氟 | | 7782-41-4 | 剧毒 |
| 53 | 780 | 氟乙酸 | 氟醋酸 | 144-49-0 | 剧毒 |
| 54 | 783 | 氟乙酸甲酯 | | 453-18-9 | 剧毒 |
| 55 | 784 | 氟乙酸钠 | 氟醋酸钠 | 62-74-8 | 剧毒 |
| 56 | 788 | 氟乙酰胺 | | 640-19-7 | 剧毒 |
| 57 | 849 | 癸硼烷 | 十硼烷;十硼氢 | 17702-41-9 | 剧毒 |
| 58 | 1008 | 4- 己烯 -1- 炔 -3- 醇 | | 10138-60-0 | 剧毒 |
| 59 | 1041 | 3-(1- 甲基 -2- 四氢吡咯基)吡啶硫酸盐 | 硫酸化烟碱 | 65-30-5 | 剧毒 |
| 60 | 1071 | 2- 甲基 -4,6- 二硝基酚 | 4,6- 二硝基邻甲苯酚;二硝酚 | 534-52-1 | 剧毒 |
| 61 | 1079 | *O*- 甲基 -*S*- 甲基 - 硫代磷酰胺 | 甲胺磷 | 10265-92-6 | 剧毒 |
| 62 | 1081 | *O*- 甲基氨基甲酰基 -2- 甲基 -2-(甲硫基)丙醛肟 | 涕灭威 | 116-06-3 | 剧毒 |
| 63 | 1082 | *O*- 甲基氨基甲酰基 -3,3- 二甲基 -1-(甲硫基)丁醛肟 | *O*- 甲基氨基甲酰基 -3,3- 二甲基 -1-(甲硫基)丁醛肟;久效威 | 39196-18-4 | 剧毒 |
| 64 | 1097 | (*S*)-3-(1- 甲基吡咯烷 -2- 基)吡啶 | 烟碱;尼古丁;1- 甲基 -2-(3- 吡啶基)吡咯烷 | 54-11-5 | 剧毒 |
| 65 | 1126 | 甲基磺酰氯 | 氯化硫酰甲烷;甲烷磺酰氯 | 124-63-0 | 剧毒 |

| 序号 | 危险化学品目录序号 | 品名 | 别名 | CAS 号 | 备注 |
|---|---|---|---|---|---|
| 66 | 1128 | 甲基肼 | 一甲肼;甲基联氨 | 60-34-4 | 剧毒 |
| 67 | 1189 | 甲烷磺酰氟 | 甲磺氟酰;甲基磺酰氟 | 558-25-8 | 剧毒 |
| 68 | 1202 | 甲藻毒素(二盐酸盐) | 石房蛤毒素(盐酸盐) | 35523-89-8 | 剧毒 |
| 69 | 1236 | 抗霉素 A | | 1397-94-0 | 剧毒 |
| 70 | 1248 | 镰刀菌酮 X | | 23255-69-8 | 剧毒 |
| 71 | 1266 | 磷化氢 | 磷化三氢;膦 | 7803-51-2 | 剧毒 |
| 72 | 1278 | 硫代磷酰氯 | 硫代氯化磷酰;三氯化硫磷;三氯硫磷 | 3982-91-0 | 剧毒 |
| 73 | 1327 | 硫酸三乙基锡 | | 57-52-3 | 剧毒 |
| 74 | 1328 | 硫酸铊 | 硫酸亚铊 | 7446-18-6 | 剧毒 |
| 75 | 1332 | 六氟 -2,3- 二氯 -2- 丁烯 | 2,3- 二氯六氟 -2- 丁烯 | 303-04-8 | 剧毒 |
| 76 | 1351 | (1$R$,4$S$,4a$S$,5$R$,6$R$,7$S$,8$S$,8a$R$)-1,2,3,4,10,10- 六氯 -1,4,4a,5,6,7,8,8a- 八氢 -6,7- 环氧 -1,4,5,8- 二亚甲基萘 [ 含量 2% ~ 90%] | 狄氏剂 | 60-57-1 | 剧毒 |
| 77 | 1352 | (1$R$,4$S$,5$R$,8$S$)-1,2,3,4,10,10-六氯 -1,4,4a,5,6,7,8,8a-八氢 -6,7- 环氧 -1,4 ;5,8- 二亚甲基萘 [ 含量 > 5%] | 异狄氏剂 | 72-20-8 | 剧毒 |
| 78 | 1353 | 1，2，3，4，10，10- 六氯 -1,4,4a,5,8,8a- 六氢 -1,4-挂 -5,8- 挂二亚甲基萘 [ 含量 > 10%] | 异艾氏剂 | 465-73-6 | 剧毒 |
| 79 | 1354 | 1,2,3,4,10,10- 六 氯 -1,4,4a,5,8,8a-六氢-1,4 ;5,8-桥挂 - 二甲撑萘 [ 含量 > 75%] | 六氯 - 六氢 - 二甲撑萘;艾氏剂 | 309-00-2 | 剧毒 |

| 序号 | 危险化学品目录序号 | 品名 | 别名 | CAS 号 | 备注 |
|---|---|---|---|---|---|
| 80 | 1358 | 六氯环戊二烯 | 全氯环戊二烯 | 77-47-4 | 剧毒 |
| 81 | 1381 | 氯 | 液氯;氯气 | 7782-50-5 | 剧毒 |
| 82 | 1422 | 2-[(RS)-2-(4- 氯苯基)-2- 苯基乙酰基 ]-2,3- 二氢 -1,3- 茚二酮 [ 含量 > 4%] | 2-(苯基对氯苯基乙酰)茚满 -1,3- 二酮;氯鼠酮 | 3691-35-8 | 剧毒 |
| 83 | 1442 | 氯代膦酸二乙酯 | 氯化磷酸二乙酯 | 814-49-3 | 剧毒 |
| 84 | 1464 | 氯化汞 | 氯化高汞;二氯化汞;升汞 | 7487-94-7 | 剧毒 |
| 85 | 1476 | 氯化氰 | 氰化氯;氯甲腈 | 506-77-4 | 剧毒 |
| 86 | 1502 | 氯甲基甲醚 | 甲基氯甲醚;氯二甲醚 | 107-30-2 | 剧毒 |
| 87 | 1509 | 氯甲酸甲酯 | 氯碳酸甲酯 | 79-22-1 | 剧毒 |
| 88 | 1513 | 氯甲酸乙酯 | 氯碳酸乙酯 | 541-41-3 | 剧毒 |
| 89 | 1549 | 2- 氯乙醇 | 乙撑氯醇;氯乙醇 | 107-07-3 | 剧毒 |
| 90 | 1637 | 2- 羟基丙腈 | 乳腈 | 78-97-7 | 剧毒 |
| 91 | 1642 | 羟基乙腈 | 乙醇腈 | 107-16-4 | 剧毒 |
| 92 | 1646 | 羟间唑啉(盐酸盐) | | 2315-02-8 | 剧毒 |
| 93 | 1677 | 氰胍甲汞 | 氰甲汞胍 | 502-39-6 | 剧毒 |
| 94 | 1681 | 氰化镉 | | 542-83-6 | 剧毒 |
| 95 | 1686 | 氰化钾 | 山奈钾 | 151-50-8 | 剧毒 |
| 96 | 1688 | 氰化钠 | 山奈 | 143-33-9 | 剧毒 |
| 97 | 1693 | 氰化氢 | 无水氢氰酸 | 74-90-8 | 剧毒 |
| 98 | 1704 | 氰化银钾 | 银氰化钾 | 506-61-6 | 剧毒 |
| 99 | 1723 | 全氯甲硫醇 | 三氯硫氯甲烷;过氯甲硫醇;四氯硫代碳酰 | 594-42-3 | 剧毒 |
| 100 | 1735 | 乳酸苯汞三乙醇铵 | | 23319-66-6 | 剧毒 |

| 序号 | 危险化学品目录序号 | 品名 | 别名 | CAS 号 | 备注 |
|---|---|---|---|---|---|
| 101 | 1854 | 三氯硝基甲烷 | 氯化苦;硝基三氯甲烷 | 76-06-2 | 剧毒 |
| 102 | 1912 | 三氧化二砷 | 白砒;砒霜;亚砷酸酐 | 1327-53-3 | 剧毒 |
| 103 | 1923 | 三正丁胺 | 三丁胺 | 102-82-9 | 剧毒 |
| 104 | 1927 | 砷化氢 | 砷化三氢;胂 | 7784-42-1 | 剧毒 |
| 105 | 1998 | 双(1-甲基乙基)氟磷酸酯 | 二异丙基氟磷酸酯;丙氟磷 | 55-91-4 | 剧毒 |
| 106 | 1999 | 双(2-氯乙基)甲胺 | 氮芥;双(氯乙基)甲胺 | 51-75-2 | 剧毒 |
| 107 | 2000 | 5-[(双(2-氯乙基)氨基]-2,4-(1H,3H)嘧啶二酮 | 尿嘧啶芳芥;嘧啶苯芥 | 66-75-1 | 剧毒 |
| 108 | 2003 | O,O-双(4-氯苯基)N-(1-亚氨基)乙基硫代磷酸胺 | 毒鼠磷 | 4104-14-7 | 剧毒 |
| 109 | 2005 | 双(二甲胺基)磷酰氟[含量>2%] | 甲氟磷 | 115-26-4 | 剧毒 |
| 110 | 2047 | 2,3,7,8-四氯二苯并对二噁英 | 二噁英;2,3,7,8-TCDD;四氯二苯二噁英 | 1746-01-6 | 剧毒 |
| 111 | 2067 | 3-(1,2,3,4-四氢-1-萘基)-4-羟基香豆素 | 杀鼠醚 | 5836-29-3 | 剧毒 |
| 112 | 2078 | 四硝基甲烷 | | 509-14-8 | 剧毒 |
| 113 | 2087 | 四氧化锇 | 锇酸酐 | 20816-12-0 | 剧毒 |
| 114 | 2091 | O,O,O',O'-四乙基二硫代焦磷酸酯 | 治螟磷 | 3689-24-5 | 剧毒 |
| 115 | 2092 | 四乙基焦磷酸酯 | 特普 | 107-49-3 | 剧毒 |
| 116 | 2093 | 四乙基铅 | 发动机燃料抗爆混合物 | 78-00-2 | 剧毒 |
| 117 | 2115 | 碳酰氯 | 光气 | 75-44-5 | 剧毒 |
| 118 | 2118 | 羰基镍 | 四羰基镍;四碳酰镍 | 13463-39-3 | 剧毒 |
| 119 | 2133 | 乌头碱 | 附子精 | 302-27-2 | 剧毒 |

| 序号 | 危险化学品目录序号 | 品名 | 别名 | CAS 号 | 备注 |
|---|---|---|---|---|---|
| 120 | 2138 | 五氟化氯 | | 13637-63-3 | 剧毒 |
| 121 | 2144 | 五氯苯酚 | 五氯酚 | 87-86-5 | 剧毒 |
| 122 | 2147 | 2,3,4,7,8- 五氯二苯并呋喃 | 2,3,4,7,8-PCDF | 57117-31-4 | 剧毒 |
| 123 | 2153 | 五氯化锑 | 过氯化锑；氯化锑 | 7647-18-9 | 剧毒 |
| 124 | 2157 | 五羰基铁 | 羰基铁 | 13463-40-6 | 剧毒 |
| 125 | 2163 | 五氧化二砷 | 砷酸酐；五氧化砷；氧化砷 | 1303-28-2 | 剧毒 |
| 126 | 2177 | 戊硼烷 | 五硼烷 | 19624-22-7 | 剧毒 |
| 127 | 2198 | 硒酸钠 | | 13410-01-0 | 剧毒 |
| 128 | 2222 | 2- 硝基 -4- 甲氧基苯胺 | 枣红色基 GP | 96-96-8 | 剧毒 |
| 129 | 2413 | 3-[3-(4'- 溴 联 苯 -4- 基 )-1,2,3,4- 四 氢 -1- 萘 基 ]-4- 羟基香豆素 | 溴鼠灵 | 56073-10-0 | 剧毒 |
| 130 | 2414 | 3-[3-(4- 溴 联 苯 -4- 基 )-3- 羟基 -1- 苯丙基 ]-4- 羟基香豆素 | 溴敌隆 | 28772-56-7 | 剧毒 |
| 131 | 2460 | 亚砷酸钙 | 亚砒酸钙 | 27152-57-4 | 剧毒 |
| 132 | 2477 | 亚硒酸氢钠 | 重亚硒酸钠 | 7782-82-3 | 剧毒 |
| 133 | 2527 | 盐酸吐根碱 | 盐酸依米丁 | 316-42-7 | 剧毒 |
| 134 | 2533 | 氧化汞 | 一氧化汞；黄降汞；红降汞 | 21908-53-2 | 剧毒 |
| 135 | 2549 | 一氟乙酸对溴苯胺 | | 351-05-3 | 剧毒 |
| 136 | 2567 | 乙撑亚胺<br>乙撑亚胺 [ 稳定的 ] | 吖丙啶；1- 氮杂环丙烷；氮丙啶 | 151-56-4 | 剧毒 |
| 137 | 2588 | O- 乙 基 -O-(4- 硝基苯基 ) 苯基硫代膦酸酯 [ 含量 > 15%] | 苯硫膦 | 2104-64-5 | 剧毒 |

续表

| 序号 | 危险化学品目录序号 | 品名 | 别名 | CAS 号 | 备注 |
|---|---|---|---|---|---|
| 138 | 2593 | *O-* 乙基 *-S-* 苯基乙基二硫代膦酸酯 [ 含量 > 6%] | 地虫硫膦 | 944-22-9 | 剧毒 |
| 139 | 2626 | 乙硼烷 | 二硼烷 | 19287-45-7 | 剧毒 |
| 140 | 2635 | 乙酸汞 | 乙酸高汞;醋酸汞 | 1600-27-7 | 剧毒 |
| 141 | 2637 | 乙酸甲氧基乙基汞 | 醋酸甲氧基乙基汞 | 151-38-2 | 剧毒 |
| 142 | 2642 | 乙酸三甲基锡 | 醋酸三甲基锡 | 1118-14-5 | 剧毒 |
| 143 | 2643 | 乙酸三乙基锡 | 三乙基乙酸锡 | 1907-13-7 | 剧毒 |
| 144 | 2665 | 乙烯砜 | 二乙烯砜 | 77-77-0 | 剧毒 |
| 145 | 2671 | *N-* 乙烯基乙撑亚胺 | *N-* 乙烯基氮丙环 | 5628-99-9 | 剧毒 |
| 146 | 2685 | 1- 异丙基 -3- 甲基吡唑 -5- 基 *N,N-* 二甲基氨基甲酸酯 [ 含量 > 20%] | 异索威 | 119-38-0 | 剧毒 |
| 147 | 2718 | 异氰酸苯酯 | 苯基异氰酸酯 | 103-71-9 | 剧毒 |
| 148 | 2723 | 异氰酸甲酯 | 甲基异氰酸酯 | 624-83-9 | 剧毒 |

注:

(1) A 型稀释剂是指与有机过氧化物相容、沸点不低于 150℃的有机液体。A 型稀释剂可用来对所有有机过氧化物进行退敏。

(2) B 型稀释剂是指与有机过氧化物相容、沸点低于 150℃但不低于 60℃、闪点不低于 5℃的有机液体。B 型稀释剂可用来对所有有机过氧化物进行退敏,但沸点必须至少比 50kg 包件的自加速分解温度高 60℃。

说明:

1. 本目录摘自《危险化学品目录》( 2015 版 )。

2. 剧毒化学品的定义:具有剧烈急性毒性危害的化学品,包括人工合成的化学品及其混合物和天然毒素,还包括具有急性毒性易造成公共安全危害的化学品。

3. 剧烈急性毒性判定界限:急性毒性类别 1,即满足下列条件之一。大鼠实验,经口 $LD_{50} \leqslant 5mg/kg$,经皮 $LD_{50} \leqslant 50mg/kg$,吸入 ( 4h ) $LC_{50} \leqslant 100ml/m^3$ ( 气体 ) 或 0.5mg/L ( 蒸气 ) 或 0.05mg/L ( 尘、雾 )。经皮 $LD_{50}$ 的实验数据,也可使用兔实验数据。

## 附录 2 部分岗位生产记录文件式样

### 附录 2-1 粉碎岗位记录

设计依据:×××工艺规程、粉碎标准操作规程 编号:QR-11.010-006-02

| 品　名 | ××× | 前处理批　号 | | 填　写说　明 | 1. "＿＿＿＿"操作人填写<br>2. "........"QA 检查员填写<br>3. 合格打"√",不合格打"×" |
|---|---|---|---|---|---|

操作程序:领取净物料→干燥、粉碎→入中间站→本批清场→清洁

| 工艺过程 | 操作标准及工艺要求 | 结果记录 | | 操作人 | 复核人 | QA检查员 |
|---|---|---|---|---|---|---|
| 开工前检查 | 检查:清场结果记录(请附上批清场合格证副本)<br>1. 清除与本批无关的物料<br>2. 无与本批无关的指令及记录<br>3. 设备清洁完好,有清洁完好标志<br>4. 岗位、设备已挂本批生产状态标志 | 上批产品名称批号<br>1. 符合要求:(＿＿＿),<br>1. 符合要求:(＿＿＿)<br>2. 符合要求:(＿＿＿),<br>2. 符合要求:(＿＿＿)<br>3. 符合要求:(＿＿＿),<br>3. 符合要求:(＿＿＿)<br>4. 符合要求:(＿＿＿),<br>4. 符合要求:(＿＿＿) | | | | 允许生产:□<br><br>签名:<br>--------<br><br>时间:<br>-------- |
| 粉碎前的复核 | 1. 车间领料时,按批指令要求检查每一种物料:<br>1.1 物料外包装无破损、污染现象<br>1.2 物料编号、名称、数量:标志单与实物相符<br>2. 将待粉碎的药材移至干燥室准备粉碎 | 1. 执行:(＿＿＿)<br>1.1 符合要求:(＿＿＿)<br>1.2 符合要求:(＿＿＿)<br><br>名称 ／ 投料量/kg | | | | |
| | | 总计 | | ＿＿＿ | ＿＿＿ | -------- |

续表

| 工艺过程 | 操作标准及工艺要求 | 结果记录 | 操作人 | 复核人 | QA检查员 |
|---|---|---|---|---|---|
| 粉碎 | 1. 筛网目数 80 目<br>2. 粉碎设备 WCSJ-20A 万能粉碎机组<br>3. 工序结束后将"产出量 $b$"交于批混工序,有交接手续 | 1. 符合要求:(_____)<br>2. 符合要求:(_____)<br>3. 执行:(_____) | | | |
| 物料平衡 | 计算公式:$e=\dfrac{b+c+d}{a}\times100\%$ $f=\dfrac{b}{a}\times100\%$ | | | | |

| 物料平衡 | 粉碎前总量($a$) | 粉碎产出量($b$) | 废料量($c$) | 取样量($d$) | 粉碎收率($f$) | 粉碎物料平衡($e$) | | | |
|---|---|---|---|---|---|---|---|---|---|
| | kg | kg | kg | — | % | % | | _____ | ------------ |

| 工艺过程 | 操作标准及工艺要求 | 结果记录 | 操作人 | 复核人 | QA检查员 |
|---|---|---|---|---|---|
| 清场 | 清场项目<br>1. 完成粉筛的中间产品交到灭菌工序,无残留物料<br>2. 本批号产品相关的一切状态标志已移走<br>3. 容器具运入清洁间<br>4. 生产废弃物运出操作间<br>5. 清场日期(请附本批清场合格证正本) | 清场结果<br>1. 符合要求:(_____)<br>2. 符合要求:(_____)<br>3. 符合要求:(_____)<br>4. 符合要求:(_____)<br>5. 清场日期:(_____年_____月_____日) | 清场负责人: | 复查人: | 清场结果:□ |
| 清洁 | 1. 厂房清洁,执行"D 级生产区厂房清洁规程"<br>2. 设备清洁,执行"D 级生产区粉碎机清洁规程"<br>3. 容器具清洁执行,"D 级生产区相应容器清洁规程" | 1. 已清洁:(_____)<br>2. 已清洁:(_____)<br>3. 已清洁:(_____) | | | ------------ |
| 偏差及说明 | | | | | |
| 备注 | | | | | |

## 附录 2-2 灭菌岗位记录

设计依据:×× 工艺规程、灭菌标准操作规程　　编号:QR-11.010-008-07

| 品　名 | ×× | 前处理批　号 | | 填写说明 | 1. "_____"操作人填写<br>2. "_____"QA 检查员填写<br>3. 合格打"√",不合格打"×" |
|---|---|---|---|---|---|

操作程序:接收药材粉末→**灭菌**→中间站→粉碎批混→本批清场→清洁

| 工艺过程 | 操作标准及工艺要求 | 结果记录 | | 操作人 | 复核人 | QA 检查员 |
|---|---|---|---|---|---|---|
| 开工前检查 | 检查:清场结果记录(请附上批清场合格证副本)<br>1. 清除与本批无关的物料<br>2. 无与本批无关的指令及记录<br>3. 设备清洁完好,有清洁完好标志<br>4. 岗位 设备已挂本批生产状态标志 | 上批产品名称_____<br>批号_____<br>1. 符合要求:(_____),<br>1. 符合要求:(_____)<br>2. 符合要求:(_____),<br>2. 符合要求:(_____)<br>3. 符合要求:(_____),<br>3. 符合要求:(_____)<br>4. 符合要求:(_____),<br>4. 符合要求:(_____) | | | _____ | _____ | 允许生产:□<br><br>签名:<br>_____<br><br>时间:<br>_____ |
| 灭菌前的复核 | 1. 按指令要求接收药材粉末,按批指令要求检查物料:<br>1.1 物料外包装无破损、污染现象<br>1.2 物料数量:标志单与实物相符<br>2. 将待灭菌药料移灭菌柜准备灭菌 | 1. 执行:(_____)<br>1.1 符合要求:(_____)<br>1.2 符合要求:(_____)<br><br>| 名称 | 药粉量 /kg |<br>\|---\|---\|<br>\| \| \|<br>\| \| \|<br><br>2. 执行:(_____) | | | | |
| 灭菌 | 1. 使用的灭菌设备 DZG-<br>2. 灭菌温度:115℃<br>3. 灭菌时间:40 分钟<br>4. 灭菌压力:0.2MPa<br>5. 灭菌结束后请验,QA 取样<br>6. 将"产出量(b)"交于中间站,有交接手续 | 1. 符合要求:(_____)<br>2. 符合要求:(_____)<br>3. (___月___日___时___分 - ___月___日___时___分)<br>4. 符合要求:(_____)<br>5. 执行:(_____)<br>6. 执行:(_____) | | _____ | _____ | _____ |

| 工艺过程 | 操作标准及工艺要求 | 结果记录 | 操作人 | 复核人 | QA检查员 |
|---|---|---|---|---|---|
| 减压干燥 | 1. 将灭菌后潮湿的药粉加入减压干燥器<br>2. 干燥温度 50～65℃<br>3. 干燥时间 4 小时 | 1. 符合要求:(＿＿)<br>2. 符合要求:(＿＿)<br>3. (＿＿月＿＿日＿＿时＿＿分 — ＿＿月＿＿日＿＿时＿＿分) | | | |

物料平衡

计算公式:$e=\dfrac{b+c+d}{a}×100\%$　$f=\dfrac{b}{a}×100\%$

| | 投入量($a$) | 产出量($b$) | 废料量($c$) | 取样量($d$) | 物料平衡($e$) | 收率($f$) |
|---|---|---|---|---|---|---|
| 湿热灭菌 | kg | kg | kg | kg | % | % |
| 照射灭菌 | kg | kg | kg | kg | % | % |

| 工艺过程 | 操作标准及工艺要求 | 结果记录 | 操作人 | 复核人 | QA检查员 |
|---|---|---|---|---|---|
| 清场 | 清场项目<br>1. 完成灭菌的中间产品交到中间站,无残留物料<br>2. 本批号产品相关的一切状态标志已移走<br>3. 容器具运入清洁间<br>4. 生产废弃物运出操作间<br>5. 清场日期(请附本批清场合格证正本!) | 清场结果<br>1. 符合要求:(＿＿)<br>2. 符合要求:(＿＿)<br>3. 符合要求:(＿＿)<br>4. 符合要求:(＿＿)<br>5. 清场日期:(＿＿年＿＿月＿＿日) | 清场负责人 | 复查人 | 清场结果:□ |
| 清洁 | 1. 厂房清洁<br>2. 设备清洁<br>3. 容器清洁 | 1. 已清洁:(＿＿)<br>2. 已清洁:(＿＿)<br>3. 已清洁:(＿＿) | | | |
| 偏差及说明 | | | | | |
| 备注 | | | | | |

## 附录 2-3  提取、浓缩岗位记录

设计依据：××工艺规程、提取、浓缩标准操作规程。　　编号：QR-11.110-004-08

| 品　名 | ×× | 前处理批　号 | | 填写说明 | 1. "_____"操作人填写<br>2. "⌁⌁⌁⌁"QA 检查员填写<br>3. 合格打"√"，不合格打"×" |
|---|---|---|---|---|---|

操作程序：物料复核→水提工序→浓缩工序→本批清场→清洁

| 工艺过程 | 操作标准及工艺要求 | 结果记录 | 操作人 | 复核人 | QA检查员 | 交接记录 |
|---|---|---|---|---|---|---|
| 生产前检查 | 检查：清场结果记录(请附上批清场合格证副本！)<br>1. 清除与本批无关的物料<br>2. 无与本批无关的指令及记录<br>3. 房间设备容器清洁完好，有"已清洁"标志<br>4. 仪表、计量器具清洁完好，有校验合格标志<br>5. 岗位、设备挂上本批生产状态标志 | 上批产品名称_____批号_____<br>1. 符合要求：(_____),<br>1. 符合要求：(⌁⌁⌁⌁)<br>2. 符合要求：(_____),<br>2. 符合要求：(⌁⌁⌁⌁)<br>3. 符合要求：(_____),<br>3. 符合要求：(⌁⌁⌁⌁)<br>4. 符合要求：(_____),<br>4. 符合要求：(⌁⌁⌁⌁)<br>5. 符合要求：(_____),<br>5. 符合要求：(⌁⌁⌁⌁) | 班次：<br>_____ | | 允许生产：□<br><br>签　名：<br>⌁⌁⌁⌁<br><br>时　间：<br>⌁⌁⌁⌁ | |
| 提取前的复核 | 1. 车间领料时，执行批指令检查每一种物料：<br>1.1. 物料检验合格且容器外观无破损、污染现象<br>1.2. 物料编号、名称、数量：标签与实物相符<br>2. 将原辅料移至操作间准备提取 | 1. 执行：(_____)<br>1.1 符合要求：(_____)<br>1.2 符合要求：(_____)<br>2. 准备完好：(_____) | 班次：<br>_____ | | | |
| 水提取前的准备 | 1. 投入水提取总量，按罐装量均匀投入<br>2. 提取本批产品的提取罐罐号<br>3. 执行"提取标准操作规程"<br>4. 提取按工艺规程规定使用溶剂饮用水<br>5. 提取温度：100℃ | 1. ×批提取总药量：<br>(_____)kg<br>2. 1(____) 2(____)<br>　3(____) 4(____)<br>　5(____) 6(____)<br>　7(____) 8(____)<br>3. 执行：(_____)<br>4. 执行：(_____)<br>5. 执行：(_____) | | | | |

| 工艺过程 | 提取过程记录 | | | | | | | | | | 操作人 | 复核人 | QA 检查员 | 交接记录 |
|---|---|---|---|---|---|---|---|---|---|---|---|---|---|---|
| | 项＼罐 | 1 | 2 | 3 | 4 | 5 | 6 | 7 | 8 | 合计 | 班次：_____ | | | |
| 水提 | 投药量 /kg | | | | | | | | | | | | | |
| | 一次溶剂量 6 倍 /kg | | | | | | | | | | | | | |
| | 浸泡 30min 起止时间（时:分） | : : | : : | : : | : : | : : | : : | : : | : : | - | | | | |
| | 一次 2h 起止时间（时:分） | : : | : : | : : | : : | : : | : : | : : | : : | - | | | | |
| | 二次溶剂量 5 倍 /kg | | | | | | | | | | | | | |
| | 二次 2h 起止时间（时:分） | : : | : : | : : | : : | : : | : : | : : | : : | - | | | | |
| | 三次溶剂量 5 倍 /kg | | | | | | | | | | | | | |
| | 三次 2h 起止时间（时:分） | : : | : : | : : | : : | : : | : : | : : | : : | - | _____ | _____ | | |

| 工艺过程 | 浓缩过程记录 | | | | 操作人 | 复核人 | QA 检查员 | 交接记录 |
|---|---|---|---|---|---|---|---|---|
| | 项＼罐 | 1 | 2 | 3 | 合计 | 班次：_____ | | |
| 浓缩 | 压力:0.02 ～ 0.04 MPa | | | | - | | | |
| | 一效浓缩温度：90℃ ±5℃ | | | | - | | | |

| 工艺过程 | 浓缩过程记录 | | | | | 操作人 | 复核人 | QA检查员 | 交接记录 |
|---|---|---|---|---|---|---|---|---|---|
| 浓缩 | 浓缩时间(起止) | : | : | : | - | 班次:_____ | | | |
| | | : | : | : | - | | | | |
| | 相对密度:1.01 ~ 1.05 | | | | - | | | | |
| | 浓缩后数量 /L | | | | | | | | |

| 工艺过程 | 操作标准及工艺要求 | 结果记录 | 操作人 | 复核人 | QA检查员 | 交接记录 |
|---|---|---|---|---|---|---|
| 清场 | 提取工序清场检查项目<br>1. 完成提取或浓缩的中间产品经粗滤由管道打到喷雾干燥工序,无残留物料<br>2. 本批号产品相关的一切状态标志已移走<br>3. 本批容器具运入清洁间<br>4. 提取废渣运出操作间<br>5. 清场日期(请附本批清场合格证正本! ) | 清场检查结果<br>1. 符合要求:<br>(_____)<br>2. 符合要求:<br>(_____)<br>3. 符合要求:<br>(_____)<br>4. 符合要求:<br>(_____)<br>5. 清场日期:<br>(_____年_____月_____日) | 班次:_____<br><br>清场负责人: | 复查人: | 清场结果:□ | |
| 清洁 | 1. 厂房清洁:按 D 级生产区厂房清洁规程<br>2. 设备清洁:按 D 级生产区设备清洁规程<br>3. 容器清洁:按 D 级生产区容器具清洁规程 | 1. 已清洁:(_____)<br>2. 已清洁:(_____)<br>3. 已清洁:(_____) | _____ | _____ | _____ | |
| 偏差及说明 | | | | | | |
| 备注 | | | | | | |

## 附录 2-4　批混岗位记录

设计依据:×× 工艺规程、批混标准操作规程。　编号:QR-12.020-011-01

| 品　名 | ×× | 产品批号 |  | 填写说明 | 1. "_____"操作人填写<br>2. "_____"QA 检查员填写<br>3. 合格打"√",不合格打"×" |
|---|---|---|---|---|---|

批混程序:中间产品复核→批混→请验→交中间站→本批清场、清洁

| 工艺过程 | 操作标准及工艺要求 | 结果记录 | 操作人 | 复核人 | QA 检查员 |
|---|---|---|---|---|---|
| 生产前检查 | 检查:清场结果记录(请附上批清场合格证副本)<br>1. 清除与本批无关的物料<br>2. 无与本批无关的指令及记录<br>3. 温度 18 ~ 26℃,相对湿度 45% ~ 65%<br>4. 设备清洁完好,有清洁完好标志<br>5. 仪表、计量器具清洁完好,有校验合格标志<br>6. 岗位、设备本批生产状态标志已挂上 | 上批产品名称_____<br>批号_____<br>1. 符合要求:(____),<br>1. 符合要求:(____)<br>2. 符合要求:(____),<br>2. 符合要求:(____)<br>3. 符合要求:(____),<br>3. 符合要求:(____)<br>4. 符合要求:(____),<br>4. 符合要求:(____)<br>5. 符合要求:(____),<br>5. 符合要求:(____)<br>6. 符合要求:(____),<br>6. 符合要求:(____) |  |  | 允许生产:□<br><br>签名:<br><br>时间: |
| 批混前的复核 | 核对待批混物料品名、批号、数量是否与容器标志单上相符 | 药粉量:(____) kg<br>淀粉(____)kg<br>糊精(____)kg<br>符合要求:(____) |  |  |  |
| 批混 | 1. 使用设备 JSH 型三维运动混合机<br>2. 执行"批混标准操作规程"<br>3. 混合时间 20 分钟<br>4. 工序结束后请验,QA 取样<br>5. 将"产出量(b)"交于中间站,要有交接手续 | 1. 符合要求(____)<br>2. 执　行(____)<br>3. (____月__日时___分 — __月__日___时___分)<br>4. 执行(____)<br>5. 执行(____) |  |  |  |

| 工艺过程 | 操作标准及工艺要求 | | | | | | 操作人 | 复核人 | QA检查员 |
|---|---|---|---|---|---|---|---|---|---|
| 物料平衡 | 计算公式：$e=\dfrac{b+c+d}{a}\times100\%$ $\quad f=\dfrac{b}{a}\times100\%$ | | | | | | 清场负责人： | 复查人： | 清场结果：□ |
| | 批混投入量($a$) | 批混产出量($b$) | 取样量($c$) | 废料量($d$) | 物料平衡($e$) | 收率($f$) | | | |
| | kg | kg | kg | kg | % | % | | | |
| 清场 | 清场项目<br>1. 完成批混的中间产品交中间站，无残留物料<br>2. 本批号产品相关的一切状态标志已移走<br>3. 容器具运入清洁间<br>4. 生产废弃物运出操作间<br>5. 清场日期（请附本批清场合格证正本！） | | | 清场结果<br>1. 符合要求：(_____)<br>2. 符合要求：(_____)<br>3. 符合要求：(_____)<br>4. 符合要求：(_____)<br>5. 清场日期：(_____年___月___日) | | | | | |
| 清洁 | 1. 厂房清洁 执行"D级厂房清洁规程"<br>2. 设备清洁 执行"D级三维运动混合机清洁规程"<br>3. 容器具清洁 执行"D级洁净区相应容器清洁规程" | | | 1. 已清洁(_____)<br>2. 已清洁(_____)<br>3. 已清洁(_____) | | | | | |
| 偏差及说明 | | | | | | | | | |
| 备注 | | | | | | | | | |

## 附录 2-5  制粒岗位记录

设计依据:××工艺规程、制粒标准操作规程。  编号:QR-13.020-011-02

| 品　名 | ×× | 产品批号 | | | 填写说明 | 1. "＿＿＿＿"操作人填写<br>2. "﹍﹍﹍"QA 检查员填写<br>3. 合格打"√",不合格打"×" |
|---|---|---|---|---|---|---|

制粒程序:原辅料复核→制湿颗粒→干燥→整粒→物料平衡、收率合格后→递交批混工序→本批清场→清洁

| 工艺过程 | 操作标准及工艺要求 | 结果记录 | | | | 操作人 | 复核人 | QA 检查员 |
|---|---|---|---|---|---|---|---|---|
| 生产前检查 | 检查:清场结果记录(请附上批清场合格证副本)<br>1. 清除与本批无关的物料<br>2. 无与本批无关的指令及记录<br>3. 温度 18 ~ 26℃,相对湿度45% ~ 65%<br>4. 设备清洁完好,有清洁完好标志<br>5. 仪表、计量器具清洁完好,有校验合格标志<br>6. 岗位、设备本批生产状态标志已挂上 | 上批产品名称＿＿＿＿<br>批号＿＿＿＿<br>1. 符合要求:(＿＿＿),<br>1. 符合要求:(﹍﹍﹍)<br>2. 符合要求:(＿＿＿),<br>2. 符合要求:(﹍﹍﹍)<br>3. 符合要求:(＿＿＿),<br>3. 符合要求:(﹍﹍﹍)<br>4. 符合要求:(＿＿＿),<br>4. 符合要求:(﹍﹍﹍)<br>5. 符合要求:(＿＿＿),<br>5. 符合要求:(﹍﹍﹍)<br>6. 符合要求:(＿＿＿),<br>6. 符合要求:(﹍﹍﹍) | | | | ＿＿＿＿ | ＿＿＿＿ | 允许生产:□<br><br>签　名:﹍﹍﹍<br><br>时　间:﹍﹍﹍ |
| 制粒前的复核 | 1. 核对中间产品及制粒时加入的原辅料名称、编号、数量。执行"制湿颗粒、干燥、整粒标准操作规程"<br>2. 根据药粉的松散程度准备用的黏合剂。如黏合剂不是纯化水请写明配制方法(见下页) | 1. 符合要求:(＿＿＿)<hr>标记<br><br><br>标记"1"为制粒时加入,"2"为湿混时加入,"3"为总混时加入 | 物料名称 | 物料编码 | 数量/kg | ＿＿＿＿ | ＿＿＿＿ | ﹍﹍﹍ |

| 工艺过程 | 操作标准及工艺要求 | 结果记录 | 操作人 | 复核人 | QA检查员 |
|---|---|---|---|---|---|
| 黏合剂配制 | | 1. (＿＿＿)kg 制得＿＿＿＿＿kg | | | |
| 制湿颗粒 | 1. 1操作设备 槽型混合机和摇摆颗粒机等<br>2. 2药粉、稠膏量:每锅约为总量的( )分之一<br>3. 湿混总时间:每锅30min<br>4. 将软材放在摇摆式颗粒中制粒,过14目筛网 | 1. 执行:(＿＿＿)<br>2. (＿＿＿)kg/锅 共(＿＿＿)kg<br>3. 共(＿＿＿)min<br>4. 执行:(＿＿＿) | | | |
| 干燥 | 1. 操作设备 高效沸腾干燥机一批分( )次干燥<br>2. 干燥总时间:每锅30min<br>3. 干燥温度:40～60℃ | 1. 执行:(＿＿＿)<br>2. 共(＿＿＿)min<br>3. (＿＿＿)℃ | | | |
| 整粒 | 1. 操作设备:整粒机<br>2. 筛网:12目 | 1. 执行:(＿＿＿)<br>2. (＿＿＿)目 | | | |
| 总混 | 1. 操作设备:混合机<br>2. 加入辅料硬脂酸镁后进行总混<br>3. 总混时间:20min<br>4. 总混后颗粒重量<br>5. 制粒总起止时间 | 1. 执行:(＿＿＿)<br>2. 执行:(＿＿＿)<br>3. (＿＿＿)min<br>4. (＿＿＿)kg<br>5. (＿＿＿月＿＿＿日＿＿＿时＿＿＿分 - ＿＿＿月＿＿＿日＿＿时＿＿＿分) | ＿＿＿＿＿ | ＿＿＿＿＿ | |

| 工艺过程 | 操作标准及工艺要求 | 结果记录 | 操作人 | 复核人 | QA检查员 |
|---|---|---|---|---|---|
| 物料平衡 | 计算公式: $e=\dfrac{b+c+d}{a}\times100\%$ $f=\dfrac{b}{a}\times100\%$<br><br>投入量($a$) / 颗粒总量($b$) / 取样量($c$) / 废料量($d$) / 物料平衡($e$) / 收率($f$)<br>kg / kg / — / kg / % / % | | 清场负责人: | 复查人: | 清场结果:□ |
| 清场 | 清场项目<br>1. 完成制粒的中间产品交压片工序,无残留物料;<br>2. 本批号产品相关的一切状态标志已移走;<br>3. 容器具运入清洁间<br>4. 生产废弃物运出操作间<br>5. 清场日期(请附本批清场合格证正本!) | 清场结果<br>1. 符合要求:(_____)<br>2. 符合要求:(_____)<br>3. 符合要求:(_____)<br>4. 符合要求:(_____)<br>5. 清场日期:(_____年___月___日) | | | |
| 清洁 | 1. 厂房清洁<br>2. 生产设备的清洁<br>3. 工具、器具、容器清洁 | 1. 已清洁(_____)<br>2. 已清洁(_____)<br>3. 已清洁(_____) | _____ | _____ | _____ □ |
| 偏差及说明 | | | | | |
| 备注 | | | | | |

请在本工序指令前附批混后的中间产品检验报告书和放行单。

## 附录 2-6　压片岗位记录

设计依据:×× 工艺规程、压片标准操作规程　　编号:QE-12.021-011-04

| 品　名 | ×× | 产品批号 | | 填写说明 | 1. "_____"操作人填写;<br>2. "_____"QA 检查员填写;<br>3. 合格打"√",不合格打"×"。 |
|---|---|---|---|---|---|

压片程序:中间产品复核→调节重量→压片→请验→递交中间站→本批清场、清洁

| 工艺过程 | 操作标准及工艺要求 | 结果记录 | 操作人 | 复核人 | QA 检查员 |
|---|---|---|---|---|---|
| 生产前检查 | 检查:清场结果记录(请附上批清场合格证副本)<br>1. 清除与本批无关的物料<br>2. 无与本批无关的指令及记录<br>3. 温度 18 ~ 26℃,相对湿度45% ~ 65%<br>4. 设备清洁完好,有清洁完好标志<br>5. 仪表、计量器具清洁完好,有校验合格标志<br>6. 岗位、设备本批生产状态标志已挂上 | 上批产品名称_____批号_____<br>1. 符合要求:(_____),<br>1. 符合要求:(_____)<br>2. 符合要求:(_____),<br>2. 符合要求:(_____)<br>3. 符合要求:(_____),<br>3. 符合要求:(_____)<br>4. 符合要求:(_____),<br>4. 符合要求:(_____)<br>5. 符合要求:(_____),<br>5. 符合要求:(_____)<br>6. 符合要求:(_____),<br>6. 符合要求:(_____) | | | 允许生产:□<br><br>时间: |
| 压片前的复核 | 核对颗粒颜色、规格、数量 | 颜色、规格符合要求:<br>(_____)<br>数量:(_____)kg | | | |
| 压片 | 1. 使用的设备 ZP134 压片机,10.5mm 浅凹冲头<br>2. 执行"压片标准操作规程"<br>3. 真空泵压力范围:0.03 ~ 0.05MPa<br>4. 片重调整为每片重0.5g | 1. 执行:(_____)<br>2. 执行:(_____)<br>3. 符合要求:(_____)<br>4. 规格:(_____)<br>5. 记录见附表<br>6. 执行:(_____)<br>7. 产出品总量(_____)kg<br>8. (____月____日____时____分 — ____月____日____时____分) | | | |

| 工艺过程 | 操作标准及工艺要求 | | | | | | | | | 操作人 | 复核人 | QA检查员 |
|---|---|---|---|---|---|---|---|---|---|---|---|---|
| 压片 | 5. 每15分钟检测一次片重,直到稳定<br>6. 压片后中间产品请验,QA取样<br>7. 产出量(b)交中间站<br>8. 压片起止时间 | | | | | | | | | | | |
| 片重差异控制 | 每次取20片,按中间产品质量标准及生产要求监控见下表 | | | | | | | | | | | |
| 时间/min | 15 | 30 | 45 | 60 | 75 | 90 | 105 | 120 | 135 | _____ | _____ | _____ |
| 片重/g | | | | | | | | | | | | |
| 时间/min | 150 | 165 | 180 | 195 | 210 | 225 | 240 | 255 | 270 | | | |
| 片重/g | | | | | | | | | | | | |
| 时间/min | 285 | 300 | 315 | 330 | 345 | 360 | 375 | 390 | 405 | | | |
| 装量/g | | | | | | | | | | | | |
| 时间/min | 420 | 435 | 450 | 465 | 480 | 495 | | | | | | |
| 片重/g | | | | | | | | | | | | |

| 物料平衡 | 中间产品计算公式: $e=\dfrac{b+c+d}{a}\times100\%$  $f=\dfrac{b}{a}\times100\%$ | | | | | | | | |
|---|---|---|---|---|---|---|---|---|---|
| | 压片投入量(a) | 产出量(b) | 取样量(c) | 不合格品量(d) | 物料平衡(e) | 收率(f) | _____ | _____ | _____ |
| | kg | kg | kg | kg | % | % | | | |

| 工艺过程 | 操作标准及工艺要求 | 结果记录 | | 操作人 | 复核人 | QA检查员 |
|---|---|---|---|---|---|---|
| 清场 | 清场项目<br>1. 压片后中间产品交到中间站,无残留物料<br>2. 本批号产品相关的一切状态标志已移走<br>3. 容器具运入清洁间<br>4. 生产废弃物运出操作间<br>5. 清场日期(请附本批清场合格证正本!) | 清场结果<br>1. 符合要求:(_____)<br>2. 符合要求:(_____)<br>3. 符合要求:(_____)<br>4. 符合要求:(_____)<br>5. 清场日期:(___年___月___日) | | 清场负责人: | 复查人: | 清场结果:□ |
| 清洁 | 1. 厂房清洁 执行"C级厂房清洁规程"<br>2. 设备清洁 执行"C级本设备的清洁规程";<br>3. 容器清洁 执行"C级洁净区相应容器清洁规程" | 1. 已清洁(_____)<br>2. 已清洁(_____)<br>3. 已清洁(_____) | | _____ | _____ | |
| 偏差及说明 | | 备注 | | | | |

# 附录 3　部分岗位生产管理文件式样

## 附录 3-1　生产计划管理文书

附表 3-1-1　年度生产任务书

| _____年度生产任务书 | | | | |
|---|---|---|---|---|
| 编号 | | | 受控状态 | |
| 一、生产任务 | | | | |
| 产品名称 | | | | |
| 预期产量 | | | | |
| 合格率 | | | | |
| 预期产值 | | | | |
| 二、各车间生产任务分配(万元) | | | | |
| 产品名称 | | | | |
| _____车间 | | | | |
| _____车间 | | | | |
| 编制员 | | | 时间 | |
| 审核员 | | | 时间 | |
| 审批员 | | | 时间 | |

附表 3-1-2 　月度生产计划书

| ＿＿＿＿＿月度生产计划书 | | | | |
|---|---|---|---|---|
| 编号 | | | 受控状态 | |
| 计划产值 | | | | |

一、各车间生产任务分配（万元）

| 产品名称 | | | | |
|---|---|---|---|---|
| ＿＿＿车间 | | | | |
| ＿＿＿车间 | | | | |

二、产品生产进度计划

| 产品名称 | | | 计划总量 | | |
|---|---|---|---|---|---|
| | 1日 2日 3日 4日 5日 6日 7日 8日 9日 10日 11日 12日 13日 14日 15日 16日 17日 18日 19日 20日 21日 22日 23日 24日 25日 26日 27日 28日 29日 30日 31日 | | | | |
| 车间 | | | | | |
| 车间 | | | | | |
| 车间 | | | | | |
| 车间 | | | | | |
| 备注： | | | | | |

| 产品名称 | | | 计划总量 | | |
|---|---|---|---|---|---|
| | 1日 2日 3日 4日 5日 6日 7日 8日 9日 10日 11日 12日 13日 14日 15日 16日 17日 18日 19日 20日 21日 22日 23日 24日 25日 26日 27日 28日 29日 30日 31日 | | | | |
| 车间 | | | | | |
| 车间 | | | | | |
| 车间 | | | | | |
| 车间 | | | | | |
| 备注： | | | | | |

产值合计

| 产品名称 | | | | |
|---|---|---|---|---|
| ＿＿＿车间 | | | | |
| ＿＿＿车间 | | | | |
| 备注： | | | | |
| 编制员 | | | 时间 | |
| 审核员 | | | 时间 | |
| 审批员 | | | 时间 | |

附表 3-1-3　车间生产计划书

| _____车间年度生产计划书 | | | | | | | | | | | |
|---|---|---|---|---|---|---|---|---|---|---|---|
| 编号 | | | | | | | 受控状态 | | | | |
| 一、车间生产任务进度计划表 | | | | | | | | | | | |
| 产品名称 | 1月 | 2月 | 3月 | 4月 | 5月 | 6月 | 7月 | 8月 | 9月 | 10月 | 11月 | 12月 |
| | | | | | | | | | | | |
| | | | | | | | | | | | |
| | | | | | | | | | | | |
| | | | | | | | | | | | |
| 备注： | | | | | | | | | | | |

| 二、班组生产任务分配表 | | | |
|---|---|---|---|
| | _____产品 | _____产品 | _____产品 |
| _____班组 | | | |
| _____班组 | | | |
| _____班组 | | | |
| _____班组 | | | |
| 备注： | | | |

三、生产物料供应计划表

_____物料供应数量

| 1月 | 2月 | 3月 | 4月 | 5月 | 6月 | 7月 | 8月 | 9月 | 10月 | 11月 | 12月 |
|---|---|---|---|---|---|---|---|---|---|---|---|
| | | | | | | | | | | | |
| 备注： | | | | | | | | | | | |

_____物料供应数量

| 1月 | 2月 | 3月 | 4月 | 5月 | 6月 | 7月 | 8月 | 9月 | 10月 | 11月 | 12月 |
|---|---|---|---|---|---|---|---|---|---|---|---|
| | | | | | | | | | | | |
| 备注： | | | | | | | | | | | |

_____物料供应数量

| 1月 | 2月 | 3月 | 4月 | 5月 | 6月 | 7月 | 8月 | 9月 | 10月 | 11月 | 12月 |
|---|---|---|---|---|---|---|---|---|---|---|---|
| | | | | | | | | | | | |
| 备注： | | | | | | | | | | | |

| 编制员 | | 时间 | |
|---|---|---|---|
| 审核员 | | 时间 | |
| 审批员 | | 时间 | |

## 附录 3-2 生产调度管理

附表 3-2-1 物料调度方案

| 物料调度方案 | | | |
|---|---|---|---|
| 编号 | | 受控状态 | |
| 目的 | | 执行人员 | 调度员 |
| 一、调度员职责与权力 | | | |
| 职责 | | 权力 | |
| 二、仓库物料调度 | | | |
| 适用范围 | | | |
| 调度程序 | | | |
| 备注： | | | |
| 三、厂外物料调度 | | | |
| 适用范围 | | | |
| 调度程序 | | | |
| 备注： | | | |
| | | | |
| 编制员 | | 时间 | |
| 审核员 | | 时间 | |
| 审批员 | | 时间 | |

表 3-2-2  人员调度方案

| 人员调度方案 | | | |
|---|---|---|---|
| 编号 | | 受控状态 | |
| 工作阶段 | 工作内容 | 负责人 | 起止时间 |
| 第一阶段 | 生产部制定人员配置计划方案,人力资源部下达人员转移指令 | | |
| 第二阶段 | 落实人选,人力资源部审核,实施人员转移计划 | | |
| 第三阶段 | 生产部确定人选,开展培训 | | |
| 第四阶段 | 生产部分期分批配置人员 | | |
| | | | |
| 编制员 | | 时间 | |
| 审核员 | | 时间 | |
| 审批员 | | 时间 | |

附表 3-2-3  生产调度工作总结

| ＿＿＿年度生产调度工作总结 | | | |
|---|---|---|---|
| 编号 | | 受控状态 | |
| 目的 | | 执行人员 | 调度员 |
| 一、生产资源调度总结 | | | |
| | 调动生产物料(件) | 调度工作人员(人) | 调度车辆(辆) |
| 统计 | | | |
| 二、生产任务完成总结 | | | |
| | 是否完成生产任务 | 是否无间断生产 | 是否达到安全生产要求 |
| 统计 | 是□　否□ | 是□　否□ | 是□　否□ |
| 三、工作纪律总结 | | | |
| | 违纪事件(人次) | 上一年度(人次) | 降低(人次) |

| _____ 年度生产调度工作总结 | | |
|---|---|---|
| 统计 | | |
| | 是否出现产品延误现象 | 是否如实记录工作情况 | 是否及时上交工作报表 |
| 统计 | 是□　否□ | 是□　否□ | 是□　否□ |
| 四、应对突发事件总结 | | |
| | 共应对突发事件(起) | 是否保证生产正常进度 | 是否完成追加订单任务 |
| 统计 | | |
| 五、人员管理总结 | | |
| | 开展部门员工培训(次) | 员工考核优秀率(%) | 员工激励制度执行情况 |
| 统计 | | |
| | 离职人员(人) | 离职率(%) | 新入职人员(人) |
| 统计 | | |
| | 调度中心共有管理人员(人) | 普通调度人员(人) | 试用人员(人) |
| 统计 | | |
| 六、经验总结 | | |
| | | |
| 七、下年度规划 | | |
| | | |
| 编制员 | | 时间 | |
| 审核员 | | 时间 | |
| 审批员 | | 时间 | |

## 附录 3-3 生产设备管理文书

### 附表 3-3-1 设备点检报告书

| 设备点检报告书 | | | | |
|---|---|---|---|---|
| 编号 | | 受控状态 | | |
| 点检时间 | | 规定检点周期 | | |
| 参与部门 | 设备部、生产部 | 人员姓名 | | |
| 点检方法 | 五官点检、清扫、紧固、调整、仪器检查等 | | | |
| 总点检数 | （处） | 发现隐患 | | （处） |
| 一、隐患详情表 | | | | |
| | 点检部位 | 点检方法 | | 潜在故障 |
| 1 | | | | |
| 2 | | | | |
| 3 | | | | |
| 二、采取的应对措施 | | | | |
| | | | | |
| 编制员 | | 时间 | | |
| 审核员 | | 时间 | | |
| 审批员 | | 时间 | | |

附表 3-3-2　设备维修报告书

| _____设备维修报告书 | | | |
|---|---|---|---|
| 编号 | | 受控状态 | |
| 大修时间 | | 规定检点周期 | |
| 参与部门 | 设备部、生产部 | 人员姓名 | |
| 维修目的 | | 是否停产 | 是□　否□ |
| 一、维修内容 | | | |
| | | | |
| 二、维修验收 | | | |
| 是否达到预期 | 是□　否□ | 是否恢复标准水平 | 是□　否□ |
| 三、维修费用 | | | |
| | | | |
| 编制员 | | 时间 | |
| 审核员 | | 时间 | |
| 审批员 | | 时间 | |

附表 3-3-3　设备报废申报书

| 设备报废申报书 | | | | |
|---|---|---|---|---|
| 编号 | | 受控状态 | | |
| 设备名称 | | 设备型号 | | |
| 所属部门 | | 设备编号 | | |
| 制造厂商 | | 制造日期 | | |
| 规定使用年限 | | 实际使用年限 | | |
| 购买金额 | | 残值估价 | | |
| 报废原因：<br><br><br>车间主任签字：＿＿＿＿＿<br>＿＿＿＿＿年＿＿月＿＿日 | | | | |
| 意见：<br><br>设备部经理签字 | 意见：<br><br>生产部经理签字 | 意见：<br><br>生产总监签字 | 意见：<br><br>总经理签字 | 备注： |
| 编制员 | | 时间 | | |
| 审核员 | | 时间 | | |
| 审批员 | | 时间 | | |

附表 3-3-4　设备保养计划书

| 设备保养计划书 | | | | | |
|---|---|---|---|---|---|
| 编号 | | | 受控状态 | | |
| 设备型号 | 设备名称 | 保养项目 | 保养时间 | 保养预算 | 保养人签字 |
| | | | | | |
| | | | | | |
| | | | | | |
| | | | | | |
| 编制员 | | | 时间 | | |
| 审核员 | | | 时间 | | |
| 审批员 | | | 时间 | | |

## 附录 3-4　安全生产管理文书

附表 3-4-1　安全监督检查报告书

| 安全监督检查报告书 | | | |
|---|---|---|---|
| 编号 | | 受控状态 | |
| 时间 | | 检查人员 | |
| 被检查车间 | | 共发现隐患 | _____（处） |
| 一、发现的安全隐患 | | | |
| | | | |
| 二、责任人处理 | | | |
| | 承担的责任 | 处罚办法 | 被处罚者签名 |
| 安全监察员 | | | |
| 车间主任和班组长 | | | |
| 生产人员 | | | |
| 三、整改方案 | | | |
| | | | |
| 编制员 | | 时间 | |
| 审核员 | | 时间 | |
| 审批员 | | 时间 | |

附表 3-4-2　安全事故处理报告书

| _____车间安全事故处理报告书 | | | |
|---|---|---|---|
| 编号 | | 受控状态 | |
| 时间 | | 事故名称 | |
| 死亡人员 | _____（人） | 受轻伤人员 | _____（人） |
| 重伤人员 | _____（人） | 损坏设备 | _____（台） |
| 一、事故原因 | | | |
| 直接原因 | | | |
| 间接原因 | | | |
| 责任认定 | | | |
| 二、责任人处理 | | | |
| | | | |
| 三、事故纠正及预防措施 | | | |
| | | | |
| 编制员 | | 时间 | |
| 审核员 | | 时间 | |
| 审批员 | | 时间 | |

附表 3-4-3　安全管理培训计划书

| 安全管理培训计划书 | | | |
|---|---|---|---|
| 编号 | | 受控状态 | |
| 培训对象 | | 培训时间 | |
| 培训地点 | | 培训负责人 | |
| 一、培训内容 | | | |
| | | | |

| 安全管理培训计划书 | | |
|---|---|---|
| 二、培训流程 | | |
| 流程 | 完成情况 | 备注 |
| 1. 培训前准备 | 完成□　未完成□ | |
| 2. 培训实施中 | 完成□　未完成□ | |
| 3. 培训考核 | 完成□　未完成□ | |
| 4. 总结经验 | 完成□　未完成□ | |
| 编制员 | | 时间 | |
| 审核员 | | 时间 | |
| 审批员 | | 时间 | |

附表 3-4-4　安全事故预防方案

| 安全事故预防方案 | |
|---|---|
| 编号 | | 受控状态 | |
| 一、指导思想 | |
| 为保证公司所有员工的生命财产安全,防止重大安全事故的发生,遵循以人为本的管理理念,特制订本方案。 | |
| 二、责任机构 | |
| 部门 | 责任 |
| 安全管理部 | 方案制订、解释、指导、监督日常生产 |
| 各部门及车间负责人 | 日常生产的安全检查及突发事故的应急处理 |
| 员工 | 熟知安全事故预防方案,保证自身和他人的安全 |
| 三、具体措施 | |
| 项目 | 具体措施 |
| 用电事故预防 | |
| 静电危害预防 | |

| 安全事故预防方案 | | | |
|---|---|---|---|
| 锅炉房 | | | |
| 压力容器事故预防 | | | |
| 起重事故预防 | | | |
| 编制员 | | 时间 | |
| 审核员 | | 时间 | |
| 审批员 | | 时间 | |

## 附录 3-5　生产质量管理文书与方案

### 附表 3-5-1　原材料检验报告书

| 原材料检验报告书 | | | | | | | |
|---|---|---|---|---|---|---|---|
| 供应商 | | | | 采购时间 | | | |
| 原材料名称 | | | | 原料规格 | | | |
| 采购量(吨) | | | | 方法 | | 抽样检验 | |
| 检查记录 | 检验项目 | 检验标注 | 检验结果 | 合格 | 不合格 | 总评 | 备注 |
| | | | | | | □合格<br>□不合格 | |
| | | | | | | | |
| | | | | | | | |
| | | | | | | | |
| 检验意见 | | | | | | | |
| 检验员 | | 质量检验主管 | | | 质量部经理 | | |
| 仓库验收 | | 验收数量 | | □足量　□溢交　□短缺 | | | |
| 处理意见 | | | | | | | |

附表 3-5-2　半成品检验报告书

| 半成品检验报告书 | | | |
|---|---|---|---|
| 一、半成品检验方式 | | | |
| 由现场作业人员进行"自检"和"互检";由质检部质检人员进行"专检" | | | |
| 二、半成品一次交检合格率 | | | |
| 单位 | 总交检批次 | 不合格批次 | 合格率(%) |
| ＿＿＿＿＿车间 | | | |
| ＿＿＿＿＿车间 | | | |
| ＿＿＿＿＿车间 | | | |
| ＿＿＿＿＿车间 | | | |
| 合计 | | | |
| 三、厂内外质量信息通报 | | | |
| | 内容 | 原因 | 备注 |
| ＿＿＿＿＿车间 | | | |
| ＿＿＿＿＿车间 | | | |
| ＿＿＿＿＿车间 | | | |
| | | ＿＿＿年　＿＿月　＿＿日 | |
| 编制员 | | 时间 | |
| 审核员 | | 时间 | |
| 审批员 | | 时间 | |

附表 3-5-3　制成品检验报告书

| 制成品检验报告书 | | | | | | | |
|---|---|---|---|---|---|---|---|
| 一、制成品检验概述表 | | | | | | | |
| 批号 | | 名称 | | 规格 | | 目标产量 | |
| 包装前 | 日期 | 检验项目 | 抽样数 | 质量异常 | 百分比(%) | 备注 | 签名 |
| | | | | | | | |
| | | | | | | | |
| | | | | | | | |

续表

| 制成品检验报告书 | | | | | | | |
|---|---|---|---|---|---|---|---|
| | 日期 | 检验项目 | 抽样数 | 质量异常 | 百分比(%) | 备注 | 签名 |
| 包装后 | | | | | | | |
| | | | | | | | |
| | | | | | | | |
| 质检人员意见 | | | | | ____年 ____月 ____日 | | |
| 质检主管意见 | | | | | ____年 ____月 ____日 | | |

二、质量检查异常情况概述

| 产品名称 | | 产品规格 | | 生产批号 | | 抽样数量 | |
|---|---|---|---|---|---|---|---|
| 次数 | 检查项目 | | 严重不良数 | | 轻微不良数 | | 合计 |
| 1 | | | | | | | |
| 2 | | | | | | | |
| 3 | | | | | | | |
| 合计 | ---- | | | | | | |

三、质量检查情况分析

| 次数 | 检验项目 | 异常情况描述 | 签名 |
|---|---|---|---|
| 1 | | | |
| 2 | | | |
| 3 | | | |

质检主管(签名)_____
____年 ____月 ____日

四、质量异常的原因及处理建议

| 产品名称 | | | 产品批号 | | |
|---|---|---|---|---|---|
| 次数 | 检验项目 | 异常原因 | | 处理建议 | 备注 |
| 1 | | | | | |
| 2 | | | | | |
| 3 | | | | | |

质检主管(签名)_____
____年 ____月 ____日

| 编制员 | | 时间 | | |
|---|---|---|---|---|
| 审核员 | | 时间 | | |
| 审批员 | | 时间 | | |

附表 3-5-4　产品质量抽检报告书

| 产品质量抽检报告书 | | | | | |
|---|---|---|---|---|---|
| 编号 | | | 受控状态 | | |
| 一、检验依据 | | | | | |
| | | | | | |
| 二、检验情况 | | | | | |
| 产品名称 | | 产品批号 | | 检验地点 | |
| 交付数量 | | 抽样数量 | | 送检日期 | |
| 室内温度 | | 室内相对湿度 | | 检测日期 | |
| 检测项目 | | | | | |
| 依据标准 | | | | | |
| 检测方法 | 一次抽检 | | | | |
| 检测设备 | | | | | |

| 三、检测结果 | | | | | | |
|---|---|---|---|---|---|---|
| 序号 | 检测项目 | 检测要求 | 检测结果 | 判定 | 类别 | 备注 |
| 1 | | | | | | |
| 2 | | | | | | |
| 3 | | | | | | |

| 四、检验结论 | | | | | |
|---|---|---|---|---|---|
| | | | | | |
| 报告拟定人 | | 报告审核人 | | 报告批准人 | |

质检部
　　　　年　　月　　日

| 编制员 | | 时间 | |
|---|---|---|---|
| 审核员 | | 时间 | |
| 审批员 | | 时间 | |

## 附录 3-6　生产绩效与生产班组管理文书

附表 3-6-1　绩效考核汇报书

| 绩效考核汇报书 | | | | | |
|---|---|---|---|---|---|
| 编号 | | | 受控状态 | | |
| 一、基本情况 | | | | | |
| 考核期限 | | 考核范围 | | 考核内容 | |
| 二、考核结果 | | | | | |
| 符合要求人数 | （％） | 有待改进人数 | （％） | 不合格人数 | （％） |
| 三、存在的问题 | | | | | |
| | | | | | |
| 四、下一阶段目标 | | | | | |
| | | | | | |
| 编制员 | | 时间 | | | |
| 审核员 | | 时间 | | | |
| 审批员 | | 时间 | | | |

表 3-6-2　考核结果报告书

| 考核结果报告书 | | | |
|---|---|---|---|
| 编号 | | 受控状态 | |
| 一、考核结果统计 | | | |
| 等级 | 考核得分（分） | 内容 | 占人员比例（％） |
| 优秀 | 90 ~ 100 | 工作完成出色 | |
| 良好 | 80 ~ 89 | 主动较好的完成工作 | |
| 一般 | 70 ~ 79 | 较好的完成本职工作 | |
| 合格 | 60 ~ 69 | 能完成本职工作 | |

续表

| 考核结果报告书 | | | |
|---|---|---|---|
| 不合格 | 60 以下 | 不胜任工作 | |
| 二、考核结果反馈 | | | |
| 被考核者反馈意见 | | | |
| 班组长反馈情况 | | | |
| 三、考核结果的应用反馈 | | | |
| 应用范围 | | 存在问题 | | 解决办法 | |
| | | | | _____年 ___月 ___日 | |
| 编制员 | | 时间 | |
| 审核员 | | 时间 | |
| 审批员 | | 时间 | |

附表 3-6-3　班组工作计划书

| 班组工作计划书 | | | | | | | |
|---|---|---|---|---|---|---|---|
| 编号 | | | 受控状态 | | | | |
| 一、上月工作回顾 | | | | | | | |
| 上月完成产品 | (件) | 上月合格率 | | (%) | 车间排名 | | (名) |
| 上月死亡 | (人) | 重大工伤 | | (人) | 负伤率 | | (%) |
| 二、本月工作目标 | | | | | | | |
| 计划完成产品 | (件) | 合格率 | | (%) | 车间排名 | | (名) |
| 三、本月工作计划 | | | | | | | |
| 序号 | 产品名称 | 计划数量 | 计划时间 | 完成数量 | 完成时间 | 耗费工时 | 备注 |
| 1 | | | | | | | |
| | | | | | _____年 ___月 ___日 | | |
| 编制员 | | | 时间 | | | | |
| 审核员 | | | 时间 | | | | |
| 审批员 | | | 时间 | | | | |

表 3-6-4　员工作业每日报表

| 员工作业每日报表 | | | | | | | |
|---|---|---|---|---|---|---|---|
| 编号 | | | | 受控状态 | | | |
| 班组名称 | | | | 考核日期 | | | |
| 时间 | 计划完成 | 品名/型号 | 实际产量 | 耗费时间 | 不良数 | 不良率 | 备注 |
| 8:00 | | | | | | | |
| 8:59 | | | | | | | |
| 9:00 | | | | | | | |
| 9:59 | | | | | | | |
| 10:00 | | | | | | | |
| 10:59 | | | | | | | |
| 11:00 | | | | | | | |
| 11:59 | | | | | | | |
| 13:00 | | | | | | | |
| 13:59 | | | | | | | |
| 14:00 | | | | | | | |
| 14:59 | | | | | | | |
| 15:00 | | | | | | | |
| 15:59 | | | | | | | |
| 16:00 | | | | | | | |
| 16:59 | | | | | | | |
| 合计 | | | | | | | |
| 编制员 | | | | 时间 | | | |
| 审核员 | | | | 时间 | | | |
| 审批员 | | | | 时间 | | | |

附表 3-6-5　班组长考核表

| 班组长考核表 | | | | | | | | |
|---|---|---|---|---|---|---|---|---|
| 编号 | | | | | 受控状态 | | | |
| 一、企业对班组长考核表 | | | | | | | | |
| | 考核指标 | 不合格 | 合格 | 一般 | 良好 | 优秀 | 权重 | 得分 |
| | 分数分配 | 0 ~ 1 | 2 | 3 | 4 | 5 | | |
| 素质结构 | 事业心 | 差 | 不强 | 一般 | 勤奋 | 勇于担责 | | |
| | 纪律性 | 差 | 较差 | 偶尔小错 | 较强 | 强 | | |
| | 主动性 | 懈怠 | 被动 | 较主动 | 积极 | 工作主动 | | |
| 知识结构 | 文化知识 | 初中 | 高中 | 中专 | 大专 | 本科以上 | | |
| | 专业知识 | 缺乏 | 粗浅了解 | 一般掌握 | 深入掌握 | 非常优秀 | | |
| 能力结构 | 表达能力 | 无法沟通 | 缺乏条理 | 词能达意 | 清晰明了 | 善于沟通 | | |
| | 创新能力 | 因循守旧 | 偶有创新 | 富有创新 | 有成果 | 成果显著 | | |
| | 交往能力 | 不善交往 | 社交面窄 | 正常交往 | 社交面宽 | 富有人脉 | | |
| | 合作能力 | 性格孤僻 | 正常合作 | 愿意合作 | 主动合作 | 积极合作 | | |
| | 理解能力 | 极差 | 差 | 能理解 | 深入理解 | 迅速理解 | | |
| 绩效结构 | 产品质量 | 经常出错 | 偶尔出错 | 质量一般 | 不出错 | 质量很高 | | |
| | 工作任务 | 不能完成 | 基本完成 | 独立完成 | 偶尔超额 | 出色完成 | | |
| 考核总得分： | | | | | | | | |
| 考核意见： | | | | | 签名 | | | |
| 员工意见： | | | | | 签名 | | | |
| 二、班组长自我评价考核 | | | | | | | | |
| | 项目内容 | | | | | 优 | 良 | 合格 | 不合格 |
| 1 | 接受指示和工作,能立刻提出详细报告 | | | | | | | | |
| 2 | 能将失误主动、全面、真实的向上级汇报 | | | | | | | | |
| 3 | 向员工传达信息要点突出、清晰明确 | | | | | | | | |

续表

| 班组长考核表 | | | | | |
|---|---|---|---|---|---|
| 4 | 作报告不出现令员工误解的问题 | | | | |
| 5 | 及时与相关人员沟通 | | | | |
| 6 | 快速处理指示、请示、委托等 | | | | |
| 7 | 写材料、报告真实、清晰 | | | | |
| 8 | 主动协助同事的工作 | | | | |
| 9 | 无挑拨离间行为 | | | | |
| 10 | 认真征询上级意见同时用于阐述己见 | | | | |
| 11 | 虚心接受批评 | | | | |
| 12 | 富有生机的带领团队氛围愉快 | | | | |
| 13 | 工作均有明确可度量的期限和目标 | | | | |
| 编制员 | | 时间 | | | |
| 审核员 | | 时间 | | | |
| 审批员 | | 时间 | | | |

# 参考文献

[1] 姚日升,边侠玲.制药过程安全与环保.北京:化学工业出版社,2018.

[2] 陈甫雪.制药过程安全与环保.北京:化学工业出版社,2017.

[3] 邹玉繁.制药企业安全生产与健康保护.2版.北京:化学工业出版社,2010.

[4] 孙玉叶.化工安全技术与职业健康.北京:化学工业出版社,2009.

[5] 胡晓东.制药废水处理工艺流程.北京:化学工业出版社,2008.

[6] 伍郁静.常见有毒化学品应急救援手册.广州:中山大学出版社,2006.

[7] 赵正宏.应急救援基础知识.北京:中国石化出版社,2019.

[8] 杨月巧.应急管理概论.北京:清华大学出版社,2016.

[9] 李宗浩.紧急医学救援.北京:人民卫生出版社,2013.

[10] 杨世民.药事管理与法规.北京:高等教育出版社,2010.

[11] 沈力,吴美香.药事管理与法规.3版.北京:中国医药科技出版社,2017.

[12] 孟锐.药事管理学.北京:中国中医药出版社,2009.

[13] 何宁,胡明.药事管理学.2版.北京:中国医药科技出版社,2018.

[14] 卢先明.中药商品学.北京:中国中医药出版社,2014.

[15] 李峰,蒋贵华.中药商品学.北京:中国医药科技出版社,2014.

[16] 朱圣和.现代中药商品学.北京:人民卫生出版社,2007.

[17] 张冰.中药不良反应与警戒实践.北京:人民卫生出版社,2016.

[18] 苗明三,朱飞鹏.中成药不良反应与安全应用.北京:人民卫生出版社,2008.

[19] 杨克敌.环境卫生学.8版.北京:人民卫生出版社,2017.

[20] 李弘.环境监测技术.2版.北京:化学工业出版社,2014.

[21] 傅超美,张永萍.中药新药研发学.北京:中国中医药出版社,2016.

[22] 李恒.GMP实用教程.北京:中国医药科技出版社,2013.

[23] 李弘,董大海.市场营销学.大连:大连理工大学出版社,2009.

[24] 庞磊,靳江红.制药安全工程概论.北京:化学工业出版社,2015.

[25] 何小荣，顾勤兰.药品 GMP 车间实训教程.北京：中国医药科技出版社，2016.

[26] 朱世斌，刘红.药品生产质量管理工程.北京：化学工业出版社，2022.

[27] 何国强.制药工艺验证实施手册.北京：化学工业出版社,2012.

[28] 马义岭，郭永学.制药设备与工艺验证.北京：化学工业出版社,2019.

[29] 陈永法.中国药事管理与法规.南京：东南大学出版社,2021.

[30] 陈绍成.药品经营质量管理规范实用教程.重庆：重庆大学出版社,2017.

[31] 李宏吉，张明贤.制药设备与工程设计.北京：化学工业出版社,2019.

[32] 何思煌，罗文华.GMP 实务教程.4 版.北京：中国医药科技出版社,2021.

[33] 杨永杰，段立华，杨静.制药企业管理与GMP实施.3 版.北京：化学工业出版社,2022.

[34] 孔庆新，谢奇.医药企业安全生产管理实务.北京：化学工业出版社,2021.

[35] 梁毅.GMP 教程.4 版.北京：中国医药科技出版社,2019.

[36] 朱玉玲.实用药品 GMP 基础.北京：化学工业出版社,2021.

[37] 王恒通，王桂芳.药厂 GMP 应知应会.北京：中国医药科技出版社,2019.

[38] 杨成德.制药设备使用与维护.北京：化学工业出版社,2017.

[39] 郭永学.药品 GMP 车间实训教程.北京：化学工业出版社,2022.

[40] 李存法，陈忠杰.药品生产质量管理.重庆：重庆大学出版社,2016.

[41] 陈宇洲.制药设备与工艺设计.北京：化学工业出版社,2022.

[42] 韩静.制药设备设计基础.北京：化学工业出版社，2018.

[43] 中国合格评定国家认可中心.CNAS 实验室 / 检验机构认可评定培训教程.北京：中国标准出版社,2021.

[44] 中国合格评定国家认可中心.CNAS 实验室及检验机构专项监督典型案例及解析.北京：中国标准出版社,2019.

[45] 许丽君，张亚龙.ISO9000 标准及材料加工过程质量管理体系.北京：航空工业出版社，2018.

[46] 孙跃兰.ISO9000 族质量管理标准理论与实务.北京：机械工业出版社，2019.

[47] 贺红彦.X 公司新药研发项目风险管理研究.上海：华东师范大学，2021.

[48] 邹益波.药物研发公司的项目风险管理研究.杭州：浙江工业大学，2019.

[49] 赵旸顿.《跨太平洋伙伴关系协定》下药品知识产权保护规则研究.武汉大学.2017.

[50] 贾力.新药研发的跨学科知识与技能.北京.科学出版社，2018.

[51] 陈小平，马凤余.新药发现与开发.2 版.北京.化学工业出版社，2017.

[52] 白东鲁、沈竞康.创新药物研发经纬.北京.化学工业出版社，2020.

[53] 刘祖轲.解决方案营销实战案例.北京：企业管理出版社，2014.

[54] 胡柯柯.活动策划实战案例大全.北京：清华大学出版社，2019.

[55] 陈玉文.医药市场营销.8版.北京：人民卫生出版社，2016.

[56] 冯国忠.医药市场营销学.北京：中国医药科技出版社，2007.

[57] 武霞，邵蓉.创新药风险投资现状与分析.中国医药工业杂志,2020,51(08):1070-1079.

[58] 安娜，吕佳康，韩玲.中药安全性认识和中药新药研发的风险管理策略.中国药理学与毒理学杂志,2021,35(02):90-95.

[59] 邓鑫，刘丽静，许克祥.《中医药法》下中药知识产权保护现状分析及策略.中国卫生法制,2022,30(04):23-26+37.

[60] 顾东蕾，潘晓梅，杨静.日本药品专利期限补偿制度对中国新药研发的启示.中国新药杂志,2021,30(04):289-294.

[61] 潘珂，陈晏晏，吴通义.医药领域发明专利优先权核实中相同主题的判断.中国新药杂志,2022,31(03):206-210.

[62] 刘桂明，黄超峰.新药研发专利保护策略.中国医药工业杂志,2018,49(11):1610-1614.

[63] 曾洁，张容霞，刘冬，等.上海药物研究所新药研发专利保护分析.中国医药工业杂志,2020, 51(04):532-538.

[64] 薛亚萍，谭玉梅，毛洪芬，等.医药领域海外专利布局策略.中国新药杂志，2018, 27(23): 2735-2744.

[65] 杨倩，吕茂平.关于马来酸桂哌齐特专利侵权案的思考.中国发明与专利，2018, 15(5): 117-123.

[66] 龚兆龙，杜涛.从美国FDA审评角度探讨新药研发的风险控制.药学进展，2015, 39(11): 823-826.

[67] COOK D, BROWN D, ALEXANDER R, et al. Lessons learned from the fate of AstraZeneca's drug pipeline: a five-dimensional framework. Nature reviews Drug discovery, 2014, 13(6): 419-431.

[68] MORGAN P, BROWN D G, LENNARD S, et al. Impact of a five-dimensional framework on R&D productivity at AstraZeneca. Nature reviews Drug discovery, 2018, 17(3): 167-181.